基于功能链的导航卫星系统工程

Navigation Satellite Systems Engineering Based on Functional Chains

林宝军 著

科学出版社

北京

内 容 简 介

作者从事载人航天工程建设 15 年后，又作为中国科学院导航卫星系统总设计师从事北斗三号系统建设 10 年。本书是作者近 25 年航天工程研究及实践经验的总结。区别于以往分系统的概念，本书提出了功能链设计理念，在简化系统结构、提高功能密度以及大幅度降低成本的同时，提高了系统的固有可靠性。针对北斗三号研制初期面临的诸多技术瓶颈和关键技术，以及如何处理新技术和风险的关系，如何提高长寿命、高可靠产品的持续先进性等问题，本书提出并实践了基于创新和目标驱动的卫星系统工程方法。百余人的卫星总体团队，采用框架面板结构等创新技术研发了中国科学院"启明"专用导航卫星平台，在包括试验卫星首发星在内的 2 颗试验卫星和 10 颗全球组网卫星的北斗三号工程研制和工程实践中发挥了重要作用。

本书在介绍相关理论的同时，由浅入深，详细阐述了从北斗卫星方案到卫星在轨测试各阶段的设计和研制过程，适用于从事航天技术研究、设计、试验和应用的科研和工程技术人员阅读参考，也可作为高等院校相关专业的教学参考书。

图书在版编目（CIP）数据

基于功能链的导航卫星系统工程/林宝军著. —北京：科学出版社，2021.1
ISBN 978-7-03-066897-4

Ⅰ.①基⋯　Ⅱ.①林⋯　Ⅲ.①卫星导航–全球定位系统　Ⅳ.①P228.4

中国版本图书馆 CIP 数据核字(2021) 第 001828 号

责任编辑：周　涵　田轶静／责任校对：彭珍珍　杨　然
责任印制：吴兆东／封面设计：无极书装

科学出版社 出版
北京东黄城根北街 16 号
邮政编码：100717
http://www.sciencep.com

北京虎彩文化传播有限公司印刷
科学出版社发行　各地新华书店经销
＊

2021 年 1 月第　一　版　开本：720×1000　B5
2021 年 1 月第一次印刷　印张：24
字数：480 000
定价：248.00 元
(如有印装质量问题，我社负责调换)

前　言

北斗三号卫星导航系统是北斗"三步走"发展战略的第三步，2009 年启动建设，目标是使北斗从区域走向全球，为全球用户提供全天候、全天时、高精度的定位、导航和授时服务。中国科学院微小卫星创新研究院作为国内两家卫星总体单位之一，承担了包括试验卫星首发星在内的 2 颗试验卫星和 10 颗全球组网卫星的研制及发射任务。

本书作者系中国科学院微小卫星创新研究院导航卫星系统总设计师。本书是作者在卫星研制团队的协助下，以承研的北斗三号卫星导航系统建设为背景，撰写的一部理论兼具实践的专著。本书聚焦北斗从区域走向全球面临的诸多技术瓶颈和关键技术，以建设世界一流的卫星导航系统为目标，提出了功能链设计理念、基于创新和目标驱动的卫星系统工程方法以及对应的管理举措。百余人的卫星总体团队通过创新突破了 50 多项关键技术，并研发了中国科学院 (以下简称中科院) "启明"专用导航卫星平台，历时三年零三个月完成了试验卫星工程首发星的研制，并在 2018 年一年内完成了 8 颗北斗全球组网卫星的研制及发射任务，为实现比肩超越并建设世界一流的卫星导航系统发挥了重要作用。

为了更好地总结作者 15 年的载人航天工程建设以及 10 年北斗三号系统建设取得的成功经验，推广并提升系统工程的理论和方法，加强并促进对卫星系统的研究和交流，作者撰写了本书。本书分为 2 篇共 13 章。第 1 篇包括 7 章，介绍了功能链设计理念以及在卫星总体设计中的应用：第 1 章为绪论；第 2 章阐述了基于功能链设计理念的卫星总体设计方法；第 3~7 章阐述了基于功能链设计理念的导航卫星系统总体方案以及载荷功能链、结构热功能链、控制功能链和电子学功能链的设计方法和结果。第 2 篇包括 6 章，介绍了基于创新和目标驱动的卫星系统工程方法及实践：第 8 章阐述了基于创新和目标驱动的卫星系统工程方法；第 9~12 章阐述了在功能链和系统工程方法指导下的导航卫星高可靠性和高连续性设计，整星总装、测试与试验以及卫星在轨运行管理的实现和工程实践；第 13 章介绍了与系统工程方法相适应的管理举措。

团队内的同志在本书的策划、提供素材、统稿、修改、校对等方面给予了大力支持，在此表示感谢。本书主策划为熊淑杰、李锴、刘迎春、沈苑和冷佳醒；李锴、熊淑杰和陆新颖参加了第 1 章的撰写；熊淑杰、任维佳、李锴和冷佳醒参加了第 2 章和第 8 章的撰写；沈学民、龚文斌、李锴、王丹参加了第 3 章的撰写；陈锡明、龚文斌、李杨、陈林、任前义、陈勇、赵帅、石碧舟、邵瑞强、陆新颖、戴永珊和田小莉提供了第 4 章的素材并参加了撰写；安洋、李锴、林士峰、田艳、马二瑞、曹冬冬和张筱娴提供了第 5 章素材并参加了撰写；熊淑杰、白涛、武国强、王昊光、季毅巍、颜艳腾、李笑月、林夏和王跃洋提供了第 6 章素材并参加了撰写；王学良、贺芸、同志宏、张善从、安军社、邓平科、祁见忠和涂珍贞提供了第 7 章 7.4 节素材并参加了撰写；朱立宏、王学良、刘迎春、孔陈杰、吴嗣亮、崔嵬、陈洪涛、古启军、吴敏、朱峪、张强、习成献、何盼、李绍前、徐凯和陈天明提供了第 7 章 7.3 节和 7.5~7.8 节的素材并参加了撰写；冷佳醒、王丹和贺芸提供了第 9 章的素材并参加了撰写；龚文斌、李锴、陈林、郭少彬、贺芸、刘彬和王丹提供了第 10 章的素材并参加了撰写；沈学民、蒋桂忠、陈志峰、张军、安洋和孙小雷提供了第 11 章的素材并参加了撰写；张军、王亚宾、王丹、刘静、曾繁彬、应俊和沈冠浩提供了第 12 章的素材并参加了撰写；李国通、沈苑、陈志峰、崔帅、李磊霞、李燕、李绍前、王丹、毋冬梅、曹昕、刘希宁、丁澍恺和陈少磊提供了第 13 章的素材并由沈苑完成了该章的统稿；李锴负责了全书的统稿；刘迎春、沈苑、冷佳醒、熊淑杰、王丹、陆新颖、戴永珊和朱玲瑶负责了全书的校改。基于上述工作，作者完成了本书的架构布局、材料甄别、具体内容的撰写、知识产权核实等具体工作。

　　感谢顾逸东、龚惠兴、叶叔华、 李济生 、艾国祥、戚发轫、范本尧、王建宇、 万卫星 、陈桂林院士给予的指导和帮助。感谢卫星导航系统工程总体孙家栋、杨长风、李祖洪、谭述森、杨元喜、冉承其、谢军、樊士伟、郭树人、吴海涛、黄乔华、杨军、马加庆、安丰光、杨强文、陈建宇、高为广、叶茂伟、喻戈阳、马长斗、陈谷仓、宋炜琳、许守衡、陈罡、焦文海、杨健、杨宁虎、王维、蒋德、李星、蔡洪亮和卢鋈等专家和领导给予的指导与帮助。感谢中科院导航团队总指挥团队相里斌、于英杰、龚建村、李国通、毛嘉艺、杨建桥、熊淑杰、沈苑、陈志峰、崔帅以及总设计师团队沈学民、陈锡明、陈宏宇、龚文斌、熊淑杰、刘迎春、张军、王学良、蒋桂忠、李杨、陈林在导航系统中实现并实践了本书的相关理论和方法。感谢中国卫星导航系统管理办公室、中科院重大科技任务局以及测控、运控、星间链路、发射场、运载、应用等大系统对中科院团队的指导和支持。感谢中国航天科技集团和中国航天科工集团、中电集团、中科院相关研究所、国防科技大学、北京理工大学、清华大学、吉林大学、武汉大学和西北工业大学参与了中科院导航卫星的研制。

　　本书在撰写过程中力求做到结构完整、概念准确、阐述清楚，但航天系统工程是一项创新性和探索性很强的工作，本书内容难免有疏漏之处，恳请关心和关注我国航天事业的各界专家、学者和广大读者给予批评指正。

林宝军

2020 年 3 月 27 日

目　　录

第 2 篇　基于创新和目标驱动的卫星系统工程方法及实践

第 1 篇

基于功能链设计理念的卫星总体设计及实践

第 1 章 绪 论

1.1 引 言

1.1.1 卫星导航的原理

导航是研究航行体或人 (后面称之为用户) 从一个地方到另一个地方的科学。它要回答 "我在哪？""去哪里？""怎么去？" 的问题。导航的定义是以某种手段或方式引导航行体或用户在既定的时间内，按照既定的路线，准确地到达目的地。

例如，在日常生活中，人们出行会利用智能手机导航；城市交通、农业、海洋、气象、电力等各行各业的精准可靠运行也需要导航系统的支持。

卫星导航系统是一种基于天基无线电导航定位和时间传递的系统，能够为全球用户提供高精度、全天时、全天候的位置、速度和时间信息。卫星导航的实现受益于航天技术和微电子技术的发展，它是导航定位历史上的一次跨时代的、革命性的进展，其位置精度从古代的数公里提升到了现代的米级，甚至厘米、毫米级；时间测量精度也从年、季、月、日精准到了时、分、秒，甚至纳秒级。

卫星导航的原理是：利用到达时间 (TOA) 测量值测距原理以及 "三球交汇" 原理实现用户定位。首先，需要定位的用户通过接收卫星的导航信号测量出信号从卫星发出 (发出时刻为 t_s) 至用户接收机 (接收时刻为 t_r) 所经历的时间 $(t_r - t_s)$，将这个信号传播的时间乘以信号的速度，即光速 c，便得到从卫星到用户接收机的距离 $c(t_r - t_s)$。接收机在知道自己和多颗卫星的距离后，通过 "三球交汇" 原理，就可以得出用户的位置，如图 1.1 所示。

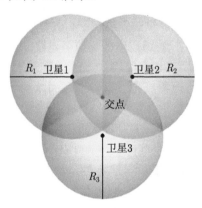

图 1.1 "三球交汇" 原理

　　用户接收机在某一时刻同时接收三颗卫星信号，卫星的坐标分别为 (X^1, Y^1, Z^1)、(X^2, Y^2, Z^2) 和 (X^3, Y^3, Z^3)，接收机的坐标为 (X, Y, Z)，测量出用户接收机至三颗卫星的距离 R_1、R_2 和 R_3，利用距离交汇法就可解算出用户接收机的位置，如方程组 (1.1) 所示

$$\begin{cases} R_1 = c\left(t_r - t_s^1\right) = \sqrt{(X^1 - X)^2 + (Y^1 - Y)^2 + (Z^1 - Z)^2} \\ R_2 = c\left(t_r - t_s^2\right) = \sqrt{(X^2 - X)^2 + (Y^2 - Y)^2 + (Z^2 - Z)^2} \\ R_3 = c\left(t_r - t_s^3\right) = \sqrt{(X^3 - X)^2 + (Y^3 - Y)^2 + (Z^3 - Z)^2} \end{cases} \tag{1.1}$$

　　在卫星导航系统工程实现中，还有一个待求解参数，即 "用户和导航卫星的钟差"。钟差是指两个钟的钟面时之差，例如，甲的手表现在是 8 点 0 分 0 秒，而乙的手表是 8 点 0 分 30 秒，那么两个手表之间的钟差就是 30 秒。因为接收机接收信号的时刻是用接收机的钟 (一般是石英晶振) 测出来的，与导航卫星上精确的原子时是有钟差 dt_r 的，因此，三球交汇的实际方程组为

$$\begin{cases} R_1 = c\left(t_r + dt_r - t_s^1\right) = \sqrt{(X^1 - X)^2 + (Y^1 - Y)^2 + (Z^1 - Z)^2} \\ R_2 = c\left(t_r + dt_r - t_s^2\right) = \sqrt{(X^2 - X)^2 + (Y^2 - Y)^2 + (Z^2 - Z)^2} \\ R_3 = c\left(t_r + dt_r - t_s^3\right) = \sqrt{(X^3 - X)^2 + (Y^3 - Y)^2 + (Z^3 - Z)^2} \end{cases} \tag{1.2}$$

　　由方程组 (1.2) 可知，当考虑钟差时，方程中有四个未知数，则需要再加入一颗卫星。这样，接收机通过测量与四颗卫星的距离就可以解算出自身的位置坐标 (X, Y, Z) 以及接收机与卫星导航系统的钟差 dt_r。

　　在卫星导航定位系统中，用户接收机用到的卫星位置和导航系统的时间信息是通过装载在卫星上的导航载荷生成导航信号和电文并向地面接收机播发实现的。

1.1.2　导航卫星的空间环境特点

　　空间环境是诱发航天器异常和故障的主要原因之一。宇宙空间充满了各种形态的物质，如等离子体、各种能量的带电粒子；引力场、磁场和电场；各种波长的电磁辐射，从能量极高的 γ 射线到频率极低的电磁波；还有相对速度极高，对航天器造成物理损伤的空间微流星和空间碎片。它们都具有十分复杂的空间结构和随时间变化的特征，对空间飞行器产生有害的或可加以利用的影响。

　　中地球轨道 (MEO) 导航卫星位于 20000 多千米的轨道高度，倾角 55°，属于中圆轨道卫星。该轨道的空间环境是：微重力、高真空、辐射环境、等离子体、地磁场、太阳电磁辐射、微流星/空间碎片等。MEO 导航卫星在轨寿命为 10 年，将经历整个太阳活动周期，其中有 5 年是处在太阳活动峰值期，爆发活动相对比较频繁。太阳爆发活动引发的太阳质子事件以及地磁扰动会对轨道辐射环境有较大的影响。

空间环境对导航卫星的影响表现为一种综合效应，如表 1.1 所示。

表 1.1　空间环境对导航卫星的影响

	地球引力场	地磁场	银河宇宙线	太阳宇宙线	地球辐射带	磁层等离子体	流星体	空间碎片	太阳电磁辐射
温度									★
计算机软错误			★	★	★				
充电			☆	☆	☆	★			★
化学损伤									☆
辐射损伤			★	★	★				☆
机械损伤							★	★	☆
姿态	☆	★							☆
轨道	☆					☆			☆

注：★表示有严重影响；☆表示有一般影响。

1.1.2.1　导航轨道高能辐射环境及影响

1) 导航卫星所处中轨高能辐射环境

如图 1.2 所示，地球辐射带 (范艾伦带) 是被地球磁场捕获的带电粒子所形成的区域。辐射带主要由质子、电子和少量重核组成。而在地球上空 20000 多千米处运行的 MEO 卫星正好穿越范艾伦带的外辐射带，会遭遇到很强的高能电子辐射环境；同时地磁场的屏蔽作用已经较弱，来自星际空间的银河宇宙线和质子事件期间的太阳质子也会对在轨卫星构成一定的威胁[1-3]。

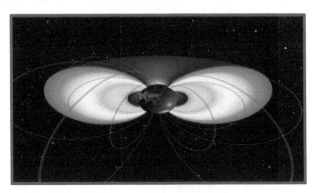

图 1.2　地球辐射带外形[1]

如图 1.3 所示，外辐射带是离地球较远的捕获粒子区，在赤道平面上，高度范围为 10000~60000km，其中心强度距离地面 20000~25000km，在地球子午面上纬度边界范围为 ±55°~±70°。俘获粒子主要是高能电子，其能量范围为 0.04~4MeV；也有能量很低的质子 (通常在几兆电子伏以下)。

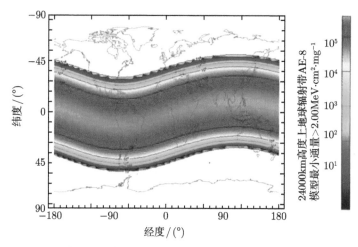

图 1.3　大于 2MeV 电子分布图 (外辐射带)

　　银河宇宙线环境是来自银河系的质子、重元素的核或离子组成的辐射环境, 低年银河宇宙线 H^+、He^+、O^{2-} 和 Fe^{3+} 的微分通量如图 1.4 所示。

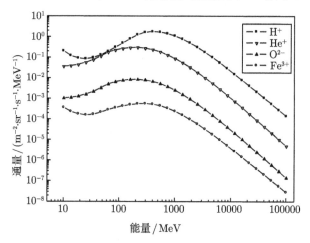

图 1.4　低年银河宇宙线微分通量

　　太阳宇宙线环境是太阳表面发生剧烈扰动时发射出的大量高能粒子, 主要是质子, 因此又称太阳质子事件。事件发生具有很大的随机性, 高能粒子源于太阳表面, 从太阳到地球的传播过程会受到太阳风和行星际磁场的调制作用, 因此表现出很强的空间分布不均匀性和突发性。能量范围一般为 $10^7 \sim 10^{10} eV$。

　　导航卫星轨道高能辐射环境的主要效应是单粒子效应和总剂量效应, 此外, 高能电子还会造成卫星的深层充电效应。特别是在太阳活动高年, 太阳质子事件将是高能辐射效应的一个重要来源; 而由质子事件期间高质子通量所造成的单粒子事件会对导航卫星运行安全产生威胁，必须加以防护。

　　2) 总剂量效应

　　高能电子、质子和重离子损伤卫星表面材料和电子元器件有两种方式：一种是电离作用，即入射粒子的能量使被照射原子电离而被吸收，高能电子几乎完全通过电离作用使航天器受到损伤；另一种是原子位移作用，即使被高能粒子击中的原子的位置移动而脱离原来所处的晶格中的位置，形成晶格缺陷。

　　总剂量效应会使卫星的材料、器件性能变差，严重时会损坏，如玻璃材料在严重辐射后会变黑、变暗，聚合物的性能会老化衰退，电介质的物理性能会发生变化，太阳电池输出效率会降低，各种半导体器件性能会衰退，如增益降低、工作点漂移，甚至完全损坏等。一般的半导体器件耐辐射阈值大概为 10^3 rad，光学材料和金属–氧化物–半导体 (MOS) 场效应晶体管器件的阈值大概为 10^4 rad，一般的聚合物、金属、陶瓷的阈值都在 10^6 rad 以上。

　　金属材料的屏蔽作用能降低星上元器件受到的总剂量效应，可在卫星上整体实施金属材料的屏蔽措施，也可在设备、元器件上局部实施。图 1.5 是卫星在轨 10年的屏蔽厚度剂量曲线。从图中可以看出，卫星在轨 10 年受到的辐射剂量是相当可观的，6mm(Al) 屏蔽所受到的辐射剂量为 97krad，提供 10mm(Al) 左右的屏蔽才可以显著降低所受到的辐射剂量 (9.19krad)。

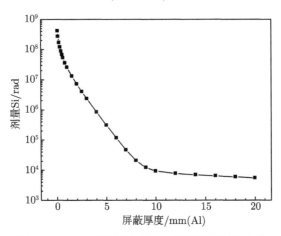

图 1.5　MEO 上卫星在轨 10 年受到的剂量曲线

　　3) 单粒子效应

　　卫星经历太阳活动峰年阶段，质子事件的发生频率高，峰值通量也很高，所引发的器件单粒子事件的概率较高。轨道上的银河宇宙线的通量很低，所造成的总剂量效应可以忽略，但需要关注的是宇宙线中的高能重核引起的单粒子效应 (SEE)，它会造成星上微电子器件逻辑状态的改变，甚至器件的损毁。对星上微电子器件加强屏蔽可以降低发生的概率，但无法完全避免，因此卫星尽可能选用耐辐射的芯片，并采用软、硬件冗余和容错技术来提高卫星的可靠性。

单粒子效应是单个高能质子或重离子入射电子元器件所引发的辐射效应。根据效应的机理不同可分为：单粒子翻转、单粒子锁定、单粒子烧毁、单粒子栅击穿等。

单粒子翻转 (SEU) 是指当单个空间高能带电粒子轰击到大规模、超大规模的逻辑型微电子器件时，沿粒子入射轨迹，在芯片的 PN 结附近区域产生电离效应，生成一定数量的电子-空穴对 (载流子)。如果芯片处于加电状态，这些由辐射产生的载流子将在芯片内部电场作用下发生飘移和重新分布，从而改变芯片内部正常载流子的运动分布和运动状态，当这种改变足够大时，器件电性能状态将会发生改变，产成逻辑器件或电路的逻辑错误。例如，存储器中数据发生翻转，进而引起逻辑功能混乱，计算机程序 "跑飞"，甚至造成灾难性的后果。

单粒子锁定 (SEL) 是发生在体硅互补金属-氧化物-半导体 (CMOS) 工艺器件上的一种危害性极大的空间辐射效应。由于体硅 CMOS 制造工艺自身不可避免的缺点，体硅 CMOS 器件存在一个固有的 PNPN 四层结构，形成寄生的可控硅，在适当的触发条件下，可导致两个寄生三极管达到饱和并维持饱和状态，这就是 CMOS 器件的闩锁效应。

单粒子烧毁 (SEB) 主要发生在功率器件中，由电荷雪崩倍增效应引发。

单粒子栅击穿 (SEGR) 也是发生在功率 MOS 器件中的一种空间辐射效应。当空间高能带电粒子入射并穿透栅极时，正在工作的 MOS 器件会沿入射轨迹形成等离子体低阻通道，同时在栅极作用下形成瞬时电流，当瞬时电流足够大时，栅氧化层会沿电流通路产生击穿，形成永久的从栅极到衬底的导电通道，从而造成器件完全失效。

通常用线性能量传输 (LET) 值和单粒子翻转截面 σ 来描述单粒子效应。LET 值的物理含义是：高能粒子与材料作用时沉积在材料中每单位质量厚度的能量，量纲为 $\mathrm{MeV \cdot cm^2 \cdot mg^{-1}}$ 或 $\mathrm{MeV \cdot cm^2 \cdot g^{-1}}$。单粒子翻转截面 $\sigma_{SEU} = N_{SEU}/N_P$ 是器件翻转次数与入射粒子总数之比。大多数器件的 LET 值与 σ_{SEU} 关系如图 1.6 所示。

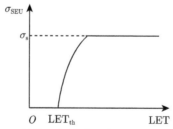

图 1.6 单粒子翻转截面与 LET 值的关系

(1) LET 值小于 LET_{th}，不能引发单粒子效应，LET_{th} 称为 LET 阈值；

(2) LET 值大于 LET_{th} 并增加，单粒子翻转截面增加，意味着器件易发生单粒子翻转；

(3) LET 值大到一定程度，单粒子翻转截面趋于饱和，σ_s 称为饱和翻转截面。

4) 深层充电效应

如图 1.7 所示，高能电子能够穿过卫星屏蔽层，在卫星内的电介质、悬空导体等部位沉积，甚至发生静电放电 (ESD)，对星上的器件构成威胁，因此卫星的设计应针对深层充电优化结构，并对敏感器件提供静电放电防护。

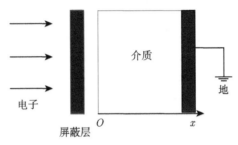

图 1.7 介质充电示意图

深层充电包括两种：一种是对星内的孤立导体进行充电；另一种是对星内介质充电。对孤立导体的充电，电荷分布在导体表面，在边缘、棱角处电场最强。

介质本身有一定的电导率，在电场作用下会形成泄漏电流，电荷的泄漏和累积达到平衡时，电场达到最大；通常平衡的过程很快，可以小时计。介质内最大电场随介质厚度的增加而增大，正比于电子的辐射通量而反比于介质的电导率。电场强度大于介质材料的击穿阈值时，会产生静电放电，对材料本身造成功能性破坏，产生的脉冲也会干扰电子学设备的工作，因此必须采取防护措施。

1.1.2.2 导航轨道的等离子体环境及影响

导航卫星运行期间将会穿过等离子体层及其顶区等磁层离子体区域[2,3]，如图 1.8 所示。理论上电子和质子有相同或相近的温度，但电子的质量只有质子的 $1/1836$，因此具有热运动速度的电子数比质子数多得多，也就是单位时间内，落到航天器表面的电子数比质子数多得多，航天器表面会逐渐累积负电荷，称为表面充电效应。不同表面相对电势升高到一定值后，将以电晕、飞弧、击穿等方式发生静电放电，并辐射出电磁脉冲 (EMP)，对星上电子系统产生影响，甚至发生电路故障，威胁整星安全。

地影区内，卫星表面等离子体充电电势可高达约 −10kV，这是发生静电放电的危险期和高发期；出地影过程中，卫星的一部分表面受到太阳光照射而充几伏到几十伏的正电，而卫星未受照部分仍有上万伏的负电势，所以两区域之间存在着巨大的静电电势差，从而存在静电放电的可能性极大。卫星完全进入光照区，也仍然存在光照面与背阳面的高电势差，也可导致静电放电。

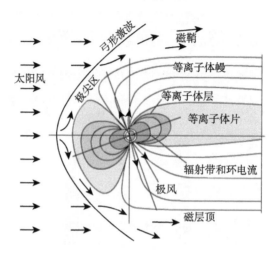

图 1.8　地球磁层和等离子体层示意图

　　如图 1.9 所示，磁层亚暴期间，来自太阳的大量热等离子体注入卫星轨道，卫星表面更有可能充电到较高的负电势。当磁层发生亚暴时，卫星与热等离子体相互作用，能量高达几千甚至几万电子伏的电子，积累在卫星表面上，可使其负电势达到几千伏，甚至上万伏。在外形复杂、材料性质不同的卫星表面出现不等量电势。电势差高达一定数值时发生放电，既会造成电介质击穿、元器件烧毁、光学敏感面被污染等直接的有害效应，也会以电磁脉冲的形式给卫星内外电子器件造成各种有害干扰。

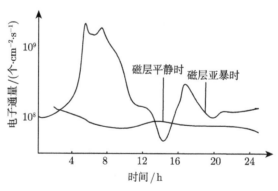

图 1.9　磁层平静时和亚暴时电子通量随时间的变化

1.1.2.3　导航轨道的磁场环境及影响

地磁场由来自地球内部以及外部电离层以上空间两个源场产生的磁场组成。图 1.10 给出了 24000km 高度上磁场总强度的等值线图。由图可知，磁场总强度最大可达到 5.5×10^2nT。

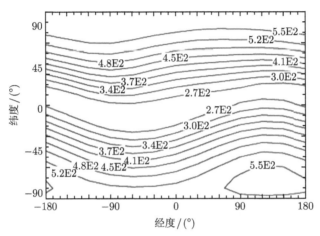

图 1.10　24000km 高度上磁场总强度等值线图 (单位: nT)

图中 E2 代表 $\times 10^2$

卫星自身的磁性与地球磁场相互作用，产生磁力矩，对其姿态产生干扰；也可利用地磁场与磁力矩器的作用形成磁力矩为反作用轮卸载。因此，通过对导航轨道磁场环境进行分析，可为地磁干扰力矩、姿态敏感器的选型和磁力矩器的选型提供设计输入。

1.1.2.4　导航轨道的太阳电磁辐射及影响

太阳不断地发射出电磁辐射，它包含了从 γ 射线到大于 10km 的无线电波各种波长的电磁波。不同波长的太阳辐射能量是各不相同的，可见光的辐射强度最大，可见光加上红外线的辐射能量占总能量的 90% 以上。因此，太阳电磁辐射对卫星影响最大的是可见光及红外线的加热效应。

其次，太阳电磁辐射在卫星向阳面和太阳电池阵表面形成微弱的太阳光压，引起卫星的轨道变化；压力的方向始终沿背阳指向，与卫星运动的方向呈周期性的变化，所以引起的轨道参数变化也是周期性的。

太阳电磁辐射中的紫外辐射主要影响卫星的表面材料。紫外辐射是波长小于 0.3μm 的太阳辐射，占太阳总辐射能量的 1% 左右，特别需要关注的是 0.1~0.2μm 的远紫外部分的辐射。紫外辐射可以破坏高分子材料的化学键，引起光化学反应，造成材料分子量降低、分解、变色等。航天器表面的热控涂层、光学玻璃、硅电池盖片受紫外辐射的损伤更大。紫外辐射可改变热控涂层的光学性质，使表面逐渐变暗，材料对太阳辐射的吸收率显著提高，影响卫星的温度控制，长寿命卫星的热控设计必须考虑紫外线对热控涂层的影响。

1.1.2.5 导航卫星的干扰力矩

干扰力矩是多种空间环境与卫星相互作用的结果，包括气动力矩、太阳光压力矩、重力梯度力矩和地磁力矩，通过对卫星姿态产生干扰，从而为姿轨控设计提供约束条件。

由于导航卫星轨道大气相当稀薄，大气密度几乎为零，气动力矩可以忽略不计，因此起主要作用的是太阳光压力矩、重力梯度力矩和地磁力矩。按照中科院导航卫星的构型设计估算，卫星受到的干扰力矩如图 1.11 所示。

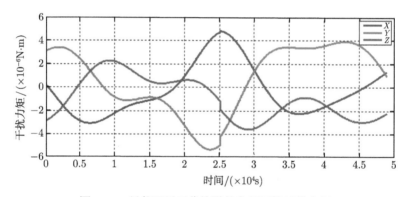

图 1.11   导航卫星工作轨道的空间环境干扰力矩

从分析结果来看，导航卫星受到的最大干扰力矩一般不超过 6.0×10^{-6}N·m。在卫星姿控方案进行论证和设计时，需要考虑空间环境干扰力矩和地磁环境的影响，给出反作用轮卸载对磁力矩器需求等设计输入。

另外，在轨导航卫星还受到真空、微流星/空间碎片等环境影响，本章不再赘述。

1.1.2.6 导航卫星的环境特点小结

导航卫星空间环境的主要特点如图 1.12 所示，地球辐射带高能粒子产生的影响主要是总剂量和深层充放电效应，银河宇宙线和太阳质子辐射产生的影响主要是单粒子效应，等离子体环境产生的影响主要是表面充放电效应。

因此，针对导航卫星空间环境的特点，导航卫星设计时要具备抗辐照能力，满足长寿命期间内的总剂量效应；还要具备抗单粒子效应以及充放电防护能力，确保导航信号的连续性和可用性。

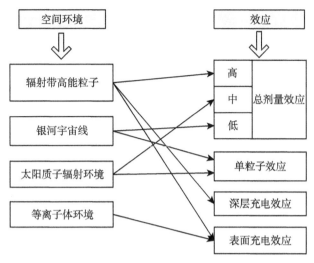

图 1.12 空间环境效应总结

此外，导航卫星轨道地磁场比低轨卫星弱，在设计磁力矩器给反作用轮卸载时需要加以考虑；光压的模型精度和估算是影响导航卫星定轨精度的重要因素，在卫星设计时也需要给予重点关注。为此，在本书中，通过动偏姿态控制模式、单独星敏定姿等方法来改善导航卫星的定轨精度，具体设计和实施可阅读结构热功能链和控制功能链等相关章节。

1.2 国外导航卫星发展概况

卫星导航具有统一、精确、易用、廉价的独特优势，能够最大限度地满足人类的共性需求。国际上已有许多已经建立或正在建设的导航卫星星座。具有代表性的全球卫星导航系统主要包括美国的全球定位系统 (GPS)、俄罗斯的卫星导航系统 GLONASS、欧洲的伽利略 (Galileo) 卫星导航系统，组成这些系统的导航卫星各有其特色。

1.2.1 GPS 导航卫星

GPS 卫星[4-6] 经历了 Block Ⅰ，Block Ⅱ/ⅡA，Block ⅡR/ⅡR-M，Block ⅡF 的发展，目前已经开始第三代 GPS 导航系统的建设。GPS 的发展经历了不同的发展阶段，每个阶段卫星的特点也不同，具体情况参见表 1.2。

Block Ⅰ 卫星发射重量为 795kg，有效载荷功耗 (EOL) 为 400W，卫星设计寿命为 5 年，但实际在轨寿命平均达到 8.76 年。卫星采用硅太阳电池阵，蓄电池采用 3 组镍镉电池，姿态调整推力器采用单组元肼作为推进剂。

表 1.2   GPS 卫星情况[7]

	Block I	Block II	Block IIR	Block IIF	GPS III
卫星重量/kg	759	1660	2032	1630	4400
载荷功率/W	400	710	1136	2440	3200
轨道高度/km	20200	20200	20200	20200	20200
轨道倾角/(°)	63	55	55	55	55
设计寿命/年	5	7.5	7.5	12	15
姿态控制方式	三轴稳定	三轴稳定	三轴稳定	三轴稳定	三轴稳定

从 1989 年到 1997 年，GPS 共发射 9 颗 Block II 卫星和 19 颗 Block IIFA 卫星。Block II 卫星有两副太阳电池阵，每副包含 4 块帆板，采用 3 组 35A·h 镍镉蓄电池组，依靠固体燃料发动机进行远地点变轨。Block IIFA 卫星相较于 Block II 卫星提高了星上处理能力和星钟精度，并具有 180 天自主导航能力。

从 1997 年到 2004 年共发射 13 颗 Block IIFR 卫星。该卫星装有特高频 (UHF) 天线，具有 180 天自主导航能力。采用 AS4000 平台进行改造，太阳电池采用硅电池片，两组容量为 40A·h 的镍氢蓄电池组，在 56min 的地影期能提供 958W 的电能，放电深度为 60%。Block IIFR 卫星变轨采用固体燃料发动机，装有 16 台推力器用于姿态调整，卫星母线电压的调整和控制继承了 GPS I／II 卫星的设计。

Block IIF 共计 12 颗，为达到批量生产的目的，采用模块化设计，各种有效载荷配置在两块面板上，卫星设计具有继承性、灵活性和兼容性的特点。卫星有两副太阳电池阵，每副包含 3 块帆板，并具备安装 4 块帆板的能力，采用硅电池片，4 组镍氢蓄电池组。图 1.13 给出了 GPS 卫星的发展演变图。

GPS Block II

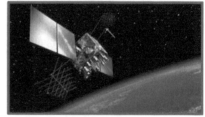
GPS Block IIR-M

GPS Block IIF

GPS Block III

图 1.13   GPS 卫星的发展演变图[8,9]

最新一代的 GPS III 卫星采用洛马公司的 A2100 平台。平台从 A2100A 到 A2100M，其能力有较大变化，最大电源功率达 15kW，最小为 4kW，设计寿命为 15 年，入轨质量超过 2000kg，采用 A2100M 平台的卫星甚至超过 6500kg，完全满足 GPS III 的要求。

A2100 平台包含两副太阳电池阵，每副太阳电池阵可安装 2~5 块基板，采用硅或砷化镓太阳电池片，配置一个全备份的功率调整单元 (PRU)，通过低耗散分流模块对太阳电池阵进行调整，利用双向能量转换器对蓄电池进行充放电管理。平台以星载计算机为核心。星载计算机通过 1553B 总线采集地球敏感器、太阳敏感器和陀螺信息，控制信号通过 1553B 总线及终端接口单元 (BUS RIU) 作用于反作用轮和推进系统，实现卫星姿态和轨道控制，星上许多单机均通过内部的远程终端 RT 实现与总线 1553B 的通信，具有较好的可扩展性和集成性。

1.2.2 GLONASS 导航卫星

1982 年 10 月 12 日，苏联的卫星导航系统 GLONASS 的第一颗卫星升空，从此开始应用于测量与导航领域。GLONASS 卫星星座原设计发射 24 颗卫星，1994 年 4 月至 1995 年 12 月所有卫星完成发射。但在此之后，许多卫星相继失效，至 2001 年整个星座退化到 6~8 颗卫星。2001 年 8 月 20 日，俄罗斯政府决定对该系统进行升级，GLONASS 系统现代化建设分为三阶段。

第一阶段：对 GLONASS 星座进行补充，以最低限度保持星座完整；

第二阶段：利用 GLONASS-M 进行星座升级，保证卫星寿命达到 7 年，采用一箭三星直接入轨发射方式，使卫星在轨数量增至 18 颗。GLONASS 卫星发射首先进入转移轨道，再由上面级经过两次点火变轨将卫星送入运行轨道。

第三阶段：利用 GLONASS-K 进行系统升级，卫星寿命不低于 10 年，在轨卫星数量恢复到 24 颗，并减小卫星质量，具有一箭 6~8 星的发射能力。

GLONASS 系列卫星情况见表 1.3 和图 1.14。

表 1.3　GLONASS 系列卫星情况[10]

	GLONASS-I 型	GLONASS-M 型	GLONASS-K 型
重量/kg	1500	1415	935
卫星功率/W	1250	1400	1270
轨道高度/km	19100	19100	19100
轨道倾角/(°)	64.8	64.8	64.8
设计寿命/年	3.5	7	10
姿态控制方式	三轴稳定	三轴稳定	三轴稳定

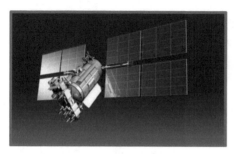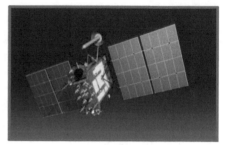

GLONASS-M 型　　　　　　　　　　GLONASS-K 型

图 1.14　GLONASS 卫星演变图[10]

俄罗斯 2003 年发射了第一颗 GLONASS-M 卫星，GLONASS-M 卫星是 GLON-ASS 原型卫星的改进型号，采用与 GLONASS 卫星相同的圆柱形承力筒式结构，星上设备、天线馈线装置、控制系统、太阳帆板驱动机构、推进单元和热控系统驱动装置等均安装在承力筒内部，卫星寿命增加到 7 年。GLONASS-M 卫星发射质量为 1415kg，直径为 1.3m，展开后长度为 7.84m，展开后宽度为 7.23m，电源功率为 1600W。

2011 年 2 月 26 日，俄罗斯发射了第一颗 GLONASS-K 卫星，GLONASS-K 是新一代 GLONASS 卫星，采用新型地球静止轨道通信卫星平台"快车-1000"，采用板架式结构，平台质量为 600kg，有效载荷质量为 250kg，姿态控制精度为 0.1°，位置保持精度为 0.05°，太阳电池功率为 3600W，载荷功耗最高可达 2000W，设计寿命高达 15 年。

另外，GLONASS 卫星和 GLONASS-M 卫星有两种发射方式，分别为：质子号加上面级进行一箭三星发射和联盟号加上面级进行一箭一星发射。

1.2.3　Galileo 导航卫星

Galileo 系统是欧洲的全球卫星导航系统[11-14]，系统星座设计由 27 颗工作星，3 颗备份星构成，分布在倾角为 56° 的三个轨道面上。截至 2016 年 12 月，已经发射了 18 颗工作星，具备了早期操作能力。Galileo 系统建设分为 GSTBV1，GSTBV2，IOV，FOC 共四个阶段。其中在 GSTBV2 阶段发射 3 颗试验卫星，IOV 阶段发射 4 颗卫星，FOC 阶段将发射 26 颗卫星。Galileo 卫星主要参数如表 1.4 所示。

欧盟在 2005 年 12 月和 2008 年 4 月分别发射了 GIOVE-A 和 GIOVE-B 两颗 Galileo 在轨试验卫星，以验证未来 Galileo 卫星配备的导航有效载荷的关键技术。这两颗卫星都是通过带上面级的运载直接送入 MEO 轨道的。卫星首先进入转移轨道，再由上面级经过三次点火变轨将卫星送入运行轨道后，卫星与上面级分离。

GIOVE-A 又称"伽利略系统试验台"(GSTB)V2/A，作为欧洲 Galileo 卫星导航计划的一部分,是由萨瑞公司为欧空局研制的。它的主要任务是保住国际电联分配给欧洲的导航频率资源,并验证整个 Galileo 星座所要采用的关键技术。它是萨瑞公司第一颗工作于中高轨道强辐射环境下的卫星。

表 1.4　Galileo 卫星主要参数[14]

	GIOVE-A	GIOVE-B	Galileo IOV	Galileo FOC
姿态控制方式	三轴稳定	三轴稳定	三轴稳定	三轴稳定
整星发射重量/kg	600	630	700	730
尺寸/(m×m×m)	1.3×1.8×1.65	0.95×0.95×2.4	3.02×1.58×1.59	2.74×1.58×1.59
卫星功率/W	667	1100	1420	1420
工作寿命/年	2		12	> 12

萨瑞公司在 GIOVE-A 卫星上采用了 "静地小卫星"(GEMINI) 计划开发的核心技术。卫星质量为 600kg,呈立方体形,采用三轴稳定的定姿方式。卫星采用了全面冗余的宇航电子设备、丁烷冷气推进系统和能产生 700W 功率的可展开太阳电池阵。

GIOVE 卫星由三部分组成:卫星平台、导航有效载荷和搜索救援有效载荷。卫星分为六大系统,分别是通信系统、数管系统、姿态控制系统、推进系统、电源系统和基带有效载荷。卫星质量轻,体积小,采用板架箱式结构,主要由铝合金板和铝合金蜂窝板组成。天线安装在 +Z 板对地,展开跟踪式帆板安装在 ±Y 板上,±Y 板作为整星的主散热面,+X 板作为辅助散热面。

GIOVE-A 卫星主要技术参数指标如下:

(1) 外形尺寸:1.9m×1.4m×1.7m(收拢状态);

(2) 起飞重量:600kg;

(3) 整星功率:700W;

(4) 敏感器:太阳敏感器 (16 个)、地球敏感器 (2 个)、陀螺 (6 个);

(5) 执行机构:反作用轮 (4 个)、磁力矩器 (3 个)、推力器;

(6) 指向精度:要求 ±0.55° 俯仰 / 滚动,实际 ±0.1°;要求 ±2.1° 偏航,实际 ±1.0°;

(7) 推进:丁烷冷气系统;

(8) 跟踪、遥测和遥控 (TT&C):S 频段。

卫星电源系统采用了基于分流调节器 (S3R) 技术的全调节母线拓扑结构,能够向大功率有效载荷提供 50V 的全调节供电母线,向其他载荷和平台提供 (28±6)V 的非调节供电母线。太阳电池阵配置了两翼,选用硅太阳电池片,每副包含两块太阳电池基板,尺寸为 0.98m×1.74m。卫星电源系统可以按照模块化设计思路进行扩展,能够提供 1~2.5kW 的功率。

GIOVE-A 卫星平台和有效载荷电子设备的设计体现了当前先进的综合电子系统设计思想, 使卫星电子系统在集成化、模块化和网络化等方面具备了较高的技术水平。

GIOVE-B 是继英国萨瑞公司建造的 GIOVE-A 卫星之后的第 2 颗伽利略试验卫星。GIOVE-B 为三轴稳定卫星, 卫星质量为 530kg, 尺寸为 0.95m×0.95m×2.4m (收拢状态), 两翼帆板展开后为长 4.34m 的太阳电池阵提供了 1100W 的功率; 星上推进系统采用肼单组元推进剂, 推进剂质量为 28kg。卫星的姿态控制系统包括 4 个反作用轮、2 个磁力矩器、8 个推力器、2 个地球敏感器和 2 个陀螺。卫星 TT&C 系统的上行速率为 2Kbit·s^{-1}, 下行速率为 32Kbit·s^{-1}。

Galileo 工业公司承担 IOV 及 FOC 阶段的卫星, FOC 阶段卫星的结构如图 1.15 所示。整星质量为 730kg, 整星功耗为 1800W, 导航载荷为 140kg, 功耗为 900W, SAR(国际搜救) 载荷为 9kg, 功耗为 45W。

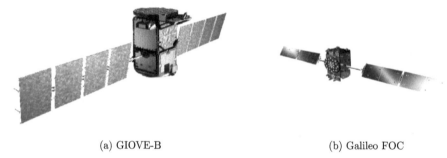

(a) GIOVE-B   (b) Galileo FOC

图 1.15   Galileo 卫星演变图[14]

1.3   国内导航卫星发展概况

1.3.1   概述

北斗卫星导航系统 (以下简称北斗系统) 是我国着眼于国家安全和经济社会发展需要, 自主建设、独立运行的全球卫星导航系统, 是为全球用户提供全天候、全天时、高精度的定位、导航和授时服务的国家重要空间基础设施[15−20]。

我国始终立足于国情国力, 坚持 "自主、开放、兼容、渐进" 的原则, 稳步推进北斗系统建设发展。其发展目标是建设世界一流的卫星导航系统, 满足国家安全与经济社会发展需求, 为全球用户提供连续、稳定、可靠的服务; 发展卫星导航产业, 服务经济社会发展和民生改善; 深化国际合作, 共享卫星导航发展成果, 提高全球卫星导航系统的综合应用效益。

我国高度重视北斗系统建设发展, 自 20 世纪 80 年代开始, 探索适合我国国情的卫星导航系统发展道路,形成了"三步走"发展战略:2000 年年底,建成北斗一号系统,向中国提供服务;2012 年年底,建成北斗二号系统,向亚太地区提供服务;2020 年,建成北斗三号系统,向全球提供服务。2035 年前,将以北斗系统为核心,建设完善更加泛在、更加融合、更加智能的国家综合定位导航授时 (PNT) 体系 [21]。

1.3.2 北斗一号系统

为了建立独立自主的中国卫星导航系统,1994 年,中国启动北斗一号系统工程建设;2000 年,发射 2 颗地球静止轨道卫星,建成"北斗导航"双星导航定位系统,标志着我国卫星导航技术取得了突破性进展,成为世界上第三个拥有自主卫星导航系统的国家。2003 年,发射第 3 颗地球静止轨道卫星,进一步增强了系统性能。

北斗一号采用有源定位体制,为中国用户提供定位、授时、广域差分和短报文通信 (GSMC) 服务。卫星功能与一般通信卫星相似,该系统由两颗地球静止轨道卫星、一颗备份星、一个地面中心控制系统、若干校标机和各类用户机组成。其任务是为我国及周边部分地区中低动态及静态用户提供快速定位、短报文通信和授时服务。卫星选用 DFH-3 卫星平台[22],并对平台做了适应性修改,星上的 L/C、C/S、S/L 波段转发器和 L/S 天线等有效载荷是根据导航要求新研制的。卫星总重约为 2300kg,寿命为 8 年。

1.3.3 北斗二号系统

2004 年,中国启动北斗二号 (Compass) 系统工程建设;2012 年年底,完成包括 5 颗地球静止轨道 (GEO) 卫星、5 颗倾斜地球同步轨道 (IGSO) 卫星和 4 颗 MEO 卫星的 14 颗卫星发射组网。北斗二号系统在兼容北斗一号系统技术体制基础上,增加了无源定位体制,为亚太地区用户提供定位、测速、授时和短报文通信服务。

北斗二号系统采用 GEO+IGSO+MEO 混合卫星星座。其中,MEO 卫星使用 CZ-3A 运载火箭发射,火箭将卫星从西昌发射中心发射至 MEO 转移轨道,经三次远地点变轨并进行相位捕获后进入 MEO 运行轨道。卫星采用三轴稳定,并具有偏航控制能力,寿命为 8 年。卫星基于 DFH-3 卫星平台 (平台的主要参数见表 1.5),本体由中心承力筒和蜂窝夹层板组成。太阳电池阵采用单自由度对称式双翼,星箭分离后,太阳电池阵展开锁定。

表 1.5 DFH-3 卫星平台主要参数

重量	尺寸	设计寿命	帆板面积	功率	姿态控制方式	推进
2100kg	2.2m×1.72m×2.0m	>8 年	18.1m²	1.7kW	三轴稳定,偏航机动	490N(1), 10N(14)

1.3.4　北斗三号系统

2009 年，中国启动北斗三号系统建设。北斗三号系统正式组网前，在 2015 年 3 月 30 日发射了北斗三号首颗试验卫星[23]，截至 2016 年 2 月 1 日共发射了 5 颗北斗三号试验卫星，卫星装载了更高性能的铷原子钟 (天稳定度达到 10^{-14} 量级) 和氢原子钟 (天稳定度达到 10^{-15} 量级)，构建了稳定可靠的星间链路，进一步提高了卫星的性能与寿命；全面验证了北斗全球系统技术体制。2018 年年底，完成 19 颗卫星发射组网，完成了基本系统建设，向全球提供服务；2019 年年底，完成包括全部 24 颗 MEO 卫星在内的 28 颗卫星发射组网，完成了核心星座建设；2020 年，完成 30 颗卫星发射组网，全面建成北斗三号系统。北斗三号系统继承了北斗有源服务和无源服务两种技术体制，能够为全球用户提供基本导航 (定位、测速、授时)、全球短报文通信、国际搜救服务，中国及周边地区用户还可享有区域短报文通信、星基增强、精密单点定位等服务。

北斗卫星导航系统的特点：一是空间段采用三种轨道卫星组成的混合星座，与其他卫星导航系统相比高轨卫星更多，抗遮挡能力强，尤其在低纬度地区性能优势更为明显；二是提供多个频点的导航信号，能够通过多频信号组合使用等方式提高服务精度；三是创新融合了导航与通信能力，具备基本导航、短报文通信、星基增强、国际搜救、精密单点定位等多种服务能力。

北斗导航卫星由国内两家卫星总体单位承研，中科院微小卫星创新研究院是其中之一。中科院研制的多批次 MEO 卫星采用中科院微小卫星创新研究院研制的启明 (QM) 导航卫星专用平台，秉承 "功能链" 的设计理念，提高了系统的固有可靠性和功能密度。卫星根据功能可分为载荷功能链、结构热功能链、控制功能链、电子学功能链等四大部分；按照传统方式，这四大功能链需要分为载荷分系统、自主运行分系统、结构与机构分系统、热控分系统、姿轨控分系统、星务分系统、测控分系统、电源分系统、总体电路分系统、技术试验专项分系统共 10 个分系统。

如图 1.16 和表 1.6 所示，卫星结构为轻量化的框架面板式设计，整星起飞重量不超过 1080kg，由长征三号运载火箭和远征一号上面级以一箭双星的方式直接发射入轨，卫星寿命大于 10 年。

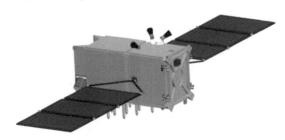

图 1.16　卫星飞行状态模型图

表 1.6　中科院 MEO 导航卫星主要参数

重量	尺寸	设计寿命	帆板面积	功率	姿态控制方式	蓄电池组
<1080kg	2.9m×1.6m×2.2m	>10 年	11.9 m²	2.3 kW	三轴稳定，偏航机动	150A·h 锂离子电池

卫星除安装 B1/B2/B3 三种基本的导航定位载荷，还配置了特色的创新技术，不仅增强了基本的定位导航服务的精度和连续性，而且还扩展了北斗系统的服务范围，包括：

(1) 大阵面 Ka 频段相控阵星间链路技术、高精度时频无缝切换技术、大功率高效固态功率放大技术、三工馈电网络技术、单独星敏感器定姿技术、基于国产龙芯 CPU+Flash 架构的星载计算机技术和整星状态下全任务剖面闭环测试技术等；

(2) 装载了全球短报文通信载荷和国际搜救载荷，实现了具有北斗特色的全球短报文通信服务和国际搜索救援服务；

(3) 卫星具有星上自主故障诊断和恢复能力以及自主导航和自主运行能力；

(4) 除成熟软件固件外，其他软件均具有在轨重构能力；

(5) 采用龙芯处理器等国产元器件，实现了 100% 关键元器件自主可控，摆脱了对进口的依赖。

区别于以往分系统的概念，本书提出了功能链设计理念[24]，在简化系统结构、提高功能密度以及大幅度降低成本的同时，还提高了系统的固有可靠性。针对北斗三号研制初期面临的诸多技术瓶颈和关键技术，以及如何处理新技术和风险的关系，如何提高长寿命、高可靠产品的持续先进性等问题，提出并实践了基于创新和目标驱动的卫星系统工程方法。本书将结合中科院 MEO 导航卫星的设计、研制和管理等工作，对相关内容进行较为详尽的阐述和介绍。

第2章 基于功能链设计理念的卫星总体设计方法

2.1 概　　述

近年来，中国在卫星质量和产品化方面做了大量的工作，产品质量有了明显的提高，但这些工作更多的是在设计完成后，通过生产、试验、使用等环节的控制来提高系统的使用可靠性，并没有提高产品或系统的固有可靠性。在研制北斗全球卫星导航系统的系列卫星型号的过程中，借鉴国内外卫星研制和系统工程研究成果，结合中国航天发展几十年的经验和现状，以提升卫星系统固有可靠性，提高功能密度为目标，按学科重新梳理了卫星系统各单机的内在关联性，将以往分系统的工程方法变为功能链设计理念[24]。数颗导航卫星的研制实践表明，在计算机技术和卫星研制规模空前发展的今天，这种全新的设计理念更利于适应航天科技快速发展的需求。先进的设计理念实现了高性能、高可靠、低成本、高功能密度的卫星研制。

2.2 功能链的基本思想

功能链设计理念的核心思想是功能内聚，即在系统层将同类功能聚合，通过将传统按分系统划分的做法重新从顶层进行梳理，合并同类项，尽可能地去除不同设备中的重复功能，优化系统结构，减少系统内部的交互环节，避免了由分系统界面造成的同类设备无法合并的难题，大幅度压缩了设备数量，使得系统在完成同样功能的前提下，大大降低了出问题的概率，从设计源头出发提高了系统的固有可靠性；此外，由于系统简化，功能密度提升，研制成本得以大幅度降低，与此同时，实现了卫星的小型、轻量化。从管理层面，通过"功能链"重新梳理卫星系统，实现了"强总体、专枝干"的顶层规划，增强总体综合能力，减少系统层级，让专业的人做专业的事。

传统的大系统、分系统、子系统模式，层层分级，每层都有一个小总体。这种模式基于早期计算机能力弱，软件水平低，需要分散计算来降低计算机系统的复杂性。虽然小型化技术可将单机做小，但由于分系统界面，还会有大量的功能重复。随着电子学技术的高速发展，目前一个很小的星载计算机就可以完成整星所有任务，在这种情况下取消层级顺理成章。将星上功能相同的设备或终端集成在一起，既可以提高功能密度，减少单机数量，又可降低成本，减少中间管理环节，更重要的是由于星上设备数量少, 在星上单机可靠性不变的情况下, 整星的可靠性得到了提高。

为此, 从学科出发, 将卫星总体分为结构热、电子学、控制和载荷四个功能链, 如图 2.1 所示, 这四个功能链一方面面对卫星顶层设计, 另一方面直接面对卫星的终端部件。结构和热是为整星提供基础服务保障的, 二者设计密切相关, 其基础为计算机辅助设计 (CAD)、计算机辅助工程 (CAE)、热分析等机械工程为主的学科, 将其划为一个功能链——结构热功能链; 姿控、轨控和帆板控制是整星的控制功能, 为载荷、能源、测控等正常工作提供合适的姿态、轨道和帆板指向, 其学科基础为系统动力学、控制科学与工程等, 将其划分为一个功能链——控制功能链 (也可称为姿轨控功能链); 卫星平台其他功能都是和电子学密切相关的, 包括能源、测控、驱动、整星配电、星务管理、数据处理等, 其学科基础为电子学、计算机、软件等, 将其划分为一个功能链——电子学功能链; 载荷功能独立, 单独划分一个功能链——载荷功能链。这四个功能链完成了整星的全部功能, 四个功能链在顶层进行功能内聚, 合并同类项, 提高功能密度。同时保证平台和载荷的独立, 可以分开设计, 既体现了平台的通用性, 又可以围绕载荷任务需求进行平台设计, 提高平台的可扩展能力, 满足更新换代以及未来发展的需求。

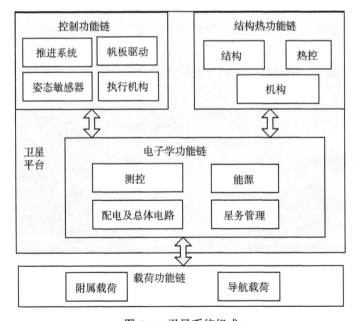

图 2.1 卫星系统组成

每个功能链都对卫星进行从顶层到部件的系统优化, 由于打破了大系统、分系统、子系统的分界, 这种优化可以实现更高的效率。

2.3　结构热功能链

结构热功能链为卫星提供一个合理的总体构型、设备布局以及良好的热环境，将卫星的仪器 (包括单机和部件) 组成为一个整体，保障卫星能够承受测试、运输、发射以及在轨运行等各种力学和热环境条件。

结构热功能链不仅负责整星构型布局、卫星主次结构、机构、整星热设计等整星层面的工作，还直接深入到星上各设备的机、热设计。一方面依照整星最优原则指导每个定制设备优化其自身结构的热控方案；另一方面从整星角度最大限度地协调资源，尽量选用供应商的标准产品和成熟产品，降低供应商的研发工作量。例如，对于高效固放来说，其芯片的热功率密度大，整星分配给固放单机更多的重量资源用于其散热通道设计，再通过整星热管扩热及散热面散热实现温控，比起单机和整星划定接口并限制单机的重量资源，单机和整星联合热设计更节省资源，效果更佳。

导航卫星在结构热设计上，针对载荷任务的可扩展性以及天线对地安装要求，地面布局需充分考虑载荷热耗高，散热困难等难题。在卫星构型设计时，考虑到卫星散热和导航载荷对地面安装的高需求，将卫星平台设备与导航载荷分舱进行模块化设计，便于载荷的扩展以及任务需求的变化；天线模块横跨两舱，保证天线相位中心过整星质心，进而确保卫星定轨精度；将卫星设计成长方形，将长边面设计为散热面，使相同体积下的散热面积更大，从而满足导航载荷高功耗设备散热需求，如图 2.2 所示；让卫星 "横飞"，使得对地面具有较大的安装面积，即解决

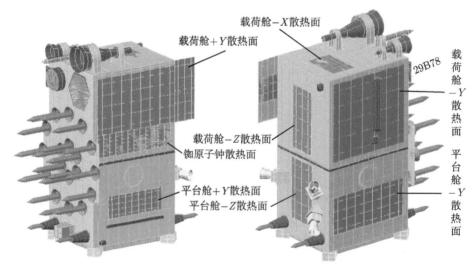

图 2.2　导航卫星主散热面及扩展散热面示意图

载荷天线、测控天线、星间链路等多种对地载荷难于布局及"扎堆"易互相产生电磁干扰的难题，同时也可满足对地面的扩展需求，如图 2.3 所示；将两个最小面设计为飞行面 ($\pm X$)，可改善外热流随轨道周期变化对卫星整体的影响，减小整星温度的波动范围。

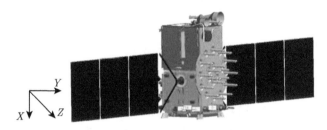

图 2.3 导航卫星飞行状态示意图

通过上述几方面的努力，系统构型布局显著优化，供应商成熟产品得以应用，使得整星性能优越，造价大幅度降低，同时也保证了供应商足够的收益。

2.4 控制功能链

以控制科学与工程为基础，将卫星中所有控制类功能融合在一起，形成控制功能链。它由姿态测量部件、姿态和帆板控制执行部件和推力器等组成，不设置单独的下位机。任务是实现卫星姿态稳定、姿态机动、帆板指向和轨道控制等。

控制功能链主要完成姿态轨道控制的总体方案、敏感器和执行器的选型、配置、控制模式以及控制算法等，由控制专业的人员负责，体现"专业的人员干专业的事"这一理念。由于不再将姿控和轨控切分为两部分，因此很自然地将传统推进方案进一步优化，采用四个推力器即可完成姿控、轨控任务，显著简化了系统，提高了可靠性，同时由于管路安装简单，也减轻了结构布局的压力，如图 2.4 所示。

图 2.4 推力器布局

在硬件层面，控制功能链直接面对敏感器和执行器，更多的是面向需求层面，包括星敏感器、太阳敏感器、陀螺、反作用轮、磁力矩器、推进组件等，从系统最优出发，根据部组件的指标、性能、成熟度等参数选择最佳的组合，并依据最终组合进行姿轨控控制模式及控制算法设计。这些部组件的结构热问题交由结构热功能链负责，相应的硬件接口、数据采集、驱动控制，以及控制算法的软件实现等电子学和软件问题交由电子学功能链负责。控制算法的实现由专业软件人员，即电子学功能链的人员负责，避免了以往姿轨控分系统需要控制、电子学、软件等诸多学科才能完成的人员配置。

不仅如此，强调每个部组件主要完成其专业功能，例如，反作用轮供应商主要保证每个反作用轮的性能，而不必关注反作用轮如何组合；星敏感器供应商主要关注星空成像及姿态解算，而不必过多考虑在轨故障诊断；推进模块只要完成贮箱、管路、阀门、推力器等，具体的贮箱保温、阀门控制则交由电子学功能链完成。通过这种机制，一方面大幅度简化了系统，另一方面也极大地降低了部组件供应商的压力。因此这种分工既让机、电、热、软能力很强的总体最大限度地发挥了优势，也让有极强专业优势的部组件团队更大地聚焦于其擅长的领域。实现了"强总体、专枝干"的顶层规划。

2.5　电子学功能链

电子学功能链以电子学、计算机、软件为基础，不设置过多的下位机，统一实现星务管理、姿轨控和推进控制管理、测控上下行数据管理、电源管理、配电及驱动控制、温度采集及主动热控等功能，实现在系统故障状态下的系统重构和功能恢复，为有效载荷提供电源、遥测、控制、数据传输和主动温控等运行所需要的保障条件。

电子学功能链负责所有软件、硬件相关的工作，统筹规划星上电子学软硬件的配置，信息统一采集、数据统筹处理、上行和下行资源共享，通过功能内聚，并结合国内工程实际，合并同类项，整星采用了四台电子学设备，包括星载计算机、数据处理终端、主配电器、辅配电器，完成了星务、能源管理、驱动控制、配电、数据管理和控制等全部功能，如图 2.5 所示。考虑采用四台电子学设备有几个方面：一是由于计算机技术的发展，以往需要多台计算机实现的功能现在由一台计算机就可以实现，所以设置一台星载计算机就能完成卫星平台所需的星务、热控算法、姿态轨道控制、供配电管理等任务，取消姿控计算机等下位机，简化系统结构，提高系统可靠性；二是设置一台配电器实现二次电源、热控驱动、配电、火工品驱动、推力器驱动、自锁阀驱动、磁力矩器驱动等平台供配电以及驱动控制功能，将姿态控制驱动机构、热控等以往单独设置的终端设备合并为一台设备，这样仅用计算机和主配电器两台设备就实现了以往多台设备实现的功能,通过合并同类项,简化了系统结构,提高了可靠性,同时,设备状态可以固化,不会随着应用任务的不同而变化,有利于产品成熟度的提高;三是设置了数据处理终端和辅配电器,用于为载荷提供标准的配电和数据接口。载荷数据的处理与星载计算机分离,有利于标准化和可靠性提高,辅配电器为载荷提供不同功率的配电、热控等标准的配电驱动控制接口,在确保可靠性的同时,更适宜载荷状态的变化。

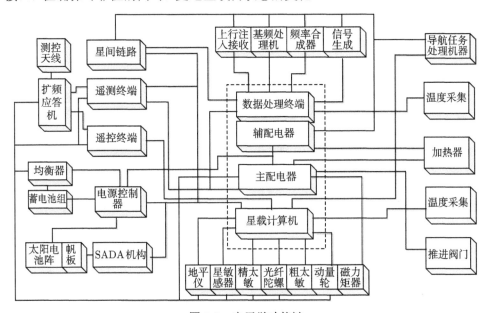

图 2.5 电子学功能链

SADA 代表太阳帆板转动机构

2.6 载荷功能链

载荷功能链包括任务主载荷和附属载荷,随卫星任务不同而异。对于导航卫星,载荷和平台在结构上采用分舱设计,两舱采用隔热设计,布局分别完成,平台为载荷提供标准的机、电、热接口。这样有利于载荷和平台的同步设计、测试,也有利于因任务变化,载荷设计有较大变化时,平台可以保持不变,提升产品的成熟度,缩短研制周期。

综上所述,通过引入功能链,卫星总体可以直接面对各个终端部组件。一方面大幅度减少了中间环节,实现"扁平化管理",卫星总体人员可以深入到各功能链的最前端,准确把握各个部组件的性能和特点,再从整星优化的视角指导部组件进行改进优化,在此过程中卫星总体的系统掌控能力得到了极大加强,此外,总体不单单掌握各个设备的性能指标，更能准确地把握卫星以及部组件设备特性，实现了实质性的 "强总体"；另一方面，对于每个终端部件供应商，由于总体分担了相当一部分系统层面的机、电、热工作，供应商只需要围绕其核心技术提供核心标准化产品，而把非标准、定制化的工作交由总体统一考虑，真正实现了 "让专业的团队做专业的事情"，各供应商也同样可以以极低的人力投入提供高可靠的标准化产品，也就是所谓的 "专枝干"。

第3章 导航卫星系统总体方案

3.1 导航卫星总体任务和功能

导航卫星的任务是利用自身装载的导航载荷，向地球表面播发无线电导航信号，将时空基准信息或信号等全天时、全天候地传送给地面、海洋、空中和空间等用户，用于实现用户的定位、导航和授时等功能。具体任务和功能包括：

(1) 接收地面运控系统注入的导航电文参数，并存储、处理生成导航电文，产生导航信号，向地面播发；

(2) 具备全球短报文功能；

(3) 具备通过重构技术实现多种播发方案的能力；

(4) 接收地面上行的无线电信号进行双向时间比对；

(5) 具备通过激光反射器反射上行激光信号，配合地面完成激光测距功能；

(6) 具备卫星自主完好性监测、处理与发播能力，监测内容包括导航信号、星钟、导航电文等异常；

(7) 具备基于星间链路的双向测距和时间同步、数据传输和扩展应用能力；

(8) 接收、执行地面测控系统上行的遥控指令，并将卫星状态等遥测参数下传给地面；

(9) 具备卫星自主运行的能力；

(10) 具备在轨道平面内调整相位的能力，在卫星寿命期间，尽可能减少轨道和姿态机动，满足导航系统连续性要求；

(11) 具备较强的抗干扰能力；

(12) 具备空间环境防护能力。

总之，导航卫星应能够提供优良的信号覆盖和高精度的时空基准，满足导航载荷使用需求且具备高可靠性和高可用性，具备一定的抗干扰等安全防护能力。

由此，为导航任务服务的卫星应具备"高精基准、可靠应用、组网升级、安全运行"这几个方面的功能特点，导航专用卫星的设计也应围绕这些方面展开。

3.2 总体技术指标

1) 卫星总体指标

(1) 卫星重量：单星重量不大于 1080kg；

(2) 支持载荷重量：≥250kg；

(3) 支持载荷功耗：≥1000W；

(4) 可靠度: 0.65(寿命末期);

(5) 卫星寿命: 10 年。

2) 姿轨控指标

(1) 正常工作模式: 偏航对地稳定;

(2) 姿态指向精度: $0.4°$;

(3) 相位差保持精度: $±5°$;

(4) 相位保持频度: 优于平均 1 次/3 年。

3) 卫星测控指标

(1) 频段: S;

(2) 上行遥控: $4\text{Kbit}\cdot\text{s}^{-1}$;

(3) 下行遥测: $32\text{Kbit}\cdot\text{s}^{-1}$。

4) 数传指标

(1) 频段: S;

(2) 上行: $1\text{Mbit}\cdot\text{s}^{-1}$;

(3) 下行: $1\text{Mbit}\cdot\text{s}^{-1}$。

5) RNSS 指标

(1) 导航定位信号频点: B1、B2、B3。

(2) 中心频点 [1]:

B1I: 1561.098MHz, B1C: 1575.42MHz;

B2a: 1176.45MHz;

B3I: 1268.52MHz。

(3) 下行信号发射带宽内卫星发射的杂散信号不超过 -50dBc[2]。

(4) 调制方式 [3]:

B1I: BPSK, B1C: BOC/QMboc;

B2a: QPSK;

B3I: BPSK。

6) 短报文指标

服务范围: 全球;

上行: L; 下行: GSMC-B2b。

7) 激光有效载荷要求

激光反射棱镜有效反射面积: 不小于 300cm^2;

排列方式: 平面阵排列。

---

① B1I、B1C、B2a、B3I 均为北斗导航卫星播发的导航信号分量。

② dBc 表示功率相对值的单位, 这里指杂散信号相对于载波信号功率的相对值。

③ BPSK: 二进制移相键控; QPSK: 正交相移键控; BOC: 二进制偏移载波; QMboc: 正交复合二进制偏移载波。

8) 卫星钟指标

(1) 配置: 2 氢原子钟 +2 铷原子钟;

(2) 铷原子钟指标: 天稳优于每天 2×10^{-14};

(3) 氢原子钟指标: 天稳优于每天 7×10^{-15}。

9) Ka 星间链路指标

(1) 兼顾星间测距和通信;

(2) 频率: Ka;

(3) 安装方式: 法向对地;

(4) 工作模式: 分时工作;

(5) 测距精度: $\leqslant0.1$m;

(6) 误码率: $\leqslant1\times10^{-7}$。

3.3 设计基本约束

1) 轨道

中轨圆轨道: 轨道高度为 21528km, 轨道倾角为 55°。

2) 运载

(1) 火箭型号: CZ-3B 火箭/YZ-1 上面级, 以一箭双星方式发射;

(2) 整流罩空间: 包络直径为 ϕ4200mm;

(3) 卫星发射状态基频: 横向大于 18Hz, 纵向大于 30Hz。

3) 测控系统

配合地面测控站完成卫星的工程测控任务。

4) 运控系统

配合地面运控站完成系统业务运控任务。

5) 星间链路管理系统

通过 Ka 相控阵实现星地以及星间的测控或运控管理。

6) 发射场

卫星在西昌卫星发射中心发射, 卫星设计要考虑发射中心的现有技术条件。

3.4 系统总体方案

导航卫星采用中科院微小卫星创新研究院导航卫星专用平台——启明 (QM) 平台, 按 "功能链" 设计理念, 根据功能内在耦合程度, 平台分为三个功能链, 分别是结构热功能链、控制功能链和电子学功能链。所有载荷任务以及专门为导航卫星任务服务的功能统一划归为一个功能链, 称之为载荷功能链。导航卫星的系统组成如图 3.1 所示。

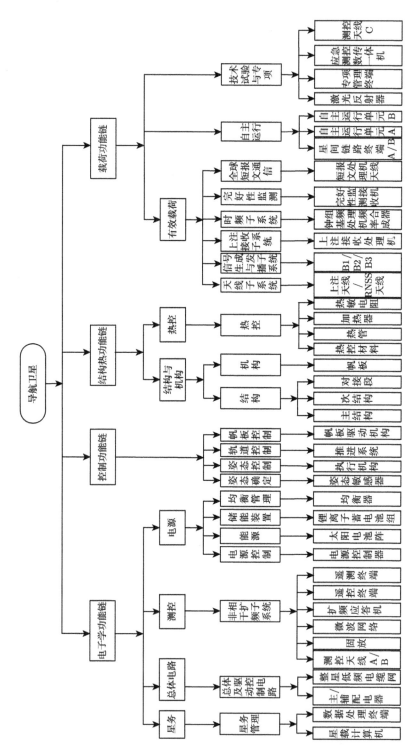

图 3.1　导航卫星组成框图

3.4.1 结构热功能链

结构热功能链包括结构、机构和热控三个子系统。

(1) 卫星结构子系统为卫星提供一个合理的总体构型、设备布局,将整星仪器设备 (包括单机和部件) 组成一个整体,使卫星能承受测试、运输、发射以及在轨运行等各种力学环境。包括主结构、次结构及与运载的对接段等。

(2) 卫星机构子系统包括太阳电池阵的锁定展开机构和对日定向驱动装置 (SADA),实现卫星入轨后帆板展开以及在轨太阳电池阵对日定向,保证卫星的能源供应。

(3) 卫星热控子系统主要由热控涂层、多层隔热组件 (MLI)、热管、测温热敏电阻、主动热控电加热器、导热填料以及隔热垫片等组成,其设计以卫星总体方案和构型布局为基础,通过合理的热控设计和分析,有效地组织卫星舱内、舱外热交换,确保在已定轨道、姿态及工作模式下,星上所有仪器设备满足其温度要求。

3.4.2 控制功能链

控制功能链由姿态测量部件 (星敏感器、太阳敏感器、陀螺和地球敏感器) 和姿态控制执行部件 (反作用轮、磁力矩器、帆板驱动装置、SADA 和推进组件) 组成,实现卫星姿态捕获和控制、轨道外推、轨道维持、帆板控制和故障诊断等功能,其控制算法包含在星载计算机中,不单独设置下位机。

3.4.3 电子学功能链

电子学功能链包括星务、测控、电源和总体电路四个子系统。

星务子系统是整星数据的收集、分发、管理中心,同时也是卫星控制的中枢,实现的功能包括:整星综合电子信息处理、能源管理、测控管理、供配电管理、星务管理;姿态确定及控制算法、轨道预报及控制策略;星上时统和星地校时;软件加载、监视、管理、控制卫星各个部分的运行,满足在系统故障状态下的系统重构和恢复功能等。此系统为有效载荷提供电源管理、遥测、控制、工程数据传输等运行所需要的保障条件。

测控子系统由遥控终端、遥测终端、扩频应答机、微波网络、固放和测控天线组成。主要功能是接收地面测控站的上行遥控数据,解调后送星务子系统处理;同时,接收星务子系统的下行遥测数据,调制后发送至地面测控站;配合地面测控站进行卫星管理和测定轨道。此外,卫星配置了应急测控数传一体机,可作为备份测控通道,同时具备延时数据的大容量存储和下传功能,由于是导航卫星专门配置,划归为载荷功能链。

电源子系统主要由太阳电池阵、锂离子蓄电池组、均衡器和电源控制器四部分组成。子系统采用全调节统一母线,无论光照期或地影期,母线电压恒定为 42V。

太阳电池阵作为卫星的主要供电能源, 共设计为 10 级子阵, 每翼 5 级。蓄电池组是卫星储能装置, 共两组, 每组由 9 个电池模块串联构成。均衡器负责电池组各个单体性能的一致性。电源控制器对能源实施调节与控制: 在光照期, 电源控制器充电调节器 (BCR) 对蓄电池组补充电量, 分流调节器 (S3R) 分流太阳电池阵的多余功率用以稳定母线; 当太阳电池阵输出功率满足负载但不满足充电要求时, 充电调节器调节充电电流用以稳定母线; 在地影期, 蓄电池通过放电调节器 (BDR) 输出功率用以稳定母线。

总体电路子系统主要包括整星低频电缆网、主配电器、辅配电器, 完成卫星一次电源供配电控制、辅母线供配电控制、加热器驱动控制、火工品电路保护及控制、推进和磁力矩器驱动电路保护及控制。

3.4.4　载荷功能链

载荷功能链包括卫星无线电导航业务 (RNSS) 导航载荷 (以下简称有效载荷)、自主运行、技术试验与专项 (技术试验和备用测控及数传通道设备) 等多个子系统, 此外, 还有空间环境等搭载载荷, 由于不是卫星的主任务, 具体的搭载载荷在本书中将不再特殊论述。

有效载荷由时频子系统、信号生成与播发子系统、上注接收子系统、天线子系统、全球短报文通信和完好性监测组成。

(1) 时频载荷产生、保持卫星的基准频率和基准时间, 配合地面系统实现与地面基准时钟的时间同步;

(2) 上注接收载荷主要完成上行注入数据解调以及测距;

(3) 信号生成与播发载荷生产导航电文和 B1、B2、B3 三个频点射频信号, 并进行放大, 馈入天线子系统;

(4) 天线主要实现接收 L 频段上行注入信号和下发 B1/B2/B3 频段信号功能;

(5) 全球短报文通信载荷为增量载荷, 完成短报文等业务的接收、确认、播发功能。

自主运行子系统由自主运行单元和星间链路终端等组成。

(1) 自主运行单元作为星间链路与卫星平台控制管理、信息通信的核心单机, 为卫星提供自主精密定轨与时间同步功能, 同时为卫星组网提供支持保障;

(2) 星间链路终端通过接收自主运行单元的控制参数和星间数据帧等, 完成星间测量和数据传输。

技术试验与专项子系统由专项管理终端、激光反射器、应急测控数传一体机和测控天线 C 构成。

(1) 专项管理终端具备数据大容量存储功能, 负责增量载荷的控制与管理, 并为应急测控数传一体机、氢原子钟等单机提供供配电和遥测采集功能;

(2) 激光反射器将地面站发射的激光脉冲反射回地面测距站，获取地面站与卫星之间的距离；

(3) 应急测控数传一体机有数传能力，同时可作为测控的备用通道。

3.5 卫星构型及飞行方式

导航卫星的构型如图 3.2 所示，采用框架面板结构，分为平台舱和载荷舱，由于卫星重量轻，功率大，相较于其他卫星热流密度大。为此，卫星端面采用长方形，卫星两侧作为主散热面，这样同样体积的卫星可以获得更大的散热面。此外，导航卫星采用横飞的姿态。与竖飞相比，对地面更大，有利于 RNSS 天线、测控天线、星间链路终端等必须对地安装的设备布局，也有利于电磁兼容性。卫星构型详见第 5 章。

图 3.2　卫星构型及飞行姿态

3.6 整星工作模式

按照整星飞行程序及任务剖面，导航卫星主要具备以下 4 种工作模式，分别为安全对日模式 (也称整星安全模式)、地球捕获模式、稳态对地模式和轨道控制模式。各模式间的转移过程如图 3.3 所示。

安全对日模式：帆板复位锁定，首先将卫星姿态角速度稳定在惯性系，然后控制星体转动使帆板法线对日，确保整星能源供应。该模式用于卫星与上面级分离后进入，同时也是整星故障时的唯一入口，用于卫星故障后修复，重新回到稳定对地工作状态。

地球捕获模式：为卫星从对日到对地的过渡模式，使卫星从任意姿态捕获地球，将卫星 $+Z$ 轴指向地球。

稳态对地模式：卫星 $+Z$ 对地定向，同时通过偏航机动使星体 $+X$ 轴指向太阳在水平面的投影；在该模式下完成各项载荷任务，是卫星的正常工作模式。

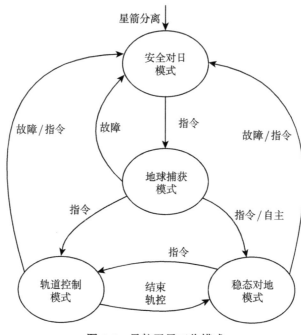

图 3.3   导航卫星工作模式

轨道控制模式：完成初始轨道调整以及轨位维持等轨道控制任务，具体包括轨控前准备工作、轨控期间的姿态指向及轨道控制等工作。

3.7   整星信息流

导航卫星信息流主要包括星地/星间信息流、载荷与平台之间的信息流以及平台内部信息流等。

3.7.1   星地/星间信息流

导航卫星星地信息流包括运控上注信息、测控上注信息、下行导航信息、卫星遥测信息、星地测距通信信息 5 类信息流，如图 3.4 所示。

对于上行注入信息流，包括运控上注信息流和测控上注信息流，L 波段和 S 波段互为备份，同时 Ka 波段作为 L 波段和 S 波段上注信息的备份。运控上注信息以 L 波段为主、测控上注信息以 S 波段为主；下行导航信息通过 3 个频点 B1、B2 和 B3 为用户服务；卫星遥测信息下行以 S 波段为主，Ka 波段备份。

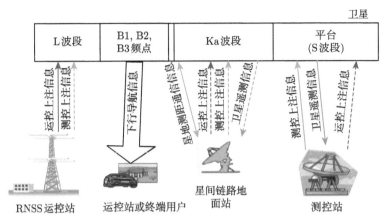

图 3.4 星地信息流

3.7.2 载荷与平台之间的信息流

载荷与平台之间的信息流除了地面站上注和下行的信息外，还包括卫星平台为载荷的各工作单机提供的配电、热控、单机工作模式切换、单机间接指令、单机工作状态及数据采集、载荷通过测控下行数据、载荷重要数据备份、载荷为平台提供时钟及轨道数据等。载荷与平台之间的信息流如图 3.5 所示。

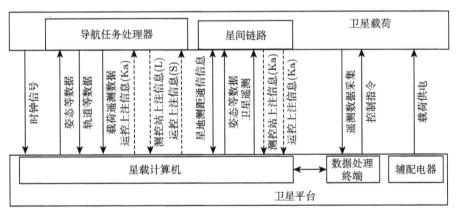

图 3.5 载荷与平台之间的信息流

3.7.3 平台内部信息流

卫星平台包括测控、能源、星务、姿轨控、热控、结构和机构，各功能单元间的信息流如图 3.6 所示。

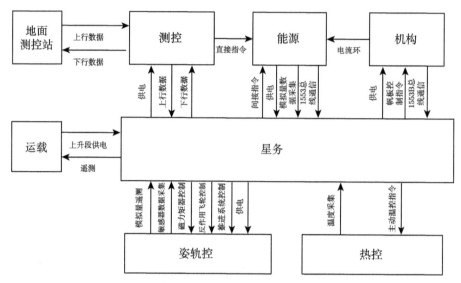

图 3.6   平台内部信息流图

3.8   卫星设计状态小结

通过系统总体设计，卫星的设计状态见表 3.1。

表 3.1   卫星总体设计状态

项目		状态
整星	包络尺寸	$(X)2.9\text{m}\times(Y)1.6\text{m}\times(Z)2.2\text{m}$
	质量	$\leqslant 1080\text{kg}$
	功耗	$\geqslant 2300\text{W}$
	构型	框架面板式；RNSS 天线阵侧置安装
	工作模式	安全保持、地球捕获、偏航对地、轨控
姿轨控	指向	三轴稳定、偏航控制
	稳定方式	整星零动量
	姿态确定	星敏定姿为主，地敏 + 太敏 + 陀螺定姿为辅
	姿态控制	轮控、磁卸载
电子学	星务管理	集中式控制和分布式管理
	数据通信	1553B 总线
	配电方式	集中式
	测控体制	非相干扩频
	电源母线类型	全调
	母线电压	42V
	太阳电池	三结砷化镓
	蓄电池	锂离子

	项目	状态
结构热	结构	框架面板式结构，框架杆系承受拉压载荷，面板承受剪切载荷
	热控	被动热控为主，主动热控为辅
载荷	基本导航载荷	RNSS 载荷
	时间基准	原子钟
	星间测距与通信	Ka 相控阵星间链路

第4章 载荷功能链设计

4.1 导航载荷设计

4.1.1 概述

北斗三号系统自 2009 年启动建设，2015 年 3 月 30 日发射第一颗试验卫星，并于 2020 年完成了 30 颗卫星的组网发射，全面建成北斗三号系统，为全球用户提供导航定位和通信等高品质服务。

本节将重点介绍北斗三号系统基本导航 RNSS 和短报文通信服务。

4.1.2 任务分析和方案选择

载荷系统是导航卫星任务的核心，承担着北斗系统公开服务的主任务，导航用户利用北斗系统播发的无线电导航信号来确定其位置、速度和时间。为此，卫星载荷系统需要完成导航卫星时频基准的产生与维持，并完成下行导航信号的生成与播发任务，是导航卫星的灵魂。针对导航任务特点，将载荷任务划分为上注接收子系统、信号生成与发播子系统、时频子系统、天线子系统与短报文通信子系统 5 个子系统，并根据任务指标要求划分设计子系统单机组成。重点需要考虑以下几个方面。

1) 时频的选择

时频是导航的制高点技术，其核心设备原子钟是导航卫星的"心脏"，也是决定导航精度最核心的技术。为构建世界一流的卫星导航系统，采用"2 氢原子钟 +2 铷原子钟"的钟组方案，利用氢原子钟获得高的时频性能，利用铷原子钟作为备份，利用无缝切换技术保证时频系统的连续性。

2) 行波管与高效固放的选择

为获得好的导航信号质量和用户体验，对于信号播发的重要环节——功率放大方案的选择尤为重要。以往的导航卫星均采用行波管放大器，考虑到导航卫星属于长寿命、高可靠的卫星，同时为了保持其持续先进性和获得好的信号质量及用户体验，中科院导航卫星采用了"固放主份 + 行放备份"的方案。

3) 连续性的考虑

卫星导航系统作为提供时空信息服务的国家重大空间基础设施，对于民航等生命安全用户服务的连续稳定尤为重要。高可靠连续服务和高稳定运行能力已成为全球卫星导航系统服务能力的重要标杆，也是各大系统比拼的关键。例如，2019

年 Galileo 卫星导航系统停摆 117 小时的事件就在国际上造成了很大的负面影响。应当说，提供一流的能力重要，提供一流的服务更重要。导航信号连续性和时频稳定性是导航系统提供服务的根本，具体的系统解决方案见第 10 章。对载荷来说，重点是实现时频和导航信号的连续性。

4.1.3 任务、功能及指标

4.1.3.1 任务和功能

导航载荷完成卫星的主任务，通过向地球表面播发无线电导航信号，将时空基准信息或信号等全天时、全天候地传送给地面、海洋、空中和空间等用户，用于实现用户的定位、导航和授时等功能。具体任务和功能包括：

(1) 导航卫星时频基准的产生与维持；

(2) 接收地面运控系统注入的导航电文参数，并存储、处理生成导航电文，产生导航信号，向地面播发；

(3) 具备全球短报文功能；

(4) 具备通过重构技术实现多种播发方案的能力；

(5) 接收地面上行的无线电信号进行双向比对；

(6) 具备卫星自主完好性监测、处理与发播能力，监测内容包括导航信号、星钟、导航电文等。

4.1.3.2 主要技术指标

1) RNSS 指标

(1) 导航定位信号频点：B1、B2、B3。

(2) 中心频点：

B1I：1561.098MHz，B1C：1575.42MHz；

B2a：1176.45MHz；

B3I：1268.52MHz。

(3) 下行信号发射带宽内卫星发射的杂散信号不超过 −50dBc。

(4) 调制方式：

B1I：BPSK，B1C：BOC/QMboc；

B2a：QPSK；

B3I：BPSK。

2) 短报文指标

服务范围：全球；

上行：L；

下行：GSMC-B2b。

3) 激光有效载荷要求

(1) 激光反射棱镜有效反射面积: 不小于 300cm^2;

(2) 排列方式: 平面阵排列。

4) 卫星钟指标

(1) 配置: 2 氢原子钟 +2 铷原子钟;

(2) 铷原子钟指标: 天稳优于每天 2×10^{-14};

(3) 氢原子钟指标: 天稳优于每天 7×10^{-15}。

4.1.4　组成与配套

导航载荷由上行接收天线、双工器、上注接收处理机、导航任务处理机、导航信号生成器、B1 固态功放、B2 固态功放、B3 固态功放、B1 行放、B2 行放、B3 行放、RNSS 天线阵、时频基准载荷、短报文通信载荷和完好性监测接收机等组成,如图 4.1 所示。

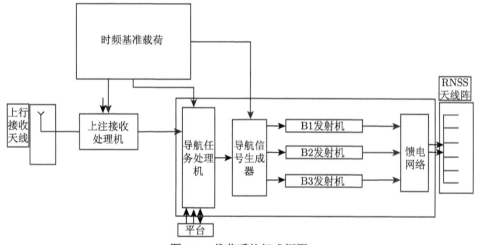

图 4.1　载荷系统组成框图

4.1.5　工作原理及技术方案

导航载荷从功能上划分,包括上注接收子系统、时频子系统、信号生成与发播子系统、天线子系统和短报文通信子系统等 5 个子系统;5 个子系统共同完成 L 波段上行信号的接收和测距,发射高精度 B1、B2、B3 信号到达地面,供地面导航接收机完成导航功能。

4.1.5.1　上注接收子系统设计

1) 主要功能要求

上注接收子系统主要功能包括:

(1) 上注信息解调, 接收上注信息调制信号, 经过解调、译码获得注入站的上行注入信息, 报送导航任务处理机;

(2) 实现星地双向时间同步;

(3) 支持系统重构数据的注入, 完成重构程序的接收。

2) 组成和原理

上注接收子系统由 1 台上注接收处理机组成, 具体包括上注接收射频单元和上注接收扩频测距单元两部分。

上注接收处理机通过接收时频子系统的基准频率信息, 建立上注接收处理机的本地时间系统, 并与基准时间系统保持同步, 同时与载荷系统进行时间同步。

上注接收射频单元接收上注信号, 经过滤波后, 对信号进行低噪声放大、下变频处理以及中频放大和滤波, 输出中频信号, 进入上注接收扩频测距单元进行处理。

上注接收扩频测距单元对中频信号进行模数转换 (AD) 采样、数字下变频、捕获、解扩解调、译码处理等, 获取上注信息和测距信息, 送入导航任务处理机, 如图 4.2 所示。

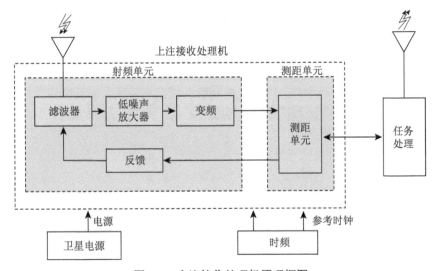

图 4.2 上注接收处理机原理框图

4.1.5.2 时频子系统设计

1) 主要功能

时频子系统产生、保持、校正卫星的基准频率和基准时间, 配合地面系统实现与地面基准时钟的时间同步。它是卫星有效载荷的重要组成部分, 是系统协同工作的基础。实现功能包括:

(1) 产生导航载荷的统一频率源；

(2) 实现原子频标的无缝切换 (包括自主切换与指令切换)；

(3) 综合产生连续平稳的导航载荷基准频率；

(4) 接收时间校准指令，进行卫星时间和基准频率的校正处理。

2) 组成及原理

如图 4.3 所示，时频子系统物理上由 6 台单机组成，包括 4 台星载原子钟 (2 台铷原子钟和 2 台氢原子钟)、1 台基频处理机和 1 台频率合成器。

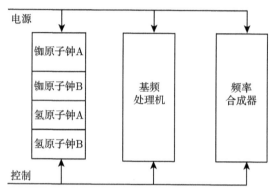

图 4.3 时频子系统组成框图

a. 星载原子钟组

4 台星载原子钟组成钟组，作为卫星导航系统的高精度频率基准信号源，为整个系统提供标准的 10MHz 时间频率基准信号。

(1) 铷原子钟。

高精度星载铷原子钟是一种被动型原子频标，主要由晶振、物理部分和电路系统三部分组成。它的主要作用是为卫星及地面设备提供一个高准确度、高稳定度的时间频率源，是卫星导航与守时系统的核心部件之一。

(2) 氢原子钟。

参见图 4.4，星载氢原子钟包括物理和电路两部分：物理部分通过激发和检测氢原子基态的两个超精细能级 $(F = 1, m_F = 0)$ 和 $(F = 0, m_F = 0)$ 之间的跃迁，输出高稳定度和高准确度的信号；电路部分以此跃迁频率作为整机的锁定基准，实现将晶振信号锁定在原子跃迁信号上，输出高精度 10MHz 频率信号，同时确保物理部分保持在稳定的状态。

(3) 钟组的工作模式。

氢原子钟与铷原子钟的主要区别在于频率稳定度、频率准确度和日漂移等三项指标，氢原子钟均高于铷原子钟。两者均能满足使用需求，但因氢原子钟频率准确度与稳定度相比铷原子钟更高，主链路输出的频率稳定度得到提高；因氢原子钟日漂移率更优,在调频的步进及频度上将优于铷原子钟。

在轨工作时,时频方案优先选择氢原子钟为主钟,铷原子钟为备钟状态运行。当主钟工作异常时无缝切换到备钟工作。

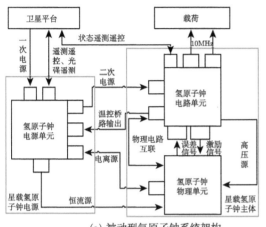

(a) 被动型氢原子钟系统架构

(b) 被动型氢原子钟结构外形图

图 4.4　氢原子钟系统结构和外形

b. 基频处理机

基频处理机完成主备钟的选择、主备钟平稳跟随以及合成高精度频率基准信号等功能,是实现卫星星载原子钟平稳切换的关键。

基频处理机由高隔离度选择开关、数字频率合成电路、完好性监测电路以及时频电源电路等几个部分组成。

高隔离度选择开关用于选择 4 台星载原子钟里的两台作为主钟、备钟,输入到数字频率合成电路。

数字频率合成电路负责完成主备钟平稳跟随并合成高精度的频率基准信号。晶体振荡器的短期稳定度较好,但是长期稳定度较差;而原子钟的短期稳定度较差,但长期稳定度较好,因此采用将晶体振荡器锁定于原子钟的方法获得短期稳定度和长期稳定度都较好的时频信号输出。晶体振荡器锁定两路星载原子钟产生 10MHz 信号后,通过数字合成电路内部 DDS(数字频率合成器) 产生高质量时频信号,同时监测与主备时频输入信号的相位差,再通过反馈电路,保证备份时频信号与主份时频信号时刻保持同步。

此外,基频处理机对主份时频信号添加了专用完好性监测电路,并预先设定故障模型,一旦触发则平稳切换至备份时频信号运行,从而保证了载荷系统的卫星星载原子钟平稳切换技术的实现。

时频电源电路负责给频率合成器其他组成部分供电。

基频处理机生成的主份时频信号、备份隔离信号经隔离放大后发送给频率合成器。

c. 频率合成器

以基频处理机合成的高精度频率基准信号为基础，通过频率合成的方法，产生导航卫星所需的公共高精度、低相位噪声的基准信号，作为导航系统的基准信号之一。

4.1.5.3　信号生成与发播子系统设计

信号生成与发播子系统由 1 台导航任务处理机、1 台导航信号生成器、1 套 3 台高效固放、1 套 3 台行波管、1 套 3 台隔离器、1 套 3 台大功率微波开关、1 台三工馈电网络以及 1 台完好性监测接收机组成。

1) 导航任务处理机

如图 4.5 所示，导航任务处理机由 6 个模块和 1 个母板组成，所有模块都设计为冷备。

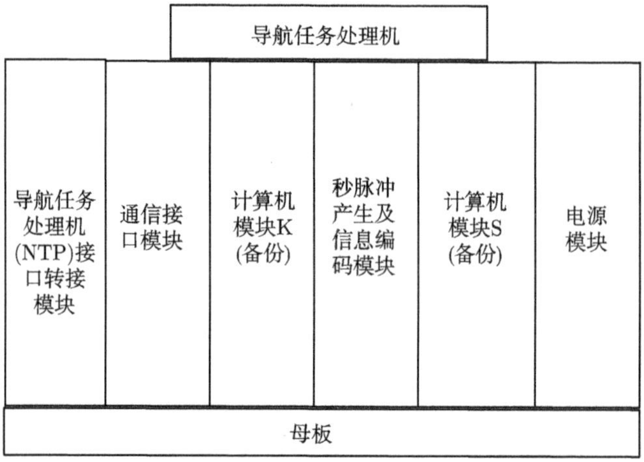

图 4.5　导航任务处理机分机模块布局示意图

导航任务处理机由导航处理计算机模块和接口板模块完成导航任务处理机的功能任务。模块的功能划分如下：计算机模块完成注入信息的解析存储、导航电文生成、导航载荷控制管理、遥测数据存储等软件功能；接口板模块完成和载荷其他分机及卫星平台的通信，接收转发秒脉冲 (PPS)，产生数据接收、秒脉冲状态信号。

导航任务处理机处于载荷系统中心，负责对载荷的信息进行处理、传递和控制；通过接收上注信息，完成星地时间同步，并同步载荷系统内各单机的时间与工作时序；生成与分发 1PPS、数字 10.23MHz 等时频信息；处理上行注入信息，包括信息解帧、存储；生成导航电文，包括卫星星历、卫星时间、卫星健康标志等，按要求进行编码后，送至导航信号生成器；完成相应控制和管理功能。同时，导航任务处理机还承担着导航下行连续性保障工作，通过接收完好性监测接收机的测距、功率、电文监测结果，实时监测下行导航信号的完好性，一旦信号发生异常，星上可自主将电文置为不完好，避免地面用户使用错误的电文信息，同时通过遥测向地面发出告警信号，进行卫星状态恢复，保证信号连续性、可用性的最优化。

2) 导航信号生成器

参见图 4.6，导航信号生成器主要完成伪码生成、中频载波生成、信号调制、建立与导航任务处理机同步的本地时间系统、按需求调整下行导航信号[25] 的功率、信号质量等功能，并产生全球信号体制的 B1、B2、B3 导航信号。

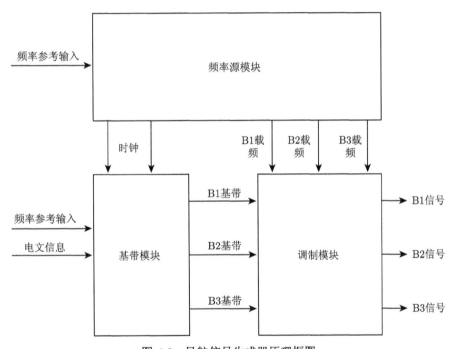

图 4.6 导航信号生成器原理框图

3) 由功率放大和三工馈电网络组成的发射子系统

由功率放大和三工馈电网络组成的发射子系统的主要功能是将信号生成子系统输出的 B1、B2、B3 射频信号进行放大，馈入天线子系统。

发射子系统由固态功放、行波管放大器、隔离器、大功率开关和三工馈电网络组成，考虑发射子系统的工作可靠性，采用固态功放作为主份，行放作为备份，利用大功率开关进行主备份射频链路切换；用三工馈电网络将 3 路射频信号合路并进行幅相分配，然后送给 RNSS 天线阵。

　　如图 4.7 所示,将导航信号生成器送来的导航激励信号直接送入固态功放或行波管放大器,经过功率放大器件的放大后,大功率的导航射频信号经过大功率开关、三工馈电网络后送到 RNSS 天线阵辐射输出。发射机由系统直接控制工作,整个射频部分的作用是将输入的导航激励信号通过功率放大器件放大后输出,以获得系统需要的足够大的导航信号。

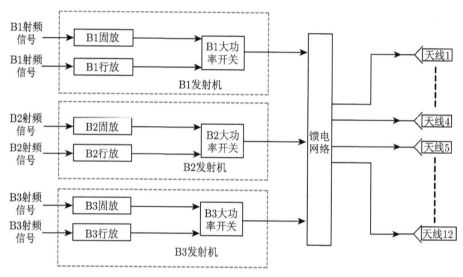

图 4.7　发射子系统组成框图

　　a. 功率放大

　　参见图 4.8 和图 4.9,功率放大器作为导航载荷的重要单机,功能是完成射频信号的放大,普遍使用的方案是行波管。行波管放大器工作带宽宽、效率高,但线性和杂散不如高效固放。高效固放具有可靠性高、体积小的特点,但其工作带宽窄,单管输出功率小,合成使用效率及散热设计难度大,仍处于研究阶段。考虑到导航载荷对功率放大单元的需求,同时兼顾导航卫星的持续先进性、优质的下行信号质量与长寿命高可靠需求,确定了采用固放和行波管放大器互为备份的设计方案。

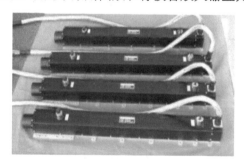

图 4.8　行波管外形

图 4.9 固放外形

b. 三工馈电网络

如图 4.10 所示，功率放大后的三个导航信号分别由三工馈电网络的大功率三工器相应的输入端输入，经由各自的滤波器进行其带外信号抑制，后由三工器公共端合成输出至馈电网络，再进入波束分配网络，将信号按设计要求分配至十二路输出口，同时在信号传输过程中，对信号进行弱耦合，实现监控功率输出电平稳的功能。

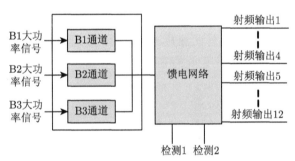

图 4.10 三工馈电网络原理图

4) 完好性监测接收机

完好性监测接收机接收从三工馈电网络处耦合的一路信号，经滤波分离为 B1、B2、B3 三个频点信号，经 AD 采样、下变频、捕获、跟踪、数据解调等处理，完成信号发射功率估计、伪距测量、导航电文数据解调，然后进行信号、信息接收比对，通过软件实现对信号、电文的完好性监测，结果输出至导航任务处理机处理。

4.1.5.4 天线子系统设计

1) 主要功能

天线子系统根据导航任务需求配置有 RNSS 天线阵和上注接收天线，主要功能为：上注接收天线用于接收 L 频段上行注入信号；RNSS 天线阵用于下发 B1、B2、B3 频段信号。

2) 组成和原理

a. 上注接收天线

如图 4.11 所示，根据任务要求的增益和隔离度指标，上注接收天线采用喇叭天线形成对地波束。

图 4.11　上注接收天线外形图

b. RNSS 天线阵

RNSS 天线阵选择柱螺旋天线作为单元；较之传统的等螺距、无锥度的螺旋天线，拥有更宽的频带带宽和优异的宽角轴比性能。

RNSS 天线阵如图 4.12 所示，为产生所需的"马鞍形"波束，RNSS 天线阵采用同心圆环阵列形式，由内、外两圈共 12 个 RNSS 天线构成，其中内圈 4 个，外圈 8 个，内外圈均采用相同的单元天线。

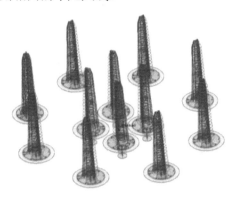

图 4.12　RNSS 天线阵示意图

4.1.5.5　短报文通信子系统设计

如图 4.13 所示，短报文通信是北斗系统的特色功能，可为用户机与用户机、用户机与地面中心站之间提供短报文通信服务。北斗三号提供的全球短报文服务，将报文通信区域从亚太地区扩展到了全球。其工作流程如图 4.14 所示。

图 4.13   短报文通信单元

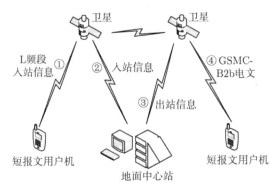

图 4.14   短报文通信子系统工作流程框图

每个用户机都有唯一的一个 ID，通信均需经过地面中心站转发。

(1) 短报文发送方首先将包含接收方 ID 号和通信内容的通信申请信号通过卫星转发入站；

(2) 地面中心站接收到通信申请信号后，发送给卫星，并将出站信息加入持续广播的出站广播电文中，经卫星广播给用户；

(3) 短报文接收方用户机接收出站信号，解调出站电文，完成一次通信。

短报文通信单元通过接收时频子系统的基准频率信息，建立本地时间系统，并与载荷系统进行时间同步，主要完成 L 频段入站信号的接收解调处理，并转发给其他卫星或下行至地面中心站。

4.1.5.6   载荷信息流设计

导航卫星载荷的信息流是以导航任务处理机为核心来进行管理和控制的。所有来自其他设备的信息都汇总到导航任务处理机，经过其解析处理之后进行分发。

载荷间以及与卫星平台的信息流如图 4.15 所示。

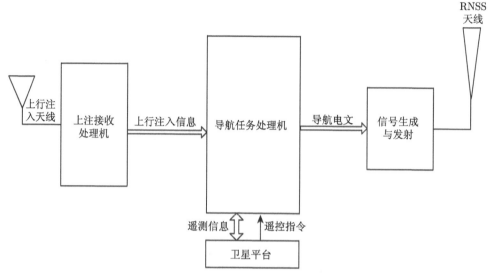

图 4.15 导航载荷信息流设计

　　除导航任务处理载荷之外,其他载荷输出信息中均包含遥测或状态参数,该信息主要反映本设备的一些工作状态,可能是单机内部的状态参数或者是对某些指令执行情况的应答等,需通过载荷与星载计算机之间的遥测参数下传给地面。

　　载荷与星载计算机之间的通信由导航任务处理载荷进行处理,载荷传输给平台和自主运行单元等设备的信息除了重要的遥测参数之外,还包括重要的导航业务数据备份,当导航任务处理载荷发生故障恢复时,可从这些设备中读取备份数据,以保证载荷从故障中快速恢复,而不必重新进行初始化,从而保证导航信号连续。

4.1.5.7 载荷信号流设计

　　载荷信号主要包括上行注入信号和 RNSS 信号,载荷信号流如图 4.16 所示。

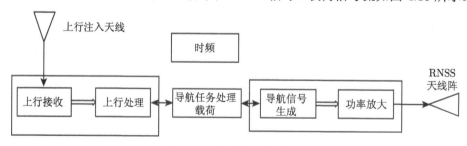

图 4.16 载荷信号流设计

上行注入信号经由天线、射频下变频到中频信号,再经过基带处理之后,恢复出信息，送入导航任务处理载荷。

导航任务处理载荷产生导航电文，送入导航信号生成器，导航信号生成器生成基带信号并上变频产生 B1、B2、B3 三路 RNSS 信号，经各频点发射机放大输出，最终通过 RNSS 天线阵下发到地面。

4.1.5.8 载荷时间流设计

导航载荷时间流如图 4.17 所示。载荷内部的时间基准，如秒脉冲信号，由导航任务处理机内部电路产生，并分发给载荷内部的上注接收处理机、导航信号生成器及完好性监测接收机等。

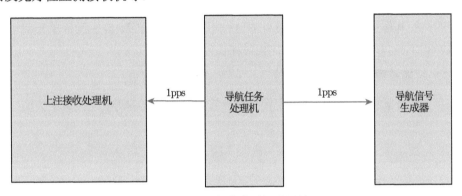

图 4.17 导航载荷时间流设计

4.1.5.9 载荷频率流设计

载荷频率流设计如图 4.18 所示。为了简化时频基准载荷设计，时频载荷只为有效载荷其他单机提供 10.23MHz 参考和秒脉冲，各载荷单机需要的频率在单机内部根据 10.23MHz 的参考源自行变换。

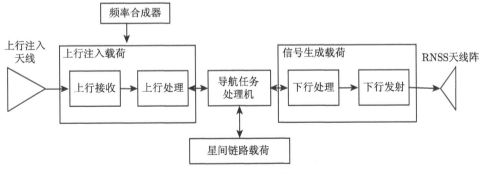

图 4.18 载荷频率流设计

4.2   自主运行载荷设计

导航卫星的星间链路和自主运行功能用于实现境外测控、运控以及不依赖于地面的卫星自主运行。为此,我们将星间链路终端和实现自主运行管理的设备——自主运行单元统称为自主运行载荷设备。本节将重点介绍这两个设备。

4.2.1   系统配套

自主运行载荷设备包括一台自主运行单元和两台星间链路终端。两台星间链路终端设备分别为星间链路 A 和星间链路 B,双机冷备工作,其主要任务是完成境外的测控和运控任务,完成整星自主运行相关的功能要求。自主运行单元用于星间链路和卫星自主运行功能的运行和管理任务。

4.2.2   组成和原理

自主运行载荷设备间以及与平台星载计算机等卫星设备间的连接关系如图 4.19 所示。

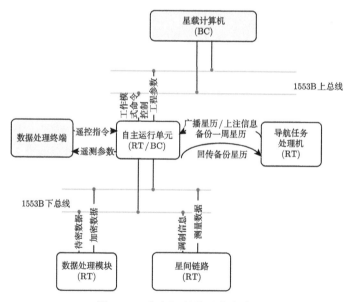

图 4.19   自主运行单元信息流

RT 代表远程终端;BC 代表总线控制

工作原理是:自主运行单元接收星间链路收发信机的数字遥测信息,并按规定格式打包发送给星载计算机;接收星间链路收发信机给出的时间信息,并与其保持定时同步;利用预先接收、存储的信息,生成星间链路收发信机控制指令;接收星间链路收发信机测量数据,并按照自主导航算法,在规定时间内自主生成导航任务处理机需要的自主导航电文等参数。

星间链路终端收发信机根据自主运行单元发送的控制指令进行工作状态切换,当处于发射状态时,接收支路关闭,相控阵天线处于发射状态;当处于接收状态时,发射支路关闭,相控阵天线处于接收状态。

4.2.3　自主运行单元设计

4.2.3.1　任务和功能

自主运行单元作为星间链路和自主运行的管理设备,主要具有下列功能:

(1) 接收星载计算机的指令,根据指令完成相应的控制动作和工作模式切换;

(2) 完成对星间链路的路由控制、数据读取以及发送;

(3) 完成卫星自主运行、自主定轨的算法。

4.2.3.2　组成和原理

自主运行单元作为上总线的 RT 与星载计算机进行数据交换,同时作为下总线的 BC 与星间链路收发信机进行数据交换,自主运行硬件结构包括高性能龙芯处理板、底板以及电源板。自主运行单元内部功能单元实现双冗余冷备份的设计。具体板块功能为:

(1) 电源配电单元为整机提供二次电源供配电, 具有过流保护和浪涌抑制功能。

(2) 龙芯处理板单元完成数据管理和任务调度控制[26],CPU(中央处理器) 采用龙芯抗辐照 SOC(系统级芯片),配有 PROM(可编程只读存储器),用于系统启动、引导、初始化等程序代码,2 片 EEPROM 可擦写可编程只读存储器用于程序存储,带有 128M 字节的 SDRAM(同步动态随机存储器)(SDRAM 具有 EDAC(错误检测与改正) 保护),具有 1553B 总线接口功能,提供上下两套 1553B 总线。

(3) 自主运行单元作为上总线 RT,用于星载计算机向自主运行单元传输地面上注的指令、备份的星历、数据包、恢复星历、卫星姿态、时间、Ka 上注的 AOS 数据、Ka 下行的遥测数字量。

(4) 自主运行单元完成与星间链路收发信机的数据交互。

4.2.4　星间链路载荷设计

4.2.4.1　任务、功能及指标

1) 任务和功能

星间链路载荷的目的是实现境外的测控、运控以及不依赖于地面的卫星自主运行。具体功能如下:

(1) 星间 Ka 链路通信、测距功能；

(2) 配合完成自主运行功能。

2) 主要技术指标

(1) 兼顾星间测距和通信；

(2) 频率：Ka；

(3) 安装方式：法向对地；

(4) 工作模式：分时工作；

(5) 测距精度：$\leqslant 0.1\mathrm{m}$；

(6) 误码率: $\leqslant \times 10^{-7}$。

4.2.4.2 组成和原理

星间链路终端包括星间链路相控阵天线和星间链路收发信机两台设备，如图 4.20 和图 4.21 所示。星间链路相控阵天线由单元天线、T/R(发送/接收) 组件、信号分配电缆组件、波导功合器、波控模块和电源模块组成。星间链路收发信机由 7 个模块和 1 个母板组成，包括电源模块、转接模块、基带模块 1、基带模块 2、变频模块、频综模块 1、频综模块 2 和母板等。

图 4.20 星间链路相控阵天线

星间链路的总体功能框图如图 4.22 所示，包括星间链路相控阵天线和星间链路收发信机。

天线阵列包括俯仰面维度的两个子阵，与 T/R 组件连接，后者受控于波控模块，根据收发信机给出的波束指向指令，计算并控制各射频通道的移相量，从而实现指定空域范围内的波束扫描。波导功合器完成射频信号的合路与功分。信道实现增益的控制。电源实现对所需模块电源的供给。

收发信机变频通道完成基带信号与毫米波信号之间的频谱搬移, 基带处理模块根据自主运行单元的指令, 完成收发自校和测量通信的处理, 并根据节拍实现对相控阵天线的收发控制。频率综合模块根据载荷提供的时频信号生成相应的本振信号。

图 4.21　星间链路收发信机

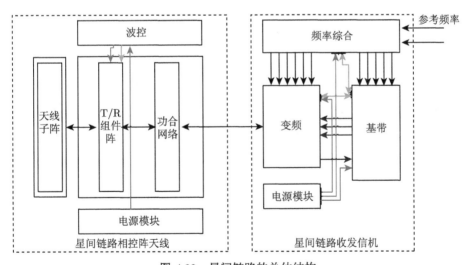

图 4.22　星间链路的总体结构

4.3　技术试验专项设计

技术试验专项子系统由专项管理终端、激光反射器和应急测控数传一体机构成。其中专项管理终端具备数据大容量存储功能, 负责增量载荷的控制与管理, 并为应急测控数传一体机、氢原子钟等单机提供供配电和遥测采集功能。激光反射器将地面站发射的激光脉冲反射回地面测距站,获取地面站与卫星之间的距离。应急测控数传一体机有数传能力,同时可作为测控的备用通道。由于激光反射器为无源部件,相对比较简单,本节重点介绍专项管理终端和应急测控数传一体机的设计。

4.3.1   专项管理终端设计

4.3.1.1   任务与功能

如图 4.23 所示,为了提升导航卫星平台的扩展能力和新技术试验能力,专门设置了专项管理终端设备,图中,搭载的活动部件监视载荷完成对卫星 $+Y/-Y$ 两侧太阳电池阵在轨状态监视功能;搭载的粒子辐射效应探测器完成 MEO 轨道 LET 能谱分布监测功能,完成卫星内部不同方向的电离辐照剂量监测以及卫星表面差异充电电势监测功能;应急测控数传一体机完成数传以及应急测控功能。专项管理终端通过 1553B 上总线与星载计算机通信,完成粒子辐射效应探测器、活动部件监测载荷 A/B、应急测控数传一体机、氢原子钟 B 等设备的控制及遥测采集功能。

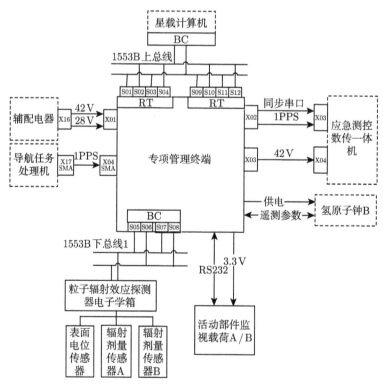

图 4.23   专项管理终端管理控制的数传及技术试验设备

4.3.1.2 组成和原理

专项管理终端对外与应急测控数传一体机、粒子辐射效应探测器、活动部件监视载荷、导航任务处理机、星载计算机、辅配电器相连。

专项管理终端由 1 块电源供电板、1 块电源切换板、2 块主控板、1 块指令板、1 块模拟采集板、2 块数据处理板、1 块母板和 1 块顶板组成，通过子母板插卡形式固定连接。专项管理终端体系结构采用在同一机箱内的双供电双冗余冷备方式，单机内部组成及对外连接如图 4.24 所示。

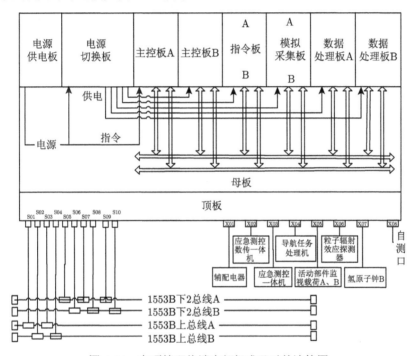

图 4.24 专项管理终端内部组成及对外连接图

4.3.2 应急测控数传一体机设计

4.3.2.1 任务、功能及指标

1) 任务和功能

为了增加系统的可靠性和卫星的上下行能力，导航卫星中配置了备用测控及数传通道设备，即应急测控数传一体机，一方面可以作为常规测控的备份，另一方面可以为卫星提供一个具有高速上下行能力的数传通道。

2) 主要技术指标

数传的主要技术指标如下：

(1) 频段：S；

(2) 上行速率：1Mbit·s^{-1}；

(3) 下行速率：1Mbit·s^{-1}；

(4) 寿命：10 年；

(5) 可靠度：>0.85。

4.3.2.2 组成与原理

备用测控及数传通道设备包括应急测控数传一体机和数传天线。其数传天线和测控天线具有相同的状态，和应急测控数传一体机构成天地通信信道。并由专项管理终端负责天地信息的接收、解析、传输以及设备管理和控制功能。

应急测控数传一体机与地面扩频测控网配合使用，实现星地链路的测轨跟踪和数据传输。它由射频前端、射频收发模块、基带信号处理模块和二次电源四部分组成，如图 4.25 所示。

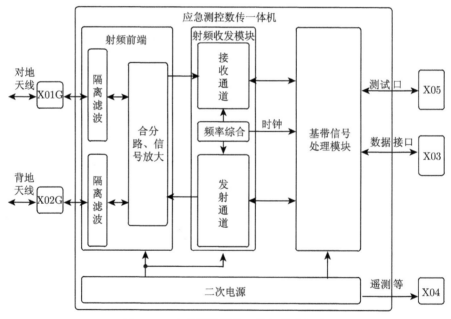

图 4.25   应急测控数传一体机基本组成

射频前端和收发模块的主要功能如下：

(1) 对上行信号输入作滤波、放大等处理，利用内部基准时钟产生接收本振，将上行信号正交下变频到基带，输出复基带上行信号至基带信号处理模块。

(2) 利用内部基准时钟产生发射本振，将基带信号处理模块输出的下行发射信号上变频到要求频带，经滤波、放大、功分后输出。

(3) 为基带信号处理模块提供基准时钟。

(4) 向基带信号处理模块输出射频模块状态信号。

基带信号处理模块的主要功能如下:

(1) 对射频模块输出的 I、Q 复基带上行信号进行 AD 采样，然后进行载波和伪码的捕获和跟踪，从上行测距信号中解调、解码出上行测量帧信息，从上行遥控信号中提取出遥控指令，从上行数传信号中解调出数传数据。将遥控指令、数传数据与应急测控数传一体机自身的状态遥测参数打包后，通过同步串口送至专项管理终端。

(2) 接收来自专项管理终端的遥测数据，与上行测量信息、上行信号状态信息一并组成下行测量帧，进行编码、调制后生成 I、Q 下行复基带信号。

(3) 将上行测量数据帧、下行测量数据帧、遥控指令、数传数据以及单机内部状态信息等组成测试数据帧，用同步串行方式经地检接口输出。

二次电源的主要功能如下:

经供电接口接收一次电源供电，进行短路保护、浪涌抑制、EMI(电磁干扰) 滤波、DC/DC 变换、滤波等处理后，输出 ±5V(模拟电源)、+10.5V 电源供给射频模块，输出 ±5V 电源、+5V 电源 (数字电源)、受控 +5V 电源供给基带信号处理模块。

第5章　结构热功能链设计

5.1　任务、功能和设计原则

5.1.1　任务和功能

结构热功能链为卫星提供了一个合理的总体构型、设备布局以及良好的热环境，将卫星的仪器 (包括单机和部件) 组成为一个整体，保障卫星能够承受测试、运输、发射以及在轨运行等各种力学和热环境条件。结构热功能链的任务包括以下几个方面：

(1) 综合考虑结构、热控、电缆网等方面的需求，设计合理的平台总体构型和设备布局，将平台各功能链的仪器组成一个整体，并提供通用化的载荷模块接口。

(2) 设计和研制合理的平台主结构及辅助结构，传递并承受力学载荷，满足一定的强度、刚度等要求，使整星能够经受发射、测试、运输等各种环境条件的考验。

(3) 负责卫星的总体热设计。采用合理的热控材料和装置设计并优化热控方案，使得星上各仪器的工作温度维持在所能允许的变化范围内，并满足部分仪器对热控的特殊需求，为卫星在设计寿命内的正常工作提供可靠的温度环境保障。

(4) 结构热一体化设计：设备布局与散热面协调设计，根据热控需求设计各设备及主、次结构的表面状态。

5.1.2　设计原则

5.1.2.1　模块化设计原则

导航卫星采用框架面板式分舱构型，以实现平台的通用化和可扩展性。整星分为两个模块，分别为平台舱模块和载荷舱模块，卫星太阳电池阵压紧点均匀布置在平台舱侧板上。

5.1.2.2　刚度优先设计原则

以刚度和强度设计为主，兼顾响应及稳定性要求。运载对卫星横向基频要求不小于 18.5Hz，传统运载一般要求卫星的横向基频不小于 10Hz，相当于卫星的横向刚度要求是传统卫星的 3.24 倍，对卫星的刚度设计提出了较高的要求。卫星采用框架面板式构型，对整星的刚度进行敏感度分析，找出其中对刚度影响较大的因素，针对这些因素进行设计分析，使整星的刚度满足运载要求。

5.1.2.3 轻量化设计原则

由于卫星有较高的刚度要求,所以卫星的结构质量较大,在设计中充分应用先进的分析优化手段,对卫星的结构进行优化设计,从而在满足刚度强度的前提下尽量减轻卫星的结构重量。

5.1.2.4 抗冲击设计原则

导航卫星采用的发射方式和星箭接口,与传统的卫星和运载有较大的差异。导航卫星和上面级采用四点连接的方式,区别于传统的包带连接方式。为了避免在星箭分离时,冲击载荷对卫星的结构或单机产生破坏,在卫星设计时需要考虑抗冲击设计。

5.1.2.5 构型布局设计原则

(1) 根据设备接口数据单,梳理出所有单机的机械特性、热耗、功耗、接插件位置。根据单机的各种特性合理安排各个单机的安装位置,并留出足够的操作空间和电缆插拔空间。

(2) 将大热耗的单机布置在主散热面上,确保所有的单机满足散热要求。

(3) 满足整星的质量特性要求。

(4) 尽量缩短单机间的电缆长度,尤其是大功率高频电缆的长度。

(5) 满足整星的精度要求和单机的精度要求。

(6) 考虑结构加工和总装工艺性,简化工艺流程。

5.1.2.6 其他设计原则

(1) 卫星产品的安全性、可靠性要求第一,在设计中必须首先满足安全性、可靠性要求。

(2) 优先选用在轨卫星的成熟产品和成熟技术,包括元器件。

(3) 总体设计贯彻通用化、系列化、组合化要求。

(4) 尽量避免采用新技术、新工艺,选用前必须经过充分论证。

(5) 考虑零部件生产工艺性。

(6) 优先选用有过其他型号飞行考核经历的材料,包括金属材料、复合材料以及胶等,确保所用材料对卫星环境不产生污染和影响。

(7) 保证卫星的质量特性满足要求,留有足够的散热面。

5.2 构型布局

通常的卫星构型一般有箱板式、承力筒式、桁架式等,各种构型适合不同任务和重量的卫星。各国导航卫星构型详见本书的第 1 章。

除了美、俄、欧导航卫星平台外，目前国内外比较典型的卫星平台有：基于桁架的美国 MMS(多任务模块化航天器) 平台，基于承力筒的法国 SPOT(地球观测试验系统) 卫星平台，国内航天科技集团的东三、东四平台，基于框架面板式结构的法国 PROTEUS(可重构的观测、通信与科学) 平台，基于纯板式结构的 CAST968 系列平台等。

美国的 MMS 平台是美国在 20 世纪 70 年代发展的模块化卫星平台，其结构形式是模块化设计思想的典型实例，如图 5.1 所示[27]。

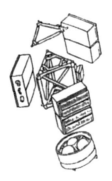

图 5.1　MMS 卫星平台

法国的 SPOT 系列卫星平台、国内航天科技集团的东三、东四平台是典型的承力筒板式平台，如图 5.2 所示[22,28]。

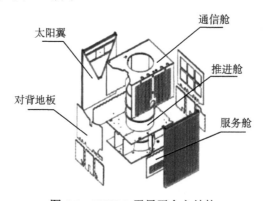

图 5.2　DFH-3 卫星平台主结构

20 世纪 90 年代法国推出了框架面板式卫星平台 PROTEUS，如图 5.3 所示。

CAST968 系列平台是航天科技集团从 20 世纪 90 年代开始陆续推出的纯板式小卫星平台[27]，为全蜂窝板结构。平台由公用平台部分和有效载荷舱组成，如图 5.4 所示。

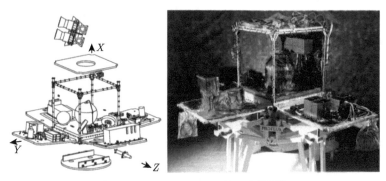

图 5.3 PROTEUS 卫星平台[29,30]

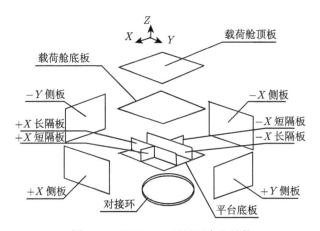

图 5.4 CAST968 卫星平台主结构

比较以上几种平台 (表 5.1)，可以看到，MMS 平台与模块化思想紧密相关，SPOT

表 5.1 多种结构形式比较

典型平台	结构形式	优点	缺点
MMS 平台	桁架式结构	易于模块化设计，扩展性和适应性很强	资源利用率低，构型布局较困难
SPOT、东三、东四平台	承力筒板式结构	刚度高、质量轻、承载能力大，易于布置大贮箱	对中小卫星适应性差
PROTEUS 平台	框架面板式结构	拆装灵活，开敞性好，空间利用率较高，易于一体化、通用化设计	承载能力有限，对大型卫星适应性差
CAST968 平台	纯板式结构	结构紧凑，开敞性好，空间利用率高，制造成本低	纯板式结构限制了其承载能力，卫星总质量多在 500kg 以内

平台主要面向需要大贮箱的大型卫星，CAST968 主要面向 500kg 以内的小型卫星，PROTEUS 平台面向 500~1000kg 的中小型卫星，强调一体化设计，结构简单、开敞性好。

欧洲伽利略卫星导航系统第二颗试验卫星采用了框架面板式结构的 PROTEUS 卫星平台。在导航卫星前期的论证和设计过程中，中科院自主研发了框架面板式卫星平台 SSP，并通过了力学环境试验考核。

综上所述，选择基于框架面板式结构的平台符合导航卫星总体需求，也充分利用了中科院已有的技术基础。

具体来说，导航卫星采用框架面板式构型[31,32]。卫星本体外形为长方体，卫星本体尺寸为 $(X)2.55\text{m}\times(Y)1.02\text{m}\times(Z)1.23\text{m}$，发射状态包络尺寸约为 $2.9\text{m}\times1.6\text{m}\times2.2\text{m}$，卫星在轨状态包络尺寸为 $2.9\text{m}\times10.5\text{m}\times2.2\text{m}$，发射状态如图 5.5 所示；帆板展开状态和设备布局如图 5.6 和图 5.7 所示。

图 5.5　导航卫星发射构型图

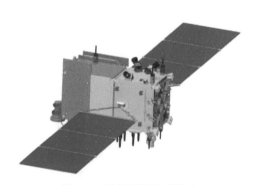

图 5.6　导航卫星飞行状态

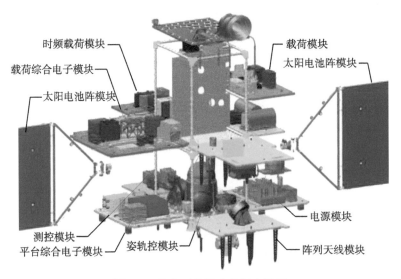

时频载荷模块
载荷综合电子模块
太阳电池阵模块
载荷模块
太阳电池阵模块
测控模块
平台综合电子模块
姿轨控模块
电源模块
阵列天线模块

图 5.7　导航卫星星内单机布局图

整星分上、下两舱。下舱为平台舱,舱内安装了为有效载荷提供服务的控制功能链、电子学功能链的单机;上舱为载荷舱,安装了有效载荷功能链的单机。星外安装的单机设备主要有光学姿态敏感器、测控天线、太阳电池阵和载荷各类天线等。将太阳帆板锁定状态的压紧点选择安装在平台舱的一个舱上,有利于帆板发射收拢状态安装精度、平面度的保证以及帆板展开的可靠性。

5.3　结　构　设　计

导航卫星星座要求迅速组网,采用一箭双星、直接入轨的发射方式。这样,卫星的轻量化、小型化需求比较突出。随着世界范围内运载上面级技术的发展成熟,导航卫星一箭多星、直接入轨的发射方式得以实现和推广,这也大大减少了卫星的起飞重量,为小卫星在导航领域的应用奠定了基础。

针对卫星重量轻、体积小、功能密度高、在轨寿命长等特点,导航卫星采用框架面板式的轻量化卫星结构形式。框架面板式结构重量轻、传力路线短、结构和总装工艺简单、结构效率高、安全可靠、拆装方便、开敞性好,更易实现可扩展性。

结构是卫星的服务保障性系统,主要功能有:

(1) 为导航卫星提供总体构型,具有足够的强度和刚度,在火箭发射和星箭分离时能够承受和传递卫星上的所有载荷;

(2) 为卫星及其各功能链设备提供支撑、承载和传递载荷,并保持一定的刚度和尺寸稳定性;

(3) 为星上仪器设备 (单机、单机支架、电缆支架、接地桩等) 提供所需的安装空间、安装位置和安装方式,满足仪器设备的安装基准、安装精度、视场、指向等要求,便于卫星总装总测中的装卸、操作和维护;

(4) 为星上各设备提供地面、发射和在轨运行等各阶段有效的环境保护。

除上所述,结构还应重点考虑特殊设备安装要求,包括导航天线、星间链路天线、测控天线、光学敏感器、推进系统等。

5.3.1　结构总体方案

卫星结构一般包括主结构、次结构和特殊功能结构。其中,主结构即主承力结构,是所有卫星部件在运载火箭上的支撑,是从运载火箭到卫星的主要载荷传递路径,也可包括星箭对接段和发动机支架。主结构形式一般有中心承力筒、桁架式、舱体式等几种。次结构指星载设备的安装支架等;特殊功能结构完成卫星局部功能的特殊要求,包括防热结构、密封结构、天线结构和太阳电池阵基板结构等。

如图 5.8 所示,框架面板式结构以轻质铝框架和蜂窝面板组成卫星的主结构,这种结构由铝蜂窝板围绕着框架梁设计而成,由底板、顶板以及四周的蜂窝板与框架通过多个螺钉连接,形成一个整体。铝框架构成主结构的骨架,承载集中力,承受并传递了主要的拉压载荷,使得轻薄的蜂窝板不用承担拉压载荷。蜂窝面板一方面为设备提供安装面;另一方面为框架提供面内剪切刚度。也就是说,蜂窝板以面内载荷形式承受并传递了大多数剪切载荷,使得框架梁免受弯曲载荷。这样框架梁与蜂窝板相互配合,相互加强,实现了结构效率最优化,并使得结构整体重量轻、效率高、安全可靠。此外,这种结构形式开畅性好,便于系统拆装和批量生产以及批量测试。

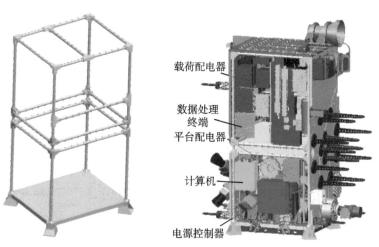

载荷配电器
数据处理
终端
平台配电器
计算机
电源控制器

图 5.8　卫星的主结构和布局

整星分为平台舱和载荷舱两个模块,平台舱和载荷舱均为框架面板式结构。整星通过平台底部的四个对接点与运载连接。卫星的传力路线如下:底板上的设备通过底板直接传递到对接段上,再传递到 4 个对接点上;卫星侧板设备通过侧板传递到主框架上,再直接传递到 4 个对接点上;载荷舱设备通过载荷舱侧板及顶板传到载荷舱框架上,再经由平台框架传递到四个对接点上;4 个对接点设计成马蹄铁形,与框架面板结构的竖梁存在界面且在传力过程中会有微弱的变形,可以大幅度衰减上面级与卫星分离时的冲击。与上面级连接的特殊构型的机械接口设计,以及整星框架面板式结构设计,使得卫星具有优异的减震、抗冲击能力,将上面级分离冲击从 6000g 减小到 460g,解决了工程初期遇到的卫星与上面级分离时高冲击导致星内设备无法承受的难题。

由于导航卫星载荷功耗很大,平台与载荷在热控方面的矛盾更突出;而四点固定式的运载接口有利于卫星结构实现高刚度,因此结构刚度方面的实现难度相对较小。框架式结构内部无结构遮挡,有利于载荷舱内部设备间充分的热交换;同时大功耗设备也需要大的侧板面积以便于辐射散热。特别是框架面板式结构载荷设备装在侧板上,而蜂窝板具有沿蜂窝走向易于导热、面上设备间不易导热的特点,所以所有侧板上的设备热量很容易导到卫星的外表面耗散掉,有利于热设计。

5.3.2 主结构设计

卫星的主结构包括底板和框架,是整星的主承力结构,是结构设计中的重点。主结构设计主要包括底板设计、底板加强框设计、杆件设计、接头设计和连接方式设计。作者团队设计的卫星主结构如图 5.8 所示。

5.3.2.1 与运载连接件设计

卫星与运载通过四个侧棱接头连接件连接 (马蹄铁),卫星底部的四个连接件设计如图 5.9 所示。连接件顶面通过 8 个 M6 螺钉与底板加强框连接,连接件底面设计有分离机构安装孔、弹簧顶杆导向孔和分离开关预压孔。

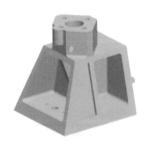

图 5.9 与运载连接件示意图

5.3.2.2　杆件设计

如图 5.10 所示，杆件为空心圆柱杆，材料为铝合金，杆件上加工凸台以安装蜂窝板，杆件与接头采用四个 M6 螺钉连接。杆件外径为 35mm，内径为 25mm。杆件端部法兰外侧伸出 20mm，伸出部分在安装时插入接头，以增加其抗剪作用，在伸出部倒圆角，以降低安装难度。杆与板采用 M5 的螺钉连接，螺钉间距为 60~70mm。如图 5.11 所示，与底板连接的杆件下端采用加强设计，采用四个 M8 的螺钉与底板连接。

图 5.10　杆件和杆件端部示意图

图 5.11　与底板连接的杆件下端示意图

5.3.2.3　杆件接头设计

如图 5.12 和图 5.13 所示，杆件接头材料选用铝，接头主要有三向接头和四向接头，接头的各个方向相互间夹角均为 90°，接头与杆件采用四个 M6 螺钉连接，接头中间设计了加强筋以提高强度，接头与舱段连接件通过四个 M8 螺钉连接。接头的所有圆孔都进行倒圆角设计，以方便杆件的插入。在接头上加工 M5 螺纹孔，用于安装蜂窝板。

图 5.12　四向接头示意图

图 5.13 三向接头示意图

5.3.2.4 舱段连接件设计

如图 5.14 所示，舱段连接件用于连接平台舱和载荷舱，舱段连接件承受较大的载荷，材料选用钛合金。采用四个 M8 螺钉与框架接头连接。舱段连接件端部法兰外侧伸出 20mm，伸出部分在安装时插入接头，以增加其抗剪作用，在伸出部倒圆角，以降低安装难度。

图 5.14 舱段连接件示意图

5.3.2.5 底板加强内埋框设计

如图 5.15 所示，底板主要支撑底板单机，同时提供整星的抗扭能力，加强整星的横向刚度，因此，在底板内设计一个内埋框。

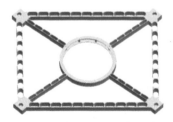

图 5.15 底板加强内埋框示意图

5.3.2.6 蜂窝板设计

蜂窝板主要用于安装星上单机设备，采用侧挂安装的方式。蜂窝采用铝蒙皮 + 铝蜂窝结构。由于整星对刚度要求比较高，蒙皮设计为 0.5mm(根据分析计算，相对于 0.3mm 的蒙皮, 采用 0.5mm 的蒙皮可使整星横向刚度提高 3.1Hz); 蜂窝板的四边与框架安装, 跨度较大, 在力学试验中存在鼓皮效应, 板中间响应较大。为了消除鼓皮效应, 在蜂窝板内埋一些加强筋来加强蜂窝板。

设计的导航卫星的侧板厚度为 30mm, 底板厚度为 50mm。

5.3.3   结构仿真分析

5.3.3.1   质量特性分析

质量特性采用三维绘图软件 PROE 分析模拟, 在模型中建立各个单机的真实模型, 并赋予各自的质量属性, 加热片、热控多层、热管质量均布在单机安装板上, 电缆质量分布在单机和单机安装板上。导航卫星质量特性如表 5.2 所示, 坐标原点为星箭对接面中心。

表 5.2   导航卫星质量特性

		收拢状态	展开状态
质量/kg		1060	1060
质心/mm	X_c	1015	1030
	Y_c	2.45	2.45
	Z_c	-2.18	-2.18
惯量/(kg·m²)	I_{xx}	244	681
	I_{yy}	449	438
	I_{zz}	429	874
	I_{xy}	6.62	6.62
	I_{xz}	7.92	7.92
	I_{yz}	-2.87	-2.87

从表 5.2 中可以看出, 横向质心偏差最大为 2.45mm, 绕 Z 轴的转动惯量最大, 最大惯性积为惯量的 0.91%, 卫星的质量特性满足姿轨控和运载的约束条件。

5.3.3.2   力学分析

采用大型通用有限元软件 NASTRAN 程序分析导航卫星的力学特性, 采用有限元软件 PATRAN 程序建立有限元模型, 有限元模型有 63322 个节点和 50809 个单元。蜂窝板及帆板均采用四节点壳单元, 电缆、加热片质量均布在板上, 多数单机采用实体单元模拟, 部分小单机及小零件采用质量点模拟。

1) 模态分析

通过分析整星前 20 阶频率与振型, 得到了整星的主要模态参数, 包括横向一阶、扭转一阶的模态频率和振型, 频率和振型描述参见表 5.3。

表 5.3 整星模态值

阶数	模态值/Hz	备注
1	21.77	横向一阶 (Y 向)
2	26.55	横向一阶 (Z 向)
3	36.828	扭转一阶
4	>50	纵向一阶 (X 向)

整星的模态振型如图 5.16~图 5.18 所示。从分析结果看，整星一阶频率满足技术指标和运载约束要求 (≥18.5Hz)。

图 5.16 整星 Y 向一阶弯曲

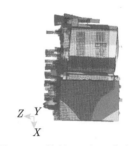

图 5.17 整星 Z 向一阶弯曲

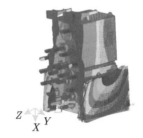

图 5.18 整星一阶扭转

2) 静力分析

静力分析的输入条件如表 5.4 所示。

表 5.4 静力分析输入条件

	跨声速和最大动压状态	助推器分离前状态
纵向/g	+4.8	+9.75
横向/g	3.0	1.5

卫星的主框架是主要承力件，按表 5.4 中两种工况输入条件分析可得 (两种工况是跨声速和最大动压状态、助推器分离前状态)：主框架应力最大为 31.8MPa，最大位移为 1.18mm。如图 5.19 和图 5.20 所示，底板最大应力为 36.2MPa，最大位移为 2.11mm。

应力/Pa

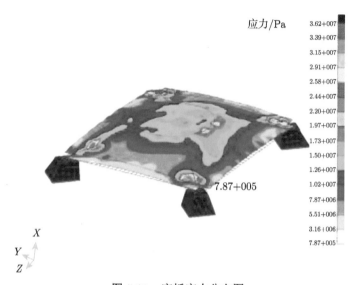

图 5.19　底板应力分布图

位移/mm

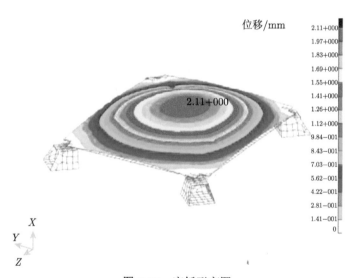

图 5.20　底板形变图

整星的结构，尤其是主框架结构，具有较大的强度裕度。

3) 正弦响应分析

正弦响应的输入条件如表 5.5 所示。在卫星上取一些点，分析其力学响应，点编号及对应名称如表 5.6 所示。

表 5.5 正弦响应输入条件

	频率范围/Hz	验收试验	鉴定试验
纵向	5～8	3.11mm	6.22mm
	8～100	0.8g	1.6g
横向	5～8	2.33mm	4.66mm
	8～100	0.6g	1.2g
扫描率		4oct·min^{-1}	2oct·min^{-1}

注: oct 指倍频程。

表 5.6 点编号位置对应表

编号	点的位置	编号	点的位置
A	底板斜装陀螺附近	G	上注接收处理机(+Y板的X($-Z$)侧)安装点
B	侧板帆板驱动机构安装点	H	+Y 侧板中心位置
C	+Z 侧板星间链路天线安装点	I	$-Y$ 侧板中心位置
D	+Z 侧板斜装动量轮安装点	J	顶板角
E	贮箱法兰安装点	K	载荷舱顶板
F	时频处理机 ($-Y$板的X($-Z$)侧)安装点		

正弦振动加速度响应及动位移如图 5.21～图 5.23 所示,从图中可以看出,在 20Hz、30Hz、77Hz 附近,结构有明显的共振,且响应的幅度较大。分析得知,纵向最大放大系数为 14,横向最大放大系数为 23,放大系数比较大;在侧板的中心位置响应值比较大,鼓皮效应比较严重,需要内埋加强筋,加强筋的走向与热管保持一致。

平台舱的 ±Y 侧板上响应较大,鼓皮效应较严重,原因在于 ±Y 侧板上单个单机的尺寸重量均较大,板中间位置的横向响应达 28g。

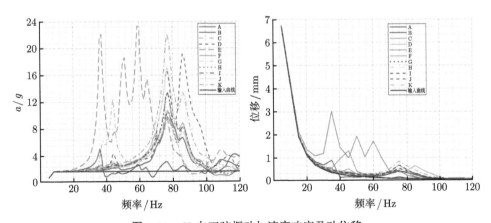

图 5.21 X 向正弦振动加速度响应及动位移

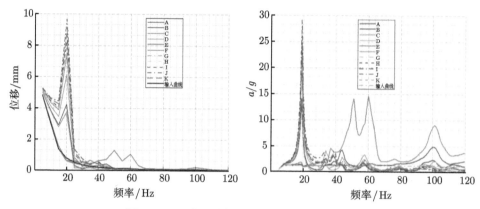

图 5.22　Y 向正弦振动加速度响应及动位移

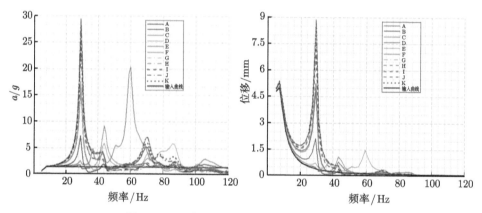

图 5.23　Z 向正弦振动加速度响应及动位移

为了加强 $\pm Y$ 侧板，在卫星的 $\pm Y$ 侧板设计内埋加强筋，加强筋采用工字梁 (图 5.24)，加强筋的走向与热管保持一致。

加强筋采用 X 向布置 (图 5.25)，单个加强筋质量为 0.9kg，对修改后的模型进行分析，板上最大响应降到 $18g$ 以内。

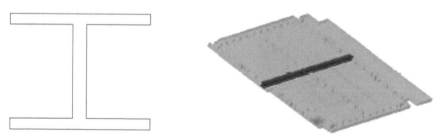

图 5.24　板内埋加强筋 (工字梁) 示意图　　　图 5.25　板内埋加强筋 (X 向布置) 示意图

5.3.4 小结

由以上设计和分析可知,对于框架面板式结构,横向的尺寸对整星刚度的影响较大,为了提高整星的横向刚度,最便捷的方式是增加卫星的横向尺寸。但是横向尺寸的增加会带来蜂窝板的跨度加大,从而导致蜂窝板上鼓皮效应比较严重,卫星的局部响应较大。同时由于运载包络的限制以及卫星轻量化的需求,横向尺寸应该限制在一个合理的范围之内。结构设计的一个原则是以刚度和强度设计为主,兼顾响应及稳定性要求。在框架面板式结构的设计中,应在满足刚度要求的前提下,尽量降低卫星蜂窝板的跨度。

5.4 热 设 计

卫星热控的任务是确保在已定轨道、姿态及工作模式条件下,星上所有仪器设备满足其温度要求。热控方案以卫星总体方案和构型布局为基础,通过合理的热控设计和分析,有效地组织卫星舱内、外热交换,经过热仿真分析和热平衡试验验证等手段,最终获得高效、可靠的热控设计方法。另外,热控设计还必须兼顾上升段及安全模式期间整星的温度保持,保证不加电单机处于存储温度范围内,其他工作单机处于工作温度范围内。

导航卫星所经历的发射段、在轨段的外部环境以及有效载荷温控要求,与其他卫星有所不同,传统的主动、被动热控方式无法满足某些特殊设备精密温控的要求。新的难点在于:

(1) 提供精确时间基准的原子钟大多采用偏冷设计,但其对环境温度稳定度的要求非常高。这就要求平台为其提供一个近似恒温的安装环境,一般来说,安装平面温度范围为 $-10 \sim +15℃$,温度变化率小于 $±0.5℃/15h$。传统开关式控制加热回路的方式,已经远远不能满足所需的精度要求。因此,需要研究新的加热回路控制策略。

(2) 导航卫星在全球范围内首次采用的 Ka 波段星间链路相控阵天线,其组成天线口面的 T/R 组件功率密度高达 $5600W·m^{-2}$ 以上,且孤悬于设备安装面以外,难以散热,需要卫星为其提供一定面积的散热面。

(3) 一箭多星、直接入轨的发射方式,使得卫星在发射入轨过程中较长时间处于低热功耗状态,温度容易偏低。因此需要综合考虑外部热环境条件、运载上面级约束和自身主动加热措施,从而既保证卫星设备达到相应的工作或储存温度水平,又节约蓄电池供电量。

本节将简述卫星常规热控设计,并重点论述上述难点问题的解决措施。

5.4.1 通用设计

导航卫星的热设计遵循以下原则。

5.4.1.1 载荷与平台分舱式热控设计

卫星平台设备与载荷设备分处于平台舱和载荷舱两个独立舱段内,两个舱段采用独立热控设计,两舱之间进行隔热设计,以减小两舱之间热耦合,这种设计有助于实现通用化平台建设。

5.4.1.2 被动热控措施为主,主动热控措施为辅

卫星舱内大部分电子设备,以及舱外无源设备的工作温度或在轨储存温度范围较宽,可以采用热控涂层、多层隔热组件、热管等被动热控措施保证其温度指标。

卫星的推进组件、舱外有源设备、锂离子蓄电池组、载荷原子钟等设备,要求保持在较高的工作温度,或者对温度控制精度、稳定度有较高的要求,所以采取电加热的主动热控措施;另外,当卫星处于上升段或安全模式时,载荷舱温度偏低,需要进行补偿加热。因此,热控设计采用以被动热控为主,辅以电加热的主动热控设计方案,优先采用现有成熟的各种热控技术,确保整星热控方案可靠。

5.4.1.3 主、辅散热面设计

卫星外热流分析表明,卫星 $\pm Y$ 及 $-X$ 向散热面吸收外热流较小,且在轨道周期内变化也较小。因此,适合在卫星的 $\pm Y$ 面、$-X$ 面设置主散热面来耗散载荷功放、平台电源控制器等大热耗设备的热量,并为温度稳定性要求较高的原子钟提供稳定的温度环境。

整星布局中部分热功耗较小的舱内设备可以布置在其他舱板上,在卫星其他表面设置辅助散热面,使这些设备具有最短的散热通道。

5.4.1.4 舱内等温化设计

卫星内部设备热功耗大小不一、功率分布不均匀,冷备份设备较多。采用热管、高发射率涂层、导热填料等措施可以实现舱内设备的等温化,将舱内不同温度区域设备连成一体,提高散热面的散热效率,等效地增大了单个设备的热容量,减小了设备由环境变化引起的温度波动。

5.4.1.5 分级的主动热控

总体来说,推进组件、舱外姿态敏感器等设备工作温度范围较宽,对温度稳定度和控制精度的要求较低,只需控制温度高于低温下限即可。因此,为降低系统复杂度,提高系统可靠性,要采取简单可靠的开关控制策略。而原子钟安装面有较高

的温度稳定度和控制精度要求, 可采用高精度控制算法来控制加热回路的开关状态及输出功率, 提高温度控制精度。

由此, 整星通用热控措施如下:

卫星舱内单机的散热主要依靠星外散热面的低太阳吸收-高红外发射的热控涂层向空间环境辐射散热, 为防止卫星温度过低, 星外除散热面、机械安装区外, 均包覆多层隔热材料, 以减小额外的热损失。

星内单机和结构板内表面 (除安装面外) 喷涂高半球发射率的黑漆热控涂层, 加强星内的辐射换热; 在大功耗单机安装面上涂覆导热填料, 减小与安装板的接触热阻; 部分大功率单机采用高效的 "热管网络" 平衡各部分间的温差, 实现舱内单机等温化。

对于某些有特殊温度要求的单机设备, 如推进管路、原子钟等采用玻璃钢隔热垫片与卫星其他部分进行隔热安装, 以减少漏热影响; 表面包覆多层材料以降低与卫星其他部分的辐射换热。为防止某些关键单机温度过低或控制部分设备的温度稳定性, 采用电加热措施进行主动热控。

5.4.2 原子钟板热设计

导航卫星要求载荷具有稳定的、准确的时间基准。为此, 卫星安装了多台原子钟; 而原子钟安装面的温度稳定度指标要求为 $\pm0.5^\circ\mathrm{C}/15\mathrm{h}$。

5.4.2.1 影响安装板温度的热环境

原子钟安装在卫星 $+Y$ 侧面的原子钟板内表面 (图 5.26), 安装板外表面面向空间以热辐射的方式散热。

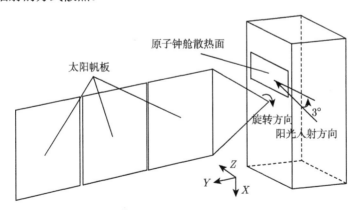

图 5.26 原子钟安装板位置示意图

外界环境对原子钟安装面的温度影响主要有两种: 温度水平的影响和温度稳定度的影响。

1) 外热流

导航卫星轨道高度较高，地球红外和阳光反照外热流对卫星的影响很小，可以忽略。对卫星进行实时偏航控制，可以保证阳光与原子钟安装板的夹角不超过 $3°$，光照区安装板外表面吸收的外热流密度为 $0\sim18W·m^{-2}$。

2) 太阳帆板红外辐射和阳光反照

太阳帆板正面为太阳电池片，背面为基板的碳纤维蒙皮，均具有较高的红外发射率，对原子钟板的外表面热辐射影响较大。

当太阳与轨道面夹角较小时，太阳帆板绕驱动机构不断转动，对原子钟板的红外辐射不断变化，由此对其温度稳定度造成较大影响。当太阳与卫星轨道面夹角 β 为 $0°$ 时，在一个轨道周期内，原子钟板吸收的太阳帆板红外辐射热流如图 5.27 所示。

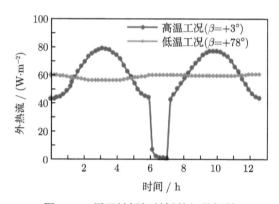

图 5.27　原子钟板辐射板的红外辐射

考虑到帆板反照因素，将太阳帆板偏原子钟板的 $-X$ 向安装，这样由于卫星 $-X$ 面及太阳帆板电池面实时指向太阳，所以太阳帆板电池面反射的太阳光很少落在原子钟板上。太阳帆板的阳光反照对原子钟板的影响可以忽略。

3) 载荷舱热环境

载荷舱各设备热功耗较大，温度水平较高，即使原子钟板采取隔热安装，也会有热量从载荷舱导向原子钟板。

5.4.2.2　原子钟板热设计

原子钟板综合运用被动热控措施和精控温的主动热控措施实现高温度稳定性指标要求[33]。

1) 隔热设计

为有效降低载荷舱对原子钟板和钟的热影响，要采取隔热设计措施。

安装板与星体杆件之间加装一定厚度的隔热垫片，采用导热性能较差的钛合金螺钉固定,减小安装板与载荷舱结构件之间的导热耦合;同时,原子钟表面及安装板内表面包覆多层隔热组件,进一步减小了与载荷舱内的辐射换热,如图 5.28 所示。以上两种隔热设计均有利于实现原子钟板温度稳定性控制。

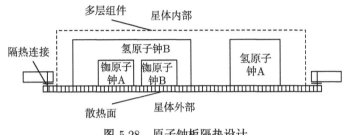

图 5.28 原子钟板隔热设计

2) 等温设计

通过闭环加热实现原子钟板的高温度稳定度控制。为达到快速响应的目的,需要将主动热控电加热器产生的热量迅速传向原子钟安装板各处。在原子钟板内预埋高效传热热管实现各台原子钟的等温化。预埋热管可以在单机之间形成良好的传热通道,有效均衡各单机之间的温差,同时还有利于确保备份原子钟的在轨储存温度控制,如图 5.29 所示。

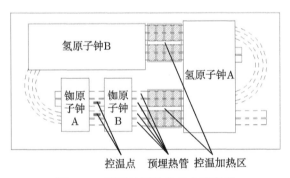

图 5.29 原子钟板热控状态示意图

3) 热耗散

原子钟板朝向空间的外表面贴装退化较小的二次表面镜热控涂层 (简称 OSR),向空间有效辐射原子钟和主动加热器工作时产生的热量。

4) 主动热控设计

原子钟板闭环加热控温,主要是为了消除星体内部环境温度变化、安装板外部热流变化以及原子钟自身热耗变化等对安装板温度稳定性的影响。

为满足原子钟单机高稳定性控温要求,在安装板预埋热管一侧布置若干路主动控温回路,采用高精度控制算法对各加热回路进行闭环控制,保证原子钟辐射板温度平衡在设定的工作温度点上，并保持稳定。

钟板控制系统的模型如图 5.30 所示。

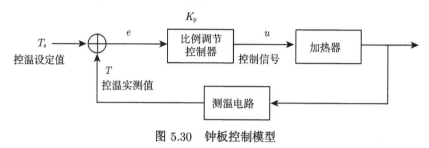

图 5.30　钟板控制模型

钟板控制是按控制偏差的大小迅速输出控制信号的。偏差大，则调节作用大；偏差小，则调节作用小，控制过程简单、快速。在工程应用中，钟板控制策略为：当温度偏差处于控温阈值之外时，采用直接开关加热控制；当温度偏差进入控制阈值区域时，才开始高精度算法控制。

5.4.2.3　在轨温度结果

截至 2020 年，导航卫星首发试验星自发射起已在轨连续运行超过 5 年，各原子钟工作温度及稳定度均满足要求，性能稳定。对在轨温度数据进行整理，分别选取阳光与轨道面夹角 $\beta = 3°$ 和 $\beta = 78°$ 控温点温度进行分析，结果如图 5.31 所示。由此可知，原子钟板控温点温度在轨期间均得到有效控制，温度保持在 4.96~5.04℃，变化范围不超过 0.08℃。原子钟工作温度及稳定度均远优于设计指标要求。

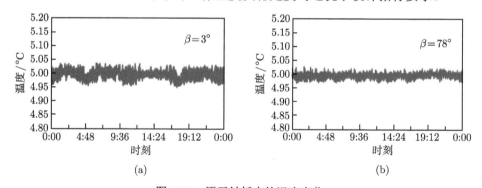

图 5.31　原子钟板在轨温度变化

5.4.3　星载相控阵天线与卫星一体化热设计

全球卫星导航系统确立了星间通信体制和相关设备组成，其中星间测距和通信采用 Ka 波段有源相控阵天线，以提高星座的自主运行能力，如图 5.32 所示。

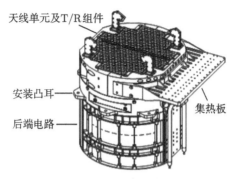

图 5.32　星载相控阵天线

为满足星载设备苛刻的重量和体积指标要求，相控阵天线采用轻量化、小型化设计——数百个天线单元被集成在较小的尺寸范围内，组成平面阵列；与天线单元高度集成的数十个 T/R 组件热功耗高达 260W，面热流密度最高为 $5600\mathrm{W\cdot m^{-2}}$ 左右。如此大的发热量要远离单机的安装面，在没有空气的太空中依靠辐射方式是很难耗散出去的，这也成为相控阵天线在导航卫星上应用的难点之一。

国内外在陆基、舰船、航空等多个领域中使用的相控阵雷达天线，与星载相控阵天线类似，但是其运行环境能保证利用空气或液体等流体冷却系统为 T/R 组件进行有效散热。

综上所述，星载相控阵天线的热设计并无先例可循，这成为相控阵天线在空间领域应用需重点攻克的难题之一。按传统的分系统分工界面，给定设备的安装面温度，具体热控由单机负责的做法是无法满足星间链路终端热控要求的，按功能链理念，卫星总体、结构热功能链和单机开展了多轮联合设计，在追求整星资源、效果最优方面取得了好的结果。

为此，将相控阵天线安装于卫星载荷舱对地面上部，靠近 $-Y$ 侧，天线中心指向 $+Z$ 向，视场内无遮挡，并与其他频段天线互不干涉。相控阵天线通过安装凸耳与星体结构板进行固定，安装完成后，天线单元及 T/R 组件位于星体外部，电子学及电路部分位于星内。相控阵天线安装方位如图 5.33 所示。

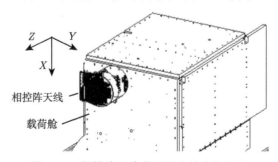

图 5.33　相控阵天线在卫星上的安装位置

相控阵天线主要由数十个 T/R 组件阵列以及数百个天线单元构成，如图 5.34 所示。每个 T/R 组件由元器件、印制板和铝合金盒体组成，形成数百个信号通道，并分别与天线单元相连。T/R 组件的元器件、印制板均使用导热填料与铝合金盒体进行导热连接，铝合金盒体既作为电气部分结构支撑，又为发热元器件提供良好的散热载体。

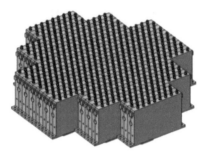

图 5.34　T/R 组件与天线单元

组成相控阵天线的每个 T/R 组件虽然热功耗不大，但数十个组件仍然可以在阵面上形成 $5600\mathrm{W\cdot m^{-2}}$ 以上的高热流密度。如此高的热流密度无法依靠向空间辐射散热的方法耗散热量。因此，从 T/R 组件中将热量导出是相控阵天线热设计的关键。

5.4.3.1　T/R 组件热设计

T/R 组件上的元器件是相控阵天线的主要热源，热量首先以导热的方式耗散到铝合金盒体上。

在铝合金盒体非电气集成的区域，挖出半圆槽 (图 5.35)；两个 T/R 组件对扣安装，两个半圆槽形成一个圆孔，将涂覆导热填料的圆截面热管插入圆孔中，利用热管将两个 T/R 组件的热量导走，如图 5.36 所示。这些热管称为"相控阵热管"。

低功耗T/R芯片　前级驱动芯片　　热管安装槽　波控子板

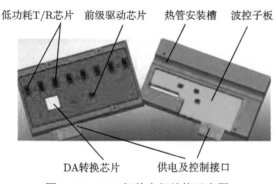

DA转换芯片　　　供电及控制接口

图 5.35　T/R 组件内部结构示意图

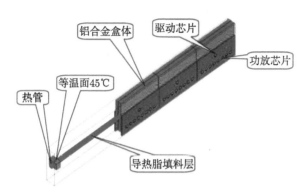

图 5.36 T/R 组件散热示意图

5.4.3.2 天线阵列散热设计

所有 T/R 组件的热量由 16 根相控阵热管导出。

在相控阵外设计安装热管的铝制集热板。相控阵热管的冷凝段穿入集热板中的圆孔,将热量集中到集热板;集热板的外表面安装两根带有翅片的较大型热管(称为散热热管),热管三维走向,冷凝段翅片固定在卫星辐射板外表面。为加强换热,相控阵热管与散热热管在集热板上正交安装。

T/R 组件的散热措施如图 5.37 所示。T/R 组件形成的散热路径如图 5.38 所示,达到了相控阵天线 T/R 组件的元器件直接向卫星散热的目的,缩短了元器件的散热路径。

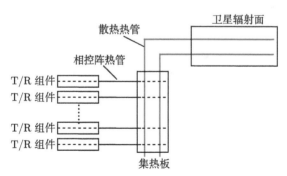

图 5.37 集热–散热方案

图 5.38 T/R 组件散热路径

如图 5.39 所示,导航卫星在轨温度稳定后,相控阵天线集热板温度变化范围为 25.7~34.9℃,平均温度为 29.3℃,满足指标 (<50℃) 要求。

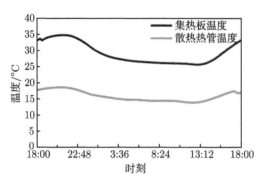

图 5.39   相控阵天线在轨温度变化

5.4.4   直接入轨热控方案设计

以往的航天型号, 高轨道卫星一般由三级运载火箭发射, 进入近地点约 200km 的椭圆转移轨道, 然后卫星自身利用星载的大推力发动机在远地点多次点火, 进入正常工作轨道。上述过程需耗费数天的时间, 而且卫星自身需配备较复杂的推进系统并携带大量燃料。为满足迅速发射入轨的要求, 导航卫星使用运载火箭上面级 (第四级) 直接送入近圆轨道, 全过程只需数小时, 卫星仅需配置较简单的推进系统用于正常工作期间的相位保持和寿命终止时的推离轨位, 整星干重和起飞重量也大大降低。

5.4.4.1   直接入轨卫星热控策略

运载上面级携带卫星进入近圆轨道过程中 (图 5.40), 卫星载荷所有设备及姿轨控大部分设备处于断电状态。因此, 整星温度不断下降。为保证各仪器设备能够保持各自的工作温度或储存温度, 采取以下两个措施:

(1) 开启星上主动加热器为设备加热;

(2) 鉴于能源较为紧张, 在上面级发动机两次点火之间的时段 (称为滑行段) 调整姿态, 使阳光以较大的入射角照射卫星, 有利于卫星散热面吸收一定的外热流。

对于滑行段期间, 上面级调整姿态, 使卫星受太阳辐照有两种方案:

(1) 旋照模式, 上面级与卫星的组合体绕 $+X$ 轴缓慢自旋, 阳光与 $+X$ 轴的夹角 $\leqslant 90°$, 可以使阳光均匀地辐照卫星各侧面;

(2) 轮照模式, 由于卫星 $\pm Y$ 侧面设置较大面积的散热面, 上面级调姿, 使阳光每隔 0.5h 轮流辐照卫星的 $\pm Y$ 面。

在卫星和上面级初始设计阶段, 我们从热设计的角度, 采用上面级–卫星联合热仿真的手段, 通过对比两种方案的优劣, 并综合姿控意见, 倾向于选取旋照模式方案, 也得到了上面级研制方的首肯。

图 5.40 滑行段卫星与上面级姿态示意图

5.4.4.2 热仿真分析

由于卫星若干设备不加电,卫星偏冷,所以本节重点对两种辐照方案的低温工况进行分析对比。

瞬态仿真分析条件如下:

(1) 随上面级滑行期间,卫星与上面级的组合体绕 X 轴缓慢自旋。太阳辐照的方向与 $+X$ 轴的夹角取 70°。

(2) 考虑最恶劣情况,滑行的总时间为 20000s(约 5.56h),前半段 9000s(2.5h)处于地影区,后半段处于光照区。

(3) 卫星载荷全部设备和姿轨控大部分设备处于断电状态。

(4) 卫星与上面级发射时的初始温度为 15℃。

(5) 为突出太阳外热流对卫星的热影响,模型中不考虑地球红外和反照外热流。

(6) 整个滑行段期间,载荷舱内未开启主动加热器。

使用 Sinda/Fluint 软件建立卫星和上面级的联合热仿真分析模型如图 5.41 所示。

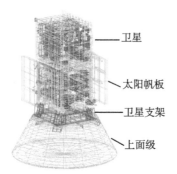

图 5.41 卫星与上面级热仿真分析模型

模型中的热控涂层参数如表 5.7 所示。

表 5.7　热仿真分析热控涂层参数表

名称	太阳吸收比	半球发射率	表面
ERB-2 黑漆/黑色阳极化	—	0.88	舱内设备、仪器安装板非安装区域
F46 薄膜二次表面镜	0.18	0.66	舱外多层隔热组件面膜
玻璃型二次表面镜	0.135	0.8	散热面
ACR-1 防静电白色涂层	0.21	0.87	舱外设备
KSZ 白漆	0.15	0.9	上面级散热面
太阳电池片	0.9	0.8	
碳纤维表面	0.8	0.8	帆板基板

在同等热环境条件下, 两种方案星上设备的温度变化如图 5.42 所示。

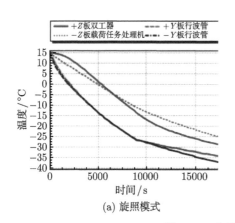
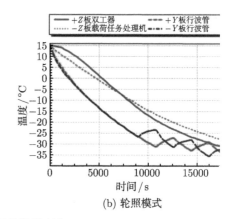

图 5.42　典型设备的温度变化

上面级与卫星分离时的温度结果如表 5.8 所示。

表 5.8　分离时两种模式温度结果对比　　　　　　　　　　　　(单位: ℃)

模式	载荷舱 +Y 板	载荷舱 −Y 板	载荷舱 −Z 板	载荷舱 +Z 板
旋照模式	−37 ∼ −34.5	−39.9 ∼ −37.0	−28.9 ∼ −26.8	−31.3 ∼ −30.7
轮照模式	−33.9 ∼ −29.9	−38.6 ∼ −34.4	−31.2 ∼ −29.0	−33.9 ∼ −31.9
差值	3.1∼4.6	1.3∼2.6	−2.3 ∼ −2.2	−2.6 ∼ −1.2

由上可知, 轮照模式 +Y 板和 −Y 板设备温度略高于旋照模式, 而 +Z 板和 −Z 板设备温度则低于旋照模式。这是轮照模式使太阳集中辐照 +Y、−Y 散热面取得的结果, 较有效地提高了两板上安装设备的在轨储存温度;在轮照模式下, 载荷舱 +Z 板和 −Z 板不受阳光辐照, 因此相关设备温度低于旋照模式。

从热控的角度来看, 两种模式得到的设备温度相差不多。若在滑行段开启星上主动加热器, 则在两种模式下, 都能保证载荷舱各设备的在轨储存温度 (高于 −40℃), 但旋照模式消耗的加热功率稍多一些。

5.4.4.3 控制策略的综合考虑

虽然从仿真温度结果来看,轮照模式略好于旋照模式。但是,从姿控的角度来看,旋照模式只需上面级推进系统一次起旋和阻尼,起旋后进入类似陀螺的稳定旋转模式,不需要任何主动控制,控制算法和软件简单;而轮照模式需要多次控制组合体旋转起旋、阻尼和三轴稳定,不仅消耗更多燃料,而且更要全程进行主动控制,风险大幅度增加,对上面级的地面测控资源也难于满足要求。因此,综合权衡,上升滑行段最终选择了旋照模式,并得到了运载研制方的认可。这也是系统工程综合考虑各方面需求和约束的设计典范。

第6章 控制功能链设计

6.1 概 述

控制功能链由姿态测量部件、姿态控制执行部件和推力器以及 SADA 等组成，不设置单独的下位机。任务是实现卫星姿态稳定、姿态机动、轨道控制和帆板对日定向等。

控制功能链主要完成姿态轨道控制的总体方案、敏感器和执行器的选型、配置、控制模式以及控制算法设计等工作。由于不再将姿控和轨控切分为两部分，因此很自然地将传统推进方案进一步优化，采用四个推力器即可以完成姿控、轨控任务，显著简化了系统，提高了可靠性；同时由于管路安装简单，也减轻了结构布局的压力。

在硬件层面，控制功能链直接面对敏感器和执行器，更多地面向需求层面，包括星敏感器、太阳敏感器、陀螺、反作用轮、磁力矩器、推进组件等，从系统最优出发，根据部组件的指标、性能、成熟度等参数选择最佳的组合，并进行姿轨控控制模式及控制算法设计。这些部组件的结构热问题交由结构热功能链负责，相应的硬件接口、数据采集、驱动控制，以及控制算法的软件实现等电子学和软件问题交由电子学功能链负责，控制算法的实现也由专业软件人员，即电子学功能链的人员负责，避免了以往姿轨控分系统需要控制、电子学、软件等诸多学科才能完成的人员配置。

本章结合卫星总体设计要求，对卫星控制功能链的功能、组成、工作模式进行了阐述，并对控制算法的设计以及地面仿真验证方法进行说明。

6.2 任务分析和方案选择

6.2.1 设计理念

基于全新的功能链设计理念，卫星的控制 (姿控、轨控、帆板控制、轨道外推) 采用集中式控制，不设置单独下位机，将控制功能的算法实现集中在星载计算机中，由其统一管理。同时，在硬件和软件设计上提出新的设计指导思想，以提高系统可靠性和自主性，主要包括：

(1) 在敏感器配置上，不采用具有活动部件的敏感器，有利于提高寿命；

(2) 将卫星姿控和轨控结合设计，简化工作模式和硬件配置；

(3) 工作模式采用自主切换方式，设计唯一入口，保证系统可靠性；

(4) 卫星定姿模式采用自主校验的方式和自主切换，保证系统连续不间断工作，提高系统的可用性 [34−36]；

(5) 在卫星正常运行期间，采用全动偏模式，不进行模式切换，有利于整星热控和地面精密定轨；

(6) 轨道注入采用多点注入，一次可以注入一个月的轨道，简化地面操作；

(7) 帆板控制根据卫星姿轨控工作模式采用全自主控制方式，并设置阈值保护，避免帆板频繁停转和异常状态进入一个模式后无法快速恢复；

(8) 在软件设计上，轨道外推、姿态和轨道控制、帆板控制软件功能模块之间要简化接口，避免任意功能接口数据异常导致其他软件异常。

6.2.2 设计思路

基于新设计理念指导，控制功能链在系统设计以及硬件配置上采用新的设计方法，优化系统设计，提高系统可靠性、自主性。主要的新设计包括：① 简单自主可靠的工作模式设计；② 在轨全自主帆板控制；③ 新推力器的布局设计 [37]；④ 基于星敏感器的姿态确定与控制技术；⑤ 弱磁环境下的磁卸载技术。

6.2.2.1 工作模式及切换设计

姿轨控制的主要任务是完成卫星在轨姿态指向和轨道控制，其工作模式设计与卫星姿态指向、整星任务以及控制策略有关。工作模式的设计关系到卫星的安全性、可靠性和系统复杂程度。为此，设计了一种简单自主可靠的姿轨控工作模式设计以及切换方法，包括：太阳捕获模式、最小安全模式、无控模式、对日保持模式、地球捕获模式、正常工作模式和轨道控制模式。

太阳捕获模式是卫星的唯一入口，太阳捕获模式自主进入最小安全模式或无控模式，该模式提供卫星对日姿态以保证卫星能源以及测控工作，该自主切换策略可以保证卫星在无地面干预时快速进入被动稳定工作状态，节省燃料，使得卫星消耗最少的能源，保证卫星安全，在最小安全模式下卫星可以转换其他模式或在该模式下对卫星排除故障和进行修复。

地球捕获模式、正常模式以及轨控模式中各阶段均采用自主切换，简化地面工作流程，系统定姿模式和控制策略按照工作模式自主选择。该姿轨控工作模式设计和切换使得卫星姿轨控系统工作简单、可靠，且自主性及通用性强，适用于具备轨控和对地指向任务的卫星。

该工作模式设计具有以下特点：

1) 具有唯一安全入口

工作模式设计唯一入口——太阳捕获模式，是卫星与运载分离后的初始工作模式，也是卫星从其他模式出现异常状态后进入的工作模式。进入太阳捕获模式后首先进入速率阻尼模式将卫星惯性角速度稳定下来，角速度稳定后 (满足自主切换条件)，卫星自主进行对日定向，捕获太阳并对日稳定，对日定向稳定且满足切换条件后自主进入最小安全模式，推力器自主喷气，卫星绕 $-Z$ 轴起旋，处于被动稳定工作状态，此时卫星处于最小模式状态，等待地面执行操作。

唯一入口可以保证卫星在工作模式很多的情况下工作流程清晰、简单可靠，按照任务阶段依次执行，将卫星设置在最小最安全模式等待地面，在该模式下工作，即使地面不能及时处理，也可以保证卫星的安全。

2) 设计无控模式

作为卫星最后一道安全防护线设计无控模式能够保证卫星在太阳捕获模式无法实现卫星对日定向、地面或星上暂时没有对策无法判断故障时，避免推力器长时间喷气导致的卫星角速度持续增加，为地面处理赢得时间。

3) 全自主模式切换

工作模式切换采用自主切换为主、遥控切换为辅的方式，当卫星入轨或出现异常时，从速率阻尼模式开始，自主进入到自旋稳定模式，卫星将处于安全状态，等待地面操作。从最小安全模式到对日保持模式以遥控为主，主要是为卫星从对日姿态转化成对地姿态做准备，对地状态准备好后，进入地球捕获模式，卫星自主切换工作模式，进入正常模式。从正常模式进入轨道控制模式以遥控为主，通过一次注入轨控数据，自主完成轨控全部工作后，轨控任务结束，自主返回正常工作模式。

6.2.2.2　全自主帆板驱动控制设计

帆板在轨驱动控制采用全自主控制方式，依据卫星姿轨控工作模式的自主切换工作模式，包括帆板展开、展开后归零保持、帆板自主转 $90°$ 后保持以及帆板自主跟踪太阳，帆板自主控制模式如表 6.1 所示。

表 6.1　帆板自主控制

卫星工作模式	SADA 转动目标角	帆板控制流程
无控、太阳捕获阶段、地球捕获阶段和安全模式	+Y 侧帆板：$0°$ −Y 侧帆板：$0°$	设置 SADA 工作模式为自动归零，当帆板未展开时进入无控模式，自主展开帆板，判断帆板是否已经完全展开进入自动归零
轨道控制模式	+Y 侧帆板：$90°$ −Y 侧帆板：$270°$	设置 SADA 工作模式为增量，将帆板法线指向卫星 $+X$ 轴
稳定对地、偏航机动模式	根据当前太阳矢量计算	根据目标角，计算偏差角，当偏差角大于 $5°$ 时，设置 SADA 工作模式为增量；当偏差角在 $3°$ 以内时，按巡航模式控制

帆板处于巡航模式跟踪太阳，首先需要得到太阳位置和帆板位置之间的关系，可以通过在帆板上安装模拟太敏直接测量得到，也可以根据在卫星星体上安装敏感器测量太阳矢量和帆板当前位置得到。但比较这两种方法，前者卫星硬件设计复杂，后者软件接口复杂，即需要依赖敏感器测量信息。因此，为了简化卫星设计和软件接口，我们提出了无须敏感器测量信息，仅利用卫星轨道和帆板当前位置进行帆板转动角度控制的方法。

依据卫星工作轨道，帆板驱动控制工作模式包括巡航模式、保持模式、增量模式和自动归零模式，帆板对日过程中处于巡航模式，即以固定角速度转动，但是由于卫星运行实际轨道与理论轨道有偏差，且在轨受摄动影响，帆板以固定角速度转动，在一段时间后会超前或滞后目标角度，导致对日精度差，无法满足能源需要，因此需要帆板驱动机构 (SADM) 切换成增量模式，以较快角速度转动或切换成保持模式，控制策略要保证帆板满足对日精度的同时，也不能频繁停转，以避免频繁停转对姿态带来的扰动，以及对电机寿命产生的影响。因此设计中要确保帆板在对日跟踪过程中不频繁切换模式。

为解决上述技术问题，采用如下技术方案：

(1) 根据卫星轨道系下的太阳矢量 (通过太阳模型和卫星位置计算得到)，计算帆板需要转动的目标角度；

(2) 根据帆板当前转动位置和绝对位置，计算帆板转动角度偏差，通过归一化判断，找到帆板转动的最小路径；

(3) 按照帆板对日控制精度的要求，根据当前角度位置偏差设计合理的控制策略，控制帆板以不同工作模式转动，避免了帆板频繁停转和模式切换对姿态和驱动机构寿命的影响；

(4) 为避免目标角度和帆板转角测量位置出现野值，导致帆板进入保持模式无法停止，设置相应保护。

6.2.2.3 新的推力器布局设计

在推力器布局设计上，采用全新设计：将全部四个推力器布局在卫星同一面，对称倾斜安装，四个推力器同时工作时可产生沿卫星 X 方向的控制力，分组交替工作时可产生三轴姿态控制力矩，这样可以保证推力器既能进行轨道控制又能进行姿态控制；另外，倾斜安装的角度设置为 25°，既保证了轨控效率，也保证了推力矢量在卫星质心变化时始终在质心的同侧 (即姿态控制力矩的极性不变)，并有足够余量[37]。推力器布局如图 6.1 所示。

该安装布局的特点为：① 四个推力器可以同时进行姿控和轨控，简化了系统设计；② 推力器安装在卫星底面，推力器喷气羽流内没有遮挡，避免了羽流干扰，同时安装在卫星底面没有穿舱电缆和管路，有利于整星总装和布局；③ 推力器底面为卫星基准面，在推力器安装过程中通过基准测量，可以保证推力器安装精度。

图 6.1　推力器布局

6.2.2.4　基于星敏感器的姿态确定与控制技术

目前世界上 GPS、GLONASS、Galileo 和中国北斗一号、二号卫星，姿态确定方案均以数字太敏 + 红外地球敏感器 + 陀螺为主，由于高精度长寿命陀螺以及红外地球敏感器进口受限，国内还没有完全解决长寿命高可靠的问题，所以影响了以往卫星姿轨控系统的可靠性。本书提出并采用了单独星敏定姿技术，解决了长寿命高可靠导航卫星对陀螺和红外地球敏感器的依赖，同时还解决了在地影区太阳敏感器无法定姿的问题。

与太阳敏感器、红外地球敏感器相比，基于星敏感器定姿还有一个优点，就是在全天区范围内，只要太阳、地球不进入视场，星敏感器都可以定姿，通过星敏感器输出惯性姿态，可以直接得到太阳位置 (利用模型) 和卫星对地姿态 (利用轨道)，无须像其他卫星一样捕获太阳和地球，直接对日定向和对地定向，简化了卫星的工作模式，提高了系统的可靠性。而太阳、地球进入星敏感器视场的问题通过星敏感器在卫星安装上进行考虑和设计，如图 6.2 所示，该安装方式保证在卫星正常工作期间，太阳、地球始终不进入星敏感器视场，在出现异常姿态任意变化时也能保证太阳、地球不同时进入星敏感器视场。

图 6.2　星敏感器在卫星上的安装位置

该技术可以大大简化姿轨控敏感器配置,适应未来一箭多星,上面级直接入轨的卫星轻量化和可靠性的设计要求。

6.2.2.5 弱磁环境下的磁卸载技术

对于导航卫星来讲,在导航载荷工作期间为确保导航精度应避免推力器工作,因此需采用磁力矩器为反作用轮卸载。导航卫星工作在中高轨道,该轨道上地磁场较弱,磁力矩器磁矩选取又不能过大 (因为这样将导致重量和功耗大幅提高,也不利于在星上的安装),这就存在卸载能力不足的问题。同时,由于外源场的影响,地磁场模型的误差较大,容易产生卸载方向不准确的问题。因此,在中高轨弱磁环境下的磁卸载技术是卫星在设计中需要考虑的关键技术。

为解决弱磁环境下的磁卸载技术,采用了以下措施:

(1) 在高轨空间环境下,卫星主要受太阳光压力矩影响,在卫星布局上尽量保证在一个轨道周期内光压产生的合力矩可以相互抵消,没有累积,减少卫星在轨的干扰力矩。

卫星构型如图 6.3 所示,由于推进燃料消耗,卫星质心在 X 轴方向变化,在卫星正常工作期间,太阳会在卫星 XOZ 面周期变化,在 $\pm Z$ 面产生的光压抵消,在 $+X$ 面由于质心在 $+X$ 轴,卫星相对 $+X$ 轴对称,在 $+X$ 面产生的光压也抵消。因此,在该卫星构型下合成光压力矩在一个周期内很小,约 10^{-6}N·m·s 量级以下。

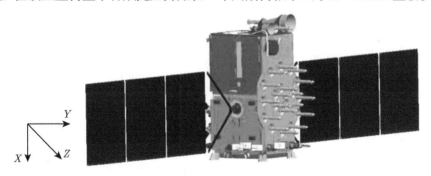

图 6.3 卫星构型

(2) 在轨控期间,通过进行推力器卸载将反作用轮转速控制在标称转速附近,达到卸载目的。

(3) 利用四个反作用轮进行控制,其中一个反作用轮开环控制在标称转速附近,不参与姿态控制,其余三个反作用轮参与姿态控制,通过角动量守恒达到要求标称转速。利用对开环控制反作用轮转速在轨调整,可以控制其余三个反作用轮的标称转速,间接达到卸载目的。

(4) 为了避免外源场干扰导致卸载过程出现不利于卸载方向的力矩,在卸载合

成角动量 $\Delta \bar{h}$ 和磁场强度 $\bar{b}$ 夹角大于 $45°$ 小于 $135°$ 时进行卸载，否则不进行卸载，通过外源场模型和总磁场强度比较，在导航卫星轨道下，外源场对磁场方向影响最大不超过 $45°$，因此该方法避免了仅采用内源场计算磁场不准确导致卸载反向的问题。

6.2.3　姿态轨道控制策略

高精度的姿态和轨道保持是导航卫星定位的基础。地面运控系统要不断测量卫星的轨道参数，并将轨道测量结果转换为导航电文，供用户解算当时的卫星位置，进而确定用户自身位置。各种摄动因素对卫星的作用会引起卫星姿态和轨道的变化。这些摄动因素包括地球非球形引力、太阳引力、月球引力、潮汐、自转效应、太阳辐射压力等。其中影响较大的因素为太阳光压和卫星燃料消耗导致的卫星质心变化，因此，在设计初期要进行分析。

1) 太阳辐射压力和力矩分析

太阳辐射压力是卫星长期工作期间的主要干扰力，其作用力使卫星轨道偏心率呈长周期变化。当太阳辐射压力相对应的压心和卫星质心不一致时，会产生太阳辐射压力力矩，这是影响卫星姿态运动的最主要的干扰力矩。太阳辐射压力力矩与卫星的形状、表面材料的光学特性，部件之间的遮挡等有关。

在系统设计过程中，根据卫星的结构形状 (包括一些大面积部件)、卫星质量分布及变化、卫星外表材料特性、平台控制约束条件等进行太阳辐射压力分析，设计并确定卫星质量分布及质心。

由于导航卫星的轨道是倾斜轨道，为了保证太阳电池阵能源的供给，采取偏航控制的方法，控制太阳矢量处于星体的 XOZ 平面内，然后太阳帆板采用跟踪太阳的方法，确保太阳垂直帆板方向，卫星的太阳辐射压力主要作用于卫星星体本身和两侧的太阳电池阵。

根据卫星的各部分材料表面的特性，其各个反射面的太阳反射系数见表 6.2。

表 6.2　卫星各部分材料表面的太阳反射系数

项目	＋X 板 (F46)	＋Z 板 (F46)	Z 板 (OSR)	太阳电池阵
寿命初期	0.87	0.87	0.87	0.08
寿命末期	0.7	0.7	0.75	0.08

卫星的太阳辐射压力力矩的主要项呈周期性变化，周期以 13 小时为主。在卫星偏航连续运行时，X 轴和 Z 轴的力矩均为零，Y 轴力矩有常值项，干扰量级为 10^{-6}N·m。

2) 整星纵向质心变化

导航卫星起飞质量不大于 1080kg，在卫星机械坐标系下卫星寿命初期纵向质心约为 1199mm，寿命末期纵向质心约为 1175mm(消耗燃料 38kg)，卫星纵向质心随燃料消耗线性变化。

6.2.3.1 姿态控制策略分析

对于导航卫星，需要地面精密定轨后注入星历，然后发播给用户。卫星在轨运行过程中如果发生速度增量变化，将严重影响导航精度，进而影响卫星使用。因此，卫星姿态的控制要避免对卫星轨道产生影响，导航任务期间不能采用推力器进行控制，同时在满足轨道精度要求下，尽量减少对轨道的控制次数。

为了减少推力器工作引起的影响，卫星采取的措施为：

(1) 控制系统的姿态控制执行机构为反作用轮，由反作用轮转速变化提供力矩，实施卫星姿态控制。

(2) 对于外界干扰力矩的长周期项或长周期项引起的反作用轮转速在一个时期持续下降 (或上升)，超过允许范围，需要为反作用轮卸载，选用磁力矩器作为卸载执行机构。正常情况下可以避免推力器工作。

(3) 在整星构型设计中，通过使太阳辐射压力中心尽量靠近卫星质心，以减少光压干扰力矩，进而减少角动量的累积。

6.2.3.2 轨道控制策略分析

根据导航任务要求，导航卫星轨道控制任务为：

(1) 卫星入轨后首先完成相位捕获控制，消除初始相位偏差及轨道参数偏差，保证卫星轨道为倾角 55° 的圆轨道卫星，实际卫星与标称轨道卫星相位差在 ±5.0° 范围内，相位捕获完成时间无具体要求。

(2) 任务寿命内实施卫星相位保持控制，保证卫星在标称相位 ±5.0° 范围内，相位保持频度优于 1 次/3 年。

(3) 寿命末期进行卫星离轨控制，将卫星轨道抬高 300km，推离原工作轨道。

相应的卫星轨道控制策略为：

(1) 相位捕获控制。星箭分离后，卫星入轨点相位与目标相位不一致，为此，将卫星轨道半长轴预偏置 233km，卫星逐渐向目标相位漂移，当接近目标相位时，控制卫星半长轴，降低相对漂移速度，保证消除半长轴偏置后卫星轨道相位与目标相位差在 ±5° 以内。

(2) 相位保持控制。卫星进入工作轨道后，在任务寿命期，卫星相位与目标相位差 Δu 为

$$\Delta u = -\frac{3n}{2a}\Delta a \Delta t \tag{6.1}$$

式中，a——标称轨道半长轴；

n——标称轨道角速度；

Δa——半长轴偏差；

Δt——相位保持时间间隔。

控制策略是控制 Δa，进而控制相位漂移的速度，保证在满足相对相位差的条件下，轨控间隔大于 3 年。

(3) 推离轨位控制：在卫星寿命末期，为给其他卫星留出轨位，需要将卫星半长轴抬高 300~400km，根据推离轨位段控制策略设计，推离轨位由 4 次控制实现，预先设定轨控速度及控制点，每两次控制间隔不小于 2 轨。推离轨位实施流程与相位保持流程基本一致。

6.2.3.3　卫星构型和布局设计考虑

为利于轨控和轨控期间的姿态控制，在卫星构型和布局设计时我们采取了下列措施：

(1) 将卫星端面设计成长方形，如前面章节所述，这有利于整星散热面的设计；对姿态轨道控制来说，让端面短边对日，可以减小太阳光压的周期变化，有利于减少角动量的积累，减小磁力矩器卸载压力。

(2) 推进剂贮箱质心和整星质心布置在 X 轴上，当燃料消耗时，质心变化在 X 轴上移动。这样可以保证推力器工作时不会产生大的附加扰动力矩。

(3) 进行轨道控制时，让帆板平面垂直于 X 轴，使得在喷气过程中由帆板波动产生的质心变化仍在 X 轴上变化，这样推力器合力不会由质心的变化产生不确定的力偶，有利于控制系统稳定。

6.3　基本算法和软件模型

6.3.1　时间系统

轨道计算不同于一般的仿真计算，轨道计算不能使用单一的时间系统，因为计算不同的物理量需要不同的时间系统。现行的时间系统可以分为 4 种：恒星时 (ST)，世界时 (UT)，国际原子时 (TAI) 和动力学时 (包括地球动力学时 TDT 和质心动力学时 TDB)。为兼顾世界时的时刻和原子时的秒长，国际上规定了世界协调时 (UTC)，也就是日常用的钟表时间。产生时间多样性的原因，可以归纳如下：

(1) 与天体运动相关。上述时间中，恒星时、世界时与地球的自转和公转运动相关。

(2) 与坐标系相关。地球动力学时和质心动力学时是分别定义在地心时空标架和太阳系质心时空标架的坐标时。它们在各自的惯性坐标系下是均匀连续的，其差别由相对论效应引起。

(3) 时间尺度不均匀。由于地球自转运动的不均匀性,恒星时、世界时的尺度也是不均匀的。为此人们定义了统一的时间尺度原子时,但当原子时作为观测量时,也成为一个不均匀的时间尺度,式 (6.2) 是原子时相关的微分方程。

$$\frac{\mathrm{d}\tau}{\mathrm{d}t} = 1 - \frac{U}{c^2} - \frac{v^2}{2c^2} + \frac{1}{c^2}\left\langle U + \frac{1}{2}v^2 \right\rangle \tag{6.2}$$

式中,$\langle\ \rangle$——对括号内的量求长时间平均;

$\mathrm{d}\tau$——原子时的时间间隔;

$\mathrm{d}t$——坐标时。

从式中可以看出原子时的时间尺度与观测点的势能和运动速度有关。

由于上述原因,在轨道计算过程中,需要随时对各种时间进行转换,以计算相应的物理量。

6.3.1.1 恒星时

恒星时 S 在数值上等于春分点的时角 t,春分点连续两次过中天的时间间隔为一"恒星日"。任何时刻的地方恒星时正好等于该时刻中天恒星的赤径。相对于格林尼治子午圈的恒星时称为格林尼治恒星时,记为 S_{G},若记 λ 为某地方的经度,则

$$S = S_{\mathrm{G}} + \lambda \tag{6.3}$$

恒星时又有真恒星时和平恒星时之分,若分别记作 S 和 $\bar{S}$,则有

$$S = \bar{S} + \Delta\varphi\cos\varepsilon \tag{6.4}$$

式中,$\Delta\varphi\cos\varepsilon$——赤径章动,它是黄经章动 $\Delta\varphi$ 在赤道上的分量。

格林尼治平恒星时 $\bar{S}_{\mathrm{G}}$ 的表达式为

$$\bar{S}_{\mathrm{G}} = 18^{\mathrm{h}}.6973746 + 879000^{\mathrm{h}}.0513367t + 0^{\mathrm{s}}.093104t^2 - 6^{\mathrm{s}}.2 \times 10^{-6}t^3 \tag{6.5}$$

式中,t——儒略世纪数。

6.3.1.2 原子时、世界时、世界协调时、地球动力学时和质心动力学时

国际单位秒 SI 为 Cs-133 两超精细结构能态跃迁辐射 9192631770 周所经历的时间,国际原子时 TAI 的秒长即为 SI,其时间起点比 1985 年 1 月 1 日时 (UT2) 早 34ms。

世界时就是格林尼治的平太阳时。由于地球自转的不均匀性和极移的影响,世界时也是一种不均匀的时间系统。世界时通常有三种形式。

UT0：根据天文观测直接测定的世界时，对应瞬时极的子午圈。

UT1：对 UT0 引进地球自转轴的变化引起的观测误差 (称为极移) 改正值 $\Delta\lambda$ 后的世界时，对应平均极的子午圈

$$UT1 = UT0 + \Delta\lambda \tag{6.6}$$

UT2：对 UT1 引进地球自转速度季节变化改正值 ΔT_{s} 后的世界时

$$UT2 = UT1 + \Delta\lambda + \Delta T_{\mathrm{s}} \tag{6.7}$$

其中

$$\begin{cases} \Delta\lambda = (x\sin\lambda - y\cos\lambda)\tan\varphi \\ \Delta T_{\mathrm{s}} = 0^{\mathrm{s}}.0220\sin 2\pi t - 0^{\mathrm{s}}.012\cos 2\pi t - 0^{\mathrm{s}}.0060\sin 4\pi t + 0^{\mathrm{s}}.0007\cos 4\pi t \end{cases} \tag{6.8}$$

式中，λ, φ—— 观测点的赤经，赤纬；

x, y——地极坐标。

$$t = \frac{2000.000 + (\mathrm{MJD} + 5144.03)}{365.2422} \tag{6.9}$$

式中，MJD——简略儒略日。

由于地球自转存在着长期变化、周期变化和不规则变化，所以上述三种形式的世界时也都不是均匀的时间尺度。对于高精度要求的卫星计算，需使用更均匀的时间尺度。

协调世界时是一种原子时，但又参考于世界时。协调世界时的历元与世界时相同，但秒长采用原子时秒长。国际上通常采用跳秒的方式，保证 $|\mathrm{UTC}-\mathrm{UT1}| < 0.9\mathrm{s}$。具体调整由国际地球自转服务根据天文观测资料规定。

$$\mathrm{UTC} = \mathrm{TAI} - (32^{\mathrm{s}} + 1999\ \text{年}\ 1\ \text{月以后的闰秒数}) \tag{6.10}$$

动力学时有地球动力学时 TDT 和质心动力学时 TDB。

地球动力学时的秒长为 SI，与国际原子时 TAI 的关系是

$$\mathrm{TDT} = \mathrm{TAI} + 32^{\mathrm{s}}.184 \tag{6.11}$$

$$\mathrm{UTC} = \mathrm{TT} - (64^{\mathrm{s}}.184 + 1999\ \text{年}\ 1\ \text{月以后的闰秒数}) \tag{6.12}$$

地球动力学时是地心时空标架的坐标时，用作卫星运动中的均匀时间尺度，相应运动方程中的自变量。地球动力学时 1991 年以后又称地球时 (TT)。

质心动力学时 TDB 是一种抽象的均匀时间尺度，用于计算月球、太阳和行星的历表，岁差、章动的计算公式也依据该时间尺度。质心动力学时 TDB 和地球时 TT 的差别是由相对论效应引起的。

$$\text{TDB} = \text{TT} + 0.001653^{\text{s}} \sin g + 0^{\text{s}}.00014 \sin 2g \tag{6.13}$$

式中，g——地月系质心绕日轨道的平近点角。

6.3.1.3 儒略世纪数

儒略日是指从儒略历公元前 4713 年 1 月 1 日格林尼治时间中午 12 点起算的累计天数，天的定义同世界时。天文年历中载有每年每月每日世界时 12 时的儒略日 (记作 JD)。2000 年 1 月 1.5 日的儒略日为 JD = 2451545.0。

现行公历 (格里高利 1582 年对儒略历改进后的历法) 的日期可以按下述公式转换为儒略日。给定年、月、日、时、分、秒分别为 Y, M, D, h, m, s，则

$$
\begin{aligned}
J =& D - 32075 + \left[\frac{1461}{4} \times \left(Y + 4800 + \left[\frac{M - 14}{12} \right] \right) \right] \\
&+ \left[\frac{367}{12} \times \left(M - 2 - \left[\frac{M - 14}{12} \right] \times 12 \right) \right] - \left[\frac{3}{4} \times \left[\frac{Y + 4900 + \left[\frac{M - 14}{12} \right]}{100} \right] \right]
\end{aligned}
\tag{6.14}
$$

式中，$[\,]$——取整运算符。

对应的儒略日为

$$\text{JD} = J - 0.5 + h/24 + m/1440 + \frac{s}{86400} \tag{6.15}$$

记 t 为从 J2000 算起的儒略世纪数，某一瞬间的儒略日为 JD，则

$$t = \frac{\text{JD} - 2451545.0}{36525} \tag{6.16}$$

为了方便常使用简略儒略日 MJD(公元 1858 年 11 月 17 日 0^{h}UT)

$$\text{MJD} = \text{JD} - 2400000.5 \tag{6.17}$$

6.3.2 坐标系统

6.3.2.1 坐标系定义

1) 地心赤道惯性坐标系 (J2000 坐标系)

地心赤道惯性坐标系简称惯性坐标系，代号为 S_i。原点 O_e 在地心上，x_i 轴在地球赤道平面内指向春分点，z_i 轴指向北地极，与地球自旋轴重合，y_i 与 x_i、z_i

轴呈右手正交系。

这是相对惯性空间静止或匀速运动的坐标系。它是卫星姿态与轨道运动的绝对参考基准。在此统一采用 J2000 惯性坐标系。J2000 的意思是 2000 年 1 月 1 日 12 点 (地球动力学时)，x_i 轴指向 J2000 历元的平春分点，为 J2000 平均赤道与 J2000 平均黄道的交点。

2) 轨道坐标系

轨道坐标系代号为 S_o。原点 O_o 在卫星质心上，z_o 轴在轨道平面内沿径向指向地心，y_o 轴与轨道平面负法线方向一致，x_o 轴在轨道平面指向前进方向，与 y_o、z_o 轴呈右手正交系。

S_o 系是对地定向三轴稳定卫星的姿态运动相对参考基准坐标系。当只研究卫星相对于标称运动的摄动运动时，S_o 系可视为惯性参考基准。

3) 本体坐标系

本体坐标系代号 S_o，原点 O_b 取在卫星质心上；x_b 轴为滚动轴，指向前进方向，y_b 轴为俯仰轴，指向轨道负法线方向 (第四象限)；z_b 轴为偏航轴，沿径向指向地心 (第一象限)，且 x_b、y_b、z_b 轴呈右手正交系。

6.3.2.2　姿态描述

1) 欧拉角

姿态角由轨道坐标系 $(O_o x_o y_o z_o)$ 按 3-1-2 旋转次序依次旋转 ψ、ϕ、θ 到本体坐标系 $(O_b x_b y_b z_b)$ 来定义，分别称为偏航角、滚动角和俯仰角，两个坐标系之间的转换关系为

$$
\begin{bmatrix} x_b \\ y_b \\ z_b \end{bmatrix} = \boldsymbol{R}_{bo} \begin{bmatrix} x_o \\ y_o \\ z_o \end{bmatrix} \tag{6.18}
$$

式中，

$$
\boldsymbol{R}_{bo} = \boldsymbol{A}_2(\theta) \boldsymbol{A}_1(\phi) \boldsymbol{A}_3(\psi)
$$

$$
= \begin{bmatrix}
\cos\theta\cos\psi - \sin\phi\sin\theta\sin\psi & \cos\theta\sin\psi + \sin\phi\sin\theta\cos\psi & -\cos\phi\sin\theta \\
-\cos\phi\sin\psi & \cos\phi\cos\psi & \sin\phi \\
\sin\theta\cos\psi + \sin\phi\cos\theta\sin\psi & \sin\theta\sin\psi - \sin\phi\cos\theta\cos\psi & \cos\phi\cos\theta
\end{bmatrix}
$$

2) 四元数

轨道坐标系 $O_o x_o y_o z_o$ 经 $\boldsymbol{q}'$、$\boldsymbol{q}''$、$\boldsymbol{q}'''$ 变换为本体坐标系 $O_b x_b y_b z_b$，可得各坐

标间变换的四元数为

$$q_0' = \cos\left(\frac{\psi}{2}\right), \quad q_1' = q_2' = 0, \quad q_3' = \sin\left(\frac{\psi}{2}\right)$$

$$q_0'' = \cos\left(\frac{\phi}{2}\right), \quad q_1'' = \sin\left(\frac{\phi}{2}\right), \quad q_2'' = q_3'' = 0 \quad\quad (6.19)$$

$$q_0''' = \cos\left(\frac{\theta}{2}\right), \quad q_1''' = 0, \quad q_2''' = \sin\left(\frac{\theta}{2}\right), \quad q_3''' = 0$$

那么，$q = q' \otimes q'' \otimes q'''$，将上式代入得

$$\begin{cases} q_0 = \cos\dfrac{\phi}{2}\cos\dfrac{\theta}{2}\cos\dfrac{\psi}{2} - \sin\dfrac{\phi}{2}\sin\dfrac{\theta}{2}\sin\dfrac{\psi}{2} \\[2mm] q_1 = \sin\dfrac{\phi}{2}\cos\dfrac{\theta}{2}\cos\dfrac{\psi}{2} - \cos\dfrac{\phi}{2}\sin\dfrac{\theta}{2}\sin\dfrac{\psi}{2} \\[2mm] q_2 = \cos\dfrac{\phi}{2}\sin\dfrac{\theta}{2}\cos\dfrac{\psi}{2} + \sin\dfrac{\phi}{2}\cos\dfrac{\theta}{2}\sin\dfrac{\psi}{2} \\[2mm] q_3 = \sin\dfrac{\phi}{2}\sin\dfrac{\theta}{2}\cos\dfrac{\psi}{2} + \cos\dfrac{\phi}{2}\cos\dfrac{\theta}{2}\sin\dfrac{\psi}{2} \end{cases} \quad\quad (6.20)$$

设轨道坐标系旋转到本体坐标系，对应的四元数为 q，如取轨道坐标四元数形式为 $r_{\text{o}} = [0 \quad x_{\text{o}} \quad y_{\text{o}} \quad z_{\text{o}}]$，本体坐标四元数形式为 $r_{\text{b}} = [0 \quad x_{\text{b}} \quad y_{\text{b}} \quad z_{\text{b}}]$，那么 $r_{\text{b}} = q^* \otimes r_0 \otimes q$。即

$$\begin{bmatrix} 0 \\ x_{\text{b}} \\ y_{\text{b}} \\ z_{\text{b}} \end{bmatrix} = \begin{bmatrix} q_0 & q_1 & q_2 & q_3 \\ -q_1 & q_0 & q_3 & -q_2 \\ -q_2 & -q_3 & q_0 & q_1 \\ -q_3 & q_2 & -q_1 & q_0 \end{bmatrix} \begin{bmatrix} q_0 & -q_1 & -q_2 & -q_3 \\ q_1 & q_0 & q_3 & -q_2 \\ q_2 & -q_3 & q_0 & q_1 \\ q_3 & q_2 & -q_1 & q_0 \end{bmatrix} \begin{bmatrix} 0 \\ x_{\text{o}} \\ y_{\text{o}} \\ z_{\text{o}} \end{bmatrix}$$

$$= \begin{bmatrix} 1 & 0 & 0 & 0 \\ 0 & l_{11} & l_{12} & l_{13} \\ 0 & l_{21} & l_{22} & l_{23} \\ 0 & l_{31} & l_{32} & l_{33} \end{bmatrix} \begin{bmatrix} 0 \\ x_{\text{o}} \\ y_{\text{o}} \\ z_{\text{o}} \end{bmatrix} \quad\quad (6.21)$$

式中，

$$\begin{array}{lll} l_{11} = q_0^2 + q_1^2 - q_2^2 - q_3^2, & l_{21} = 2(q_1q_2 - q_0q_3), & l_{31} = 2(q_3q_1 + q_0q_2) \\ l_{12} = 2(q_1q_2 + q_0q_3), & l_{22} = q_0^2 - q_1^2 + q_2^2 - q_3^2, & l_{32} = 2(q_2q_3 - q_0q_1) \\ l_{13} = 2(q_3q_1 - q_0q_2), & l_{23} = 2(q_2q_3 + q_0q_1), & l_{33} = q_0^2 - q_1^2 - q_2^2 + q_3^2 \end{array}$$

通过比较欧拉角与四元数表示的坐标变换，可得

$$\begin{cases} \phi = \arcsin[2(q_2q_3 + q_0q_1)] \\[2mm] \theta = \arctan\left[\dfrac{2(q_1q_3 - q_0q_2)}{[1 - 2(q_0{}^2 + q_3{}^2)]}\right] \\[2mm] \psi = \arctan\left[\dfrac{2(q_1q_2 - q_0q_3)}{[1 - 2(q_0{}^2 + q_3{}^2)]}\right] \end{cases} \tag{6.22}$$

6.3.3 动力学建模

6.3.3.1 卫星轨道运动方程

对于航天器运动方程的数值解法，通常采用位置矢量 r 和速度矢量 $\dot{r}$ 作为变量，其初值问题的提法是 [38]

$$\begin{cases} \ddot{r} = a\,(r, \dot{r}, t) \\ r\,(t_0) = r_0 \\ \dot{r}\,(t_0) = \dot{r}_0 \end{cases} \tag{6.23}$$

采用这种变量的原因是，方程右函数的形式简单。而计算效率的高低往往取决于右函数是否简单。这种选择的缺点是右函数包含无摄部分，变化快，在一定精度要求下，积分步长往往被限制得很小。

式 (6.23) 的右函数 a 可分为两部分

$$a_0 = -\frac{\mu}{r^2}\left(\frac{r}{r}\right)$$
$$a_\varepsilon = a_\varepsilon\,(r, \dot{r}, t, \varepsilon) \tag{6.24}$$

式中，a_0——二体问题下的卫星加速度；

a_ε——其他摄动力的卫星加速度，包括引力摄动和非引力摄动两部分。

$$a_\varepsilon = a_\mathrm{g} + a_\mathrm{ng}$$
$$F_\varepsilon = F_\mathrm{g} + F_\mathrm{ng} \tag{6.25}$$

其中，

$$a_\mathrm{g} = a_\mathrm{NS} + a_\mathrm{NB} + a_\mathrm{TIDE} + a_\mathrm{RO} + a_\mathrm{REL} \tag{6.26}$$

$$a_\mathrm{ng} = a_\mathrm{DG} + a_\mathrm{SR} + a_\mathrm{ER} + a_\mathrm{RAD} \tag{6.27}$$

式中，a_NS——地球非球形摄动；

a_NB——日月引力摄动；

a_{TIDE}——潮汐摄动,包括固体潮、海潮和大气潮摄动;

a_{RO}——地球自转形变附加摄动;

a_{REL}——后牛顿效应摄动;

a_{DG}——大气阻力摄动;

a_{SR}——太阳直射辐射压摄动;

a_{ER}——地球反照辐射压摄动;

a_{RAD}——卫星本体辐射摄动。

根据上面的描述,航天器的运动方程可以写成

$$
\ddot{\boldsymbol{r}} = \begin{bmatrix} \ddot{r}_x \\ \ddot{r}_y \\ \ddot{r}_z \end{bmatrix} = \begin{bmatrix} a_{0x} + \dfrac{\partial \boldsymbol{a}_\varepsilon}{\partial x} \\[2mm] a_{0y} + \dfrac{\partial \boldsymbol{a}_\varepsilon}{\partial y} \\[2mm] a_{0z} + \dfrac{\partial \boldsymbol{a}_\varepsilon}{\partial z} \end{bmatrix} \tag{6.28}
$$

即

$$
\begin{cases}
\dot{x} = v_x \\
\dot{y} = v_y \\
\dot{z} = v_z \\
\dot{v}_x = a_{0x} + a_{\varepsilon x} \\
\dot{v}_y = a_{0y} + a_{\varepsilon y} \\
\dot{v}_z = a_{0z} + a_{\varepsilon z}
\end{cases} \tag{6.29}
$$

6.3.3.2 空间轨道摄动模型

针对导航卫星的受摄环境,本节主要讨论地球非球形引力摄动、潮汐及地球自转形变摄动、日月引力摄动和太阳辐射摄动等模型[38]。

1) 地球非球形引力摄动

在地固坐标系中,地球非球形引力摄动的位函数是

$$
\boldsymbol{V} = \frac{\mu}{\boldsymbol{r}} \left\{ \sum_{l=1}^{\infty} \sum_{m=0}^{l} \left[\left(\frac{R_{\mathrm{e}}}{\boldsymbol{r}} \right)^l \overline{P}_{lm} \left(\sin\varphi \right) \left(\overline{C}_{lm} \cos m\lambda + \overline{S}_{lm} \sin m\lambda \right) \right] \right\} \tag{6.30}
$$

式中,$\overline{P}_{lm} \left(\sin\varphi \right)$——归一化的缔合勒让德函数;

$\boldsymbol{r}, \varphi, \lambda$——地心指向航天器质心的矢量、纬度和经度;

$\overline{C}_{lm}, \overline{S}_{lm}$——归一化的地球引力场系数。

本节采用 JGM-3 的 70×70 阶引力模型;

由式 (6.30)，在地固坐标系中地球非球形引力摄动加速度为

$$
\boldsymbol{a}_{\mathrm{NSB}} = \frac{\partial \boldsymbol{V}}{\partial \boldsymbol{r}} = \begin{bmatrix} \dfrac{\partial \boldsymbol{V}}{\partial x} \\[2mm] \dfrac{\partial \boldsymbol{V}}{\partial y} \\[2mm] \dfrac{\partial \boldsymbol{V}}{\partial z} \end{bmatrix} = \begin{bmatrix} \dfrac{\partial \boldsymbol{V}}{\partial \boldsymbol{r}}\dfrac{\partial \boldsymbol{r}}{\partial x} + \dfrac{\partial \boldsymbol{V}}{\partial \varphi}\dfrac{\partial \varphi}{\partial x} + \dfrac{\partial \boldsymbol{V}}{\partial \lambda}\dfrac{\partial \lambda}{\partial x} \\[2mm] \dfrac{\partial \boldsymbol{V}}{\partial \boldsymbol{r}}\dfrac{\partial \boldsymbol{r}}{\partial y} + \dfrac{\partial \boldsymbol{V}}{\partial \varphi}\dfrac{\partial \varphi}{\partial y} + \dfrac{\partial \boldsymbol{V}}{\partial \lambda}\dfrac{\partial \lambda}{\partial y} \\[2mm] \dfrac{\partial \boldsymbol{V}}{\partial \boldsymbol{r}}\dfrac{\partial \boldsymbol{r}}{\partial z} + \dfrac{\partial \boldsymbol{V}}{\partial \varphi}\dfrac{\partial \varphi}{\partial z} + \dfrac{\partial \boldsymbol{V}}{\partial \lambda}\dfrac{\partial \lambda}{\partial z} \end{bmatrix} \tag{6.31}
$$

式中，

$$
\begin{cases} \dfrac{\partial \boldsymbol{r}}{\partial x} = \dfrac{x}{\boldsymbol{r}} \\[2mm] \dfrac{\partial \boldsymbol{r}}{\partial y} = \dfrac{y}{\boldsymbol{r}}, \\[2mm] \dfrac{\partial \boldsymbol{r}}{\partial z} = \dfrac{z}{\boldsymbol{r}} \end{cases}
\begin{cases} \dfrac{\partial \varphi}{\partial x} = \dfrac{-xz}{\|\boldsymbol{r}\|^2 \sqrt{x^2+y^2}} \\[2mm] \dfrac{\partial \varphi}{\partial y} = \dfrac{-yz}{\|\boldsymbol{r}\|^2 \sqrt{x^2+y^2}}, \\[2mm] \dfrac{\partial \varphi}{\partial z} = \dfrac{\sqrt{x^2+y^2}}{\|\boldsymbol{r}\|^2} \end{cases}
\begin{cases} \dfrac{\partial \lambda}{\partial x} = \dfrac{-y}{x^2+y^2} \\[2mm] \dfrac{\partial \lambda}{\partial y} = \dfrac{x}{x^2+y^2} \\[2mm] \dfrac{\partial \lambda}{\partial z} = 0 \end{cases}
$$

$$
\begin{cases} \dfrac{\partial \boldsymbol{V}}{\partial \boldsymbol{r}} = -\dfrac{\mu}{\|\boldsymbol{r}\|^2}\left[\displaystyle\sum_{n=2}^{\infty}(n+1)\overline{C}_{n0}\left(\dfrac{R_{\mathrm{e}}}{\boldsymbol{r}}\right)^n \overline{P}_n(\sin\varphi) \right. \\[4mm] \qquad\qquad \left. + \displaystyle\sum_{n=2}^{\infty}\sum_{m=1}^{n}(n+1)\overline{P}_{nm}(\sin\varphi)\boldsymbol{T}_{nm}\right] \\[6mm] \dfrac{\partial \boldsymbol{V}}{\partial \varphi} = \dfrac{\mu}{\boldsymbol{r}}\left[\displaystyle\sum_{n=2}^{\infty}(n+1)\overline{C}_{n0}\left(\dfrac{R_{\mathrm{e}}}{\boldsymbol{r}}\right)^n \dfrac{\partial \overline{P}_n(\sin\varphi)}{\partial \varphi} + \displaystyle\sum_{n=2}^{\infty}\sum_{m=1}^{n}(n+1)\dfrac{\partial \overline{P}_n(\sin\varphi)}{\partial \varphi}\boldsymbol{T}_{nm}\right] \\[6mm] \dfrac{\partial \boldsymbol{V}}{\partial \lambda} = \dfrac{\mu}{\boldsymbol{r}}\displaystyle\sum_{n=2}^{\infty}\sum_{m=1}^{n}\overline{P}_{nm}(\sin\varphi)\dfrac{\partial \boldsymbol{T}_{nm}}{\partial \lambda} \end{cases} \tag{6.32}
$$

其中，

$$
\boldsymbol{T}_{nm} = \left(\dfrac{R_{\mathrm{e}}}{\boldsymbol{r}}\right)^n \left[\overline{C}_{nm}\cos m\lambda + \overline{S}_{nm}\sin m\lambda\right]
$$

$$
\dfrac{\partial \boldsymbol{T}_{nm}}{\partial \lambda} = m\left(\dfrac{R_{\mathrm{e}}}{\boldsymbol{r}}\right)^n \left[\overline{S}_{nm}\cos m\lambda - \overline{C}_{nm}\sin m\lambda\right]
$$

$P_n (\sin \varphi)$ 的递推关系式如下:

$$
\begin{cases}
P_0 (\sin \varphi) = 0 \\
P_1 (\sin \varphi) = 1 \\
P_n (\sin \varphi) = \dfrac{\sqrt{(2n-1)(2n+1)}}{n} \sin \varphi P_{n-1} (\sin \varphi) - \dfrac{n-1}{n} \sqrt{\dfrac{2n+1}{2n-3}} P_{n-2} (\sin \varphi)
\end{cases}
\tag{6.33}
$$

$P_{nm} (\sin \varphi)$ 的递推关系式如下:

$$
\begin{cases}
P_{11} (\sin \varphi) = \sqrt{3} \cos \varphi \\
P_{nn} (\sin \varphi) = \sqrt{\dfrac{2n+1}{2n}} \cos \varphi P_{n-1,n-1} (\sin \varphi) \\
P_{nm} (\sin \varphi) = \sqrt{\dfrac{(2n-1)(2n+1)}{(n-m)(n+m)}} \sin \varphi P_{n-1,m} (\sin \varphi) \\
\qquad\qquad - \sqrt{\dfrac{(2n+1)(n-1-m)(n-1+m)}{(2n-3)(n+m)(n-m)}} P_{n-2,m} (\sin \varphi) \\
n \geqslant 2, m = 1, 2, \cdots, n-1
\end{cases}
\tag{6.34}
$$

$\dfrac{\partial P_n (\sin \varphi)}{\partial \varphi}$ 的递推关系式如下:

$$
\begin{cases}
\dfrac{\partial P_0 (\sin \varphi)}{\partial \varphi} = 0 \\
\dfrac{\partial P_1 (\sin \varphi)}{\partial \varphi} = \sqrt{3} \\
\dfrac{\partial P_n (\sin \varphi)}{\partial \varphi} = \dfrac{\sqrt{(2n-1)(2n+1)}}{n} \sin \varphi \dfrac{\partial P_{n-1} (\sin \varphi)}{\partial \varphi} - \dfrac{n-1}{n} \sqrt{\dfrac{2n+1}{2n-3}} \\
\qquad\qquad \times \dfrac{\partial P_{n-2} (\sin \varphi)}{\partial \varphi} + \dfrac{\sqrt{(2n-1)(2n+1)}}{n} \cos \varphi P_{n-1} (\sin \varphi)
\end{cases}
\tag{6.35}
$$

$\dfrac{\partial P_{nn} (\sin \varphi)}{\partial \varphi}$ 的递推关系式如下:

$$
\begin{cases}
\dfrac{\partial P_{11}(\sin\varphi)}{\partial\varphi} = -\sqrt{3}\sin\varphi \\[3mm]
\dfrac{\partial P_{nn}(\sin\varphi)}{\partial\varphi} = -n\sqrt{\dfrac{2n+1}{2n}}\sin\varphi P_{n-1,n-1}(\sin\varphi) \\[3mm]
\dfrac{\partial P_{nm}(\sin\varphi)}{\partial\varphi} = -\sqrt{\dfrac{(2n-1)(2n+1)}{n}}\left[\sin\varphi\dfrac{\partial P_{n-1}(\sin\varphi)}{\partial\varphi}+\cos P_{n-1,m}(\sin\varphi)\right] \\[5mm]
\qquad\qquad\qquad\times\sqrt{\dfrac{(2n+1)(n-1+m)(n-1-m)}{(2n-3)(n-m)(n+m)}}\dfrac{\partial P_{n-2,m}(\sin\varphi)}{\partial\varphi}
\end{cases}
\tag{6.36}
$$

2) 潮汐及地球自转形变摄动

由于地球并非一个严格的刚体，在日月引力的作用下，地球陆地、海洋和大气部分都会发生形变，地球的自转也会引起弹性形变，这些形变显然会改变地球的引力场模型，产生附加引力位，这些附加引力位对卫星的影响就称为地球形变摄动。

包含固体潮、海潮、大气潮和地球自转形变附加摄动的位函数也可表示为

$$
U = \frac{\mu}{r}\left\{\sum_{l=2}^{\infty}\sum_{m=0}^{l}\left[\left(\frac{R_{\mathrm{e}}}{r}\right)^{l}\overline{P}_{lm}(\sin\varphi)\left(\overline{C}_{lm}^{*}\cos m\lambda + \overline{S}_{lm}^{*}\sin m\lambda\right)\right]\right\}
\tag{6.37}
$$

式中，

$$
\begin{cases}
\overline{C}_{lm}^{*} = \overline{C}_{lm} + (\Delta\overline{C}_{lm})_{\mathrm{ST}} + (\Delta\overline{C}_{lm})_{\mathrm{OT}} + (\Delta\overline{C}_{lm})_{\mathrm{AT}} + (\Delta\overline{C}_{lm})_{\mathrm{RO}} \\[2mm]
\overline{S}_{lm}^{*} = \overline{S}_{lm} + (\Delta\overline{S}_{lm})_{\mathrm{ST}} + (\Delta\overline{S}_{lm})_{\mathrm{OT}} + (\Delta\overline{S}_{lm})_{\mathrm{AT}} + (\Delta\overline{S}_{lm})_{\mathrm{RO}}
\end{cases}
\tag{6.38}
$$

其中，$\overline{C}_{lm}^{*},\overline{S}_{lm}^{*}$——归一化地球引力场系数；

$(\Delta\overline{C}_{lm})_{\mathrm{ST}},(\Delta\overline{S}_{lm})_{\mathrm{ST}}$——固体潮形变位系数；

$(\Delta\overline{C}_{lm})_{\mathrm{OT}},(\Delta\overline{S}_{lm})_{\mathrm{OT}}$——海潮形变位系数；

$(\Delta\overline{C}_{lm})_{\mathrm{AT}},(\Delta\overline{S}_{lm})_{\mathrm{AT}}$——大气潮形变位系数；

$(\Delta\overline{C}_{lm})_{\mathrm{RO}},(\Delta\overline{S}_{lm})_{\mathrm{RO}}$——地球自转形变位函数；

固体潮形变位函数 $(\Delta\overline{C}_{lm})_{\mathrm{ST}},(\Delta\overline{S}_{lm})_{\mathrm{ST}}$ 分为两部分

$$
\begin{cases}
(\Delta\overline{C}_{lm})_{\mathrm{ST}} = (\Delta\overline{C}_{lm})_{\mathrm{ST1}} + (\Delta\overline{C}_{lm})_{\mathrm{ST2}} \\[3mm]
(\Delta\overline{S}_{lm})_{\mathrm{ST}} = (\Delta\overline{S}_{lm})_{\mathrm{ST1}} + (\Delta\overline{S}_{lm})_{\mathrm{ST2}}
\end{cases}
\tag{6.39}
$$

其中第一项 $(\Delta \overline{C}_{lm})_{\mathrm{ST1}}, (\Delta \overline{S}_{lm})_{\mathrm{ST1}}$ 为

$$
\begin{cases}
(\Delta \overline{C}_{lm})_{\mathrm{ST1}} = k_{lm} \sum_{j=1}^{2} \left(\frac{m_j'}{M_{\mathrm{e}}}\right) \left(\frac{R_{\mathrm{e}}}{r_j'}\right)^{l+1} \dfrac{\overline{P}_{lm}\left(\sin \varphi_j'\right) \cos m\lambda_j^*}{2l+1} \\[3mm]
(\Delta \overline{S}_{lm})_{\mathrm{ST1}} = k_{lm} \sum_{j=1}^{2} \left(\frac{m_j'}{M_{\mathrm{e}}}\right) \left(\frac{R_{\mathrm{e}}}{r_j'}\right)^{l+1} \dfrac{\overline{P}_{lm}\left(\sin \varphi_j'\right) \sin m\lambda_j^*}{2l+1}
\end{cases}
\tag{6.40}
$$

式中，k_{lm} 是 Love 数 (按弹性地球模型，Love 数取值见表 6.3)，$j=1,2$ 分别对应太阳和月球，r_j' 为日月到地心的距离，φ_j' 是日月的赤纬，$\lambda_j^* = \lambda' + \nu$ 为日月的赤经加一个滞后角 ν，因为潮峰方向并不是当时的日月方向，ν 的值在 $1° \sim 2°$。

表 6.3　地球固体潮 Love 数

l	m	k_{lm}
2	0	0.29525
2	1	0.29470
2	2	0.29801
3	0	0.093
3	1	0.093
3	2	0.093
3	3	0.094

实际中 Love 数 k_{lm} 并不是常数，它与引潮位的频率相关，所以对系数 $(\Delta \overline{C}_{lm})_{\mathrm{ST}}$，$(\Delta \overline{S}_{lm})_{\mathrm{ST}}$ 需做进一步修正，因而有 $(\Delta \overline{C}_{lm})_{\mathrm{ST2}}$，$(\Delta \overline{S}_{lm})_{\mathrm{ST2}}$

$$
\begin{cases}
(\Delta \overline{C}_{lm})_{\mathrm{ST2}} = \dfrac{(-1)^m}{R_{\mathrm{e}}\sqrt{4\pi\left(1+\delta_{0m}\right)}} \sum_{S} (k_{Sm} - k_{lm}) H_S \cdot \begin{cases} \cos \theta_S, & (l-m) \text{ 为偶数} \\ \sin \theta_S, & (l-m) \text{ 为奇数} \end{cases} \\[5mm]
(\Delta \overline{S}_{lm})_{\mathrm{ST2}} = \dfrac{(-1)^m}{R_{\mathrm{e}}\sqrt{4\pi\left(1+\delta_{0m}\right)}} \sum_{S} (k_{Sm} - k_{lm}) H_S \cdot \begin{cases} -\sin \theta_S, & (l-m) \text{ 为偶数} \\ +\cos \theta_S, & (l-m) \text{ 为奇数} \end{cases}
\end{cases}
\tag{6.41}
$$

式中，$\sum\limits_{S}$——表示对引潮位格分潮波 S 求和；

k_{Sm}——瓦尔模型中对应频率 S 的引潮位 Love 数；

H_S——分潮波 S 的平均幅值；

δ_{0m}——格林尼治算子；

θ_S——分潮波 S 的相位

$$
\theta_S = n_S \cdot \beta = n_1^S \tau + n_2^S S + n_3^S h + n_4^S p + n_5^S N' + n_6^S p_1
\tag{6.42}
$$

其中, n_S, β 分别为 Doodson 引数和 Doodson 变量。

海潮形变位系数 $(\Delta\overline{C}_{lm})_{\mathrm{OT}}$, $(\Delta\overline{S}_{lm})_{\mathrm{OT}}$ 可由下式计算:

$$
\begin{cases}
(\Delta\overline{C}_{lm})_{\mathrm{OT}} = F_{lm}\sum_k \left[\left(C_{lmk}^+ + C_{lmk}^-\right)\cos\theta_k + \left(S_{lmk}^+ + S_{lmk}^-\right)\sin\theta_k \right] \\[2mm]
(\Delta\overline{S}_{lm})_{\mathrm{OT}} = F_{lm}\sum_k \left[\left(S_{lmk}^+ - S_{lmk}^-\right)\cos\theta_k + \left(C_{lmk}^+ - C_{lmk}^-\right)\sin\theta_k \right] \\[2mm]
F_{lm} = \dfrac{4\pi R_{\mathrm{e}}^2 \rho_\omega}{M_{\mathrm{e}}}\left[\dfrac{(l+m)!}{(l-m)!\,(2l+1)\,(1+\delta_{0m})} \right]^{1/2}\left(\dfrac{1+k_l'}{2l+1} \right)
\end{cases} \tag{6.43}
$$

式中, ρ_ω——海水的平均密度;

$C_{lmk}^\pm, S_{lmk}^\pm$——k 分潮波的正向和逆向潮波系数, 单位是 cm;

k_l'——l 阶负荷 Love 数。

$$
\begin{cases}
k_2' = -0.3075, \quad k_3' = -0.195, \quad k_4' = -0.132 \\[1mm]
k_5' = -0.1032, \quad k_6' = -0.0892
\end{cases} \tag{6.44}
$$

大气潮来自日月引力对大气的引力作用和热辐射的作用, 它同样可以表示为对地球引力位系数的改正, 计算类似于海潮摄动的计算公式, 计算表达式如下:

$$
\begin{cases}
(\Delta\overline{C}_{lm})_{\mathrm{AT}} = F_{lm}\sum_k \left[\left(C_{lmk}^{A+} + C_{lmk}^{A-}\right)\cos\theta_k + \left(S_{lmk}^{A+} + S_{lmk}^{A-}\right)\sin\theta_k \right] \\[2mm]
(\Delta\overline{S}_{lm})_{\mathrm{AT}} = F_{lm}\sum_k \left[\left(S_{lmk}^{A+} - S_{lmk}^{A-}\right)\cos\theta_k + \left(C_{lmk}^{A+} - C_{lmk}^{A-}\right)\sin\theta_k \right] \\[2mm]
F_{lm} = \dfrac{4\pi R_{\mathrm{e}}^2 \rho_\omega}{M_{\mathrm{e}}}\left[\dfrac{(l+m)!}{(l-m)!\,(2l+1)\,(1+\delta_{0m})} \right]^{\frac{1}{2}}\left(\dfrac{1+k_l'}{2l+1} \right)
\end{cases} \tag{6.45}
$$

大气潮摄动一般只需考虑 S_2 分潮波的影响, 它对地球引力位归一化系数的影响为 $10^{-12}\sim 10^{-11}$, 最大的 S_2 分潮波的 2 次 2 阶项系数为

$$
\begin{cases}
C_{2,2,S_2}^{A+} = 0.1284\mathrm{cm} \\[1mm]
S_{2,2,S_2}^{A+} = -0.3179\mathrm{cm}
\end{cases} \tag{6.46}
$$

地球自转形变附加位也可以通过地球引力位函数展开式的系数变化来体现, 主

要表现在 $\overline{C}_{2,0}, \overline{C}_{2,1}, \overline{S}_{2,1}$ 上, 有

$$
\begin{cases}
(\overline{C}_{2,0})_{\mathrm{RO}} = -\dfrac{2}{3\sqrt{5}} \dfrac{R_{\mathrm{e}}^3}{GM_{\mathrm{e}}} k_2 n_{\mathrm{e}}^2 m_3 \\[3mm]
(\overline{C}_{2,1})_{\mathrm{RO}} = -\dfrac{1}{\sqrt{15}} \dfrac{R_{\mathrm{e}}^3}{GM_{\mathrm{e}}} k_2 n_{\mathrm{e}}^2 m_1 \\[3mm]
(\overline{S}_{2,1})_{\mathrm{RO}} = -\dfrac{1}{\sqrt{15}} \dfrac{R_{\mathrm{e}}^3}{GM_{\mathrm{e}}} k_2 n_{\mathrm{e}}^2 m_2
\end{cases} \tag{6.47}
$$

式中, n_{e}^2——地球自转平均角速度;

m_1, m_2, m_3 与地球自转三参数 (极移量 $x_{\mathrm{p}}, y_{\mathrm{p}}$, 日长变化 D) 有关,

$$
m_1 = x_{\mathrm{p}} \text{ rad}
$$
$$
m_2 = -y_{\mathrm{p}} \text{ rad}
$$
$$
m_3 = \frac{-D}{86400000 \text{ ms} \cdot \mathrm{d}^{-1}}
$$

3) 日月引力摄动

a. 力学模型

日月引力摄动的量级, 对于近地卫星有

$$
\varepsilon = \begin{cases}
0.6 \times 10^{-7}, & \text{太阳} \\
1.2 \times 10^{-7}, & \text{月亮}
\end{cases}
$$

对于远地卫星, 如同步卫星有

$$
\varepsilon = \begin{cases}
10^{-5}, & \text{太阳} \\
2 \times 10^{-5}, & \text{月亮}
\end{cases}
$$

而关于大行星的摄动, 木星的摄动量级为 $\varepsilon = 10^{-13}$, 其他大行星的摄动量级均小于木星, 在本节的精度要求下, 可以只考虑日月的摄动。

忽略日月的非球形引力作用, 可以将它们看成质点, 但是在高精度要求下, 地球不能看成质点, 考虑地球扁率二阶项摄动, 此时相应的摄动加速度为

$$
\begin{cases}
\boldsymbol{a}_{\mathrm{NB}} = -Gm' \left(\dfrac{\boldsymbol{\Delta}}{|\boldsymbol{\Delta}|^3} + \left(\dfrac{\partial V'}{\partial \boldsymbol{r}'} \right)^{\mathrm{T}} \right) \\[3mm]
\boldsymbol{\Delta} = \boldsymbol{r} - \boldsymbol{r}' \\[3mm]
V' = \dfrac{1}{r'} \left[1 - J_2 \left(\dfrac{R_{\mathrm{e}}}{r'} \right) P_2 (\sin \varphi') \right]
\end{cases} \tag{6.48}
$$

式中，m'——第三体 (日、月) 质量；

　　r'——第三体在历元地心赤道坐标系中的位置矢量；

　　Δ——第三体到卫星的距离。

对于太阳，地球扁率摄动量级在 10^{-11}，暂时忽略。所以对太阳的引力摄动加速度计算表达式为

$$\begin{cases} \boldsymbol{a}_{\mathrm{s}} = -Gm'\left(\dfrac{\boldsymbol{\Delta}}{|\boldsymbol{\Delta}|^3} + \dfrac{\boldsymbol{r}'}{r'^3} \right) \\[3mm] \boldsymbol{\Delta} = \boldsymbol{r} - \boldsymbol{r}' \end{cases}$$

月球的引力摄动加速度表达式为

$$\begin{cases} \boldsymbol{a}_{\mathrm{m}} = -Gm'\left(\dfrac{\boldsymbol{\Delta}}{|\boldsymbol{\Delta}|^3} + \dfrac{\boldsymbol{r}'}{r'^3}\left(1 - 3J_2\left(\dfrac{R_{\mathrm{e}}}{r'^3} \right)^2 \left(1 - \dfrac{3}{2}\sin^2\varphi' \right) \right) \right) \\[3mm] \boldsymbol{\Delta} = \boldsymbol{r} - \boldsymbol{r}' \\[3mm] \sin\varphi' = \dfrac{z'}{r'} \end{cases}$$

b. 日月轨道的计算

计算日月在 J2000 地心赤道系中的位置通常有两种方法：一种是精密星历法；另一种是平均轨道根数法。平均轨道根数法的计算精度在 $10^{-4} \sim 10^{-3}$，对于一般的精度要求已经足够了，但是对于高精度的轨道计算显然不能满足要求。因此，本节采用由美国喷气推进实验室 (JPL) 编制的精密星历 DE405。

4) 后牛顿效应摄动

这里主要考虑新引力理论对牛顿引力理论的修正。在这一框架下，航天器运动方程的修正主要涉及地球的一体 (作为非旋转体的球形地球) 引力效应以及地球自转和扁率效应，在历元地形坐标系中还有测地岁差引起的惯性力。这四种力引起的加速度公式如下：

$$\boldsymbol{a}_{\mathrm{PN}} = \boldsymbol{A}_1 + \boldsymbol{A}_2 + \boldsymbol{A}_3 + \boldsymbol{A}_4 \tag{6.49}$$

$$\boldsymbol{A}_1 = \frac{\mu}{c^3 r^3}\left\{ \left[2(\beta + \gamma)\frac{\mu}{r} - \gamma(\boldsymbol{v}\cdot\boldsymbol{v}) \right]\boldsymbol{r} + 2(1+\gamma)(\boldsymbol{r}\cdot\boldsymbol{v})\boldsymbol{v} \right\}$$

$$\boldsymbol{A}_2 = \frac{2\mu}{c^2 r^3}\left[\frac{3}{r^2}(\boldsymbol{r}\cdot\boldsymbol{J})(\boldsymbol{r}\times\boldsymbol{v}) + (\boldsymbol{v}\times\boldsymbol{J}) \right]\left(\frac{\mu\boldsymbol{J}}{c^2} \right)$$

$$\boldsymbol{A}_3 = \frac{1}{c^2} \left[-4\nabla \left(\frac{\mu}{r} R \right) + v^2 \nabla R - 4 \left(\boldsymbol{v} \cdot \nabla R \right) \boldsymbol{v} \right]$$

$$\boldsymbol{A}_4 = 2 \left(\boldsymbol{\Omega}_G \times \boldsymbol{v} \right)$$

式中，$R = -J_2 \left(\dfrac{\mu R_{\mathrm{e}}^2}{r^3} \right) \left(\dfrac{3}{2} \sin^2 \varphi - \dfrac{1}{2} \right)$；

$\boldsymbol{J} = J\boldsymbol{k},\ J = 9.8 \times 10^8 \mathrm{m}^2 \cdot \mathrm{s}^{-1}$；

$\boldsymbol{\Omega}_G = \dfrac{3}{2} \boldsymbol{V}_{\mathrm{se}} \times \left(\dfrac{\mu_{\mathrm{s}}}{c^2 R_{\mathrm{se}}^2} \right) \left(\dfrac{R_{\mathrm{se}}}{R_{\mathrm{se}}} \right)$；

∇——取梯度计算，$\nabla R = -\dfrac{GM}{R^2} \left(\dfrac{\boldsymbol{R}}{R} \right)$；

c——光速，$299792458\mathrm{m} \cdot \mathrm{s}^{-1}$；

μ, μ_{s}——地球和太阳的引力系数；

$\boldsymbol{r}, \boldsymbol{v}$——卫星在地心惯性系中的位置和速度矢量；

β, γ——相对论参数，对 Einstein 广义相对论其值为 1；

$\boldsymbol{R}_{\mathrm{se}}, \boldsymbol{V}_{\mathrm{se}}$——太阳的地心位置矢量和速度矢量；

$\boldsymbol{k}$——地球赤道面的法向单位矢量；

对于近地卫星，可以给出它们相对于地球中心引力加速度的量级，分别是

$$\varepsilon_1 = 10^{-9}, \quad \varepsilon_2 = 10^{-11}, \quad \varepsilon_3 = 10^{-12}, \quad \varepsilon_4 = 10^{-11}$$

因此后牛顿加速度实为小量，本节暂不考虑 A_2, A_3, A_4，只考虑 A_1，即广义相对论效应摄动。

5) 太阳直射辐射压摄动

光压摄动包括航天器受到的光压力和反射导致的作用力，其合力为

$$\boldsymbol{F}_{\mathrm{SR}} = - \oiint\limits_{(\omega)} \rho_{\mathrm{SR}} \cos\theta \left[(1 - \eta) \boldsymbol{L}_{\mathrm{SR}} + 2\eta (\cos\theta) \boldsymbol{n} \right] \mathrm{d}\omega \tag{6.50}$$

这里积分区域 (ω) 为遍及航天器承受光压力的表面部分。ρ_{SR} 为光压强度，地球表面的光压强度为 $\rho_{\mathrm{SR0}} = 4.5605 \times 10^{-6} \mathrm{N} \cdot \mathrm{m}^{-2}$。若记地面的日地距离为 $|\boldsymbol{\Delta}|_0$，航天器所在处的太阳距离为 $|\boldsymbol{\Delta}|$，则

$$\rho_{\mathrm{SR}} = \frac{|\boldsymbol{\Delta}|_0^2}{|\boldsymbol{\Delta}|^2} \rho_{\mathrm{SR0}} \tag{6.51}$$

式中，$\boldsymbol{L}_{\mathrm{SR}}$——辐射源的单位矢量；

$\boldsymbol{n}$——面积元的法向量；

θ——$\hat{\boldsymbol{L}}_{\mathrm{SR}}$ 和 $\boldsymbol{n}$ 的夹角；

η——该面元的反射系数，完全发射是 $\eta=1$，通常 $0 < \eta < 1$。

设 $S(t)$ 为航天器承受光压作用的有效截面积，则光压摄动加速度可以简化为

$$\begin{cases} \boldsymbol{a}_{\mathrm{SR}} = (1+\eta)\dfrac{S}{m}(t)\rho_{\mathrm{SR}}\left(\dfrac{\boldsymbol{\Delta}}{\boldsymbol{\Delta}}\right) \\ \boldsymbol{\Delta} = \boldsymbol{r} - \boldsymbol{r}_s \end{cases} \tag{6.52}$$

计算航天器光压摄动时，还要考虑地影问题，因为在地影中光压为 0。假设 $\boldsymbol{r}_s$ 表示太阳方向的单位矢量 $D = \boldsymbol{r}\cdot\boldsymbol{r}_s$，当 D 为正时，说明航天器处在太阳光照下；当 D 为负时，计算矢量 $\boldsymbol{P}_r = \boldsymbol{r} - D\boldsymbol{r}_s$，该矢量垂直于 $\boldsymbol{r}_s$，如果 $\boldsymbol{P}_r$ 的模小于地球半径 R_e，则航天器在地影中。

6) 太阳反射辐射压摄动

太阳辐射对卫星运动的影响除了太阳直射辐射压摄动外，还包括地球反射对卫星的影响。这部分影响和地球红外辐射对卫星的压力共同构成了地球反照辐射压摄动。对于前者，当航天器处在地球中心上空时，径向加速度达到最大，处于昼夜交界处时，横向加速度达到最大，而处于黑夜一面时，摄动加速度为零。对于后者，即红外辐射，地球就是一个辐射源，对航天器主要产生径向加速度。两个摄动加速度分别用 $\boldsymbol{A}_a$ 和 $\boldsymbol{A}_e$ 来表示，则

$$\boldsymbol{a}_{\mathrm{ER}} = \boldsymbol{A}_a + \boldsymbol{A}_e \tag{6.53}$$

$$\boldsymbol{A}_a = \iint\limits_{\sigma}\left(\kappa\frac{S}{m}\rho_{\mathrm{SR}}\frac{\|\boldsymbol{\Delta}_0\|^2}{r_s^2}\right)\left(\frac{1}{\pi}\right)v_s\cos\theta_s\frac{I_a\cos\alpha}{\rho^2}\left(\frac{\boldsymbol{\rho}}{\rho}\right)\mathrm{d}\sigma$$

$$v_s = \begin{cases} 0, & \cos\theta_s \leqslant 0 \\ 1, & \cos\theta_s > 0 \end{cases} \tag{6.54}$$

$$\kappa = 1 + \eta$$

$$\boldsymbol{A}_e = \iint\limits_{\sigma}\left(\kappa\frac{S}{m}\rho_{\mathrm{SR}}\frac{|\boldsymbol{\Delta}|_0^2}{r_s^2}\right)\left(\frac{1}{4\pi}\right)\frac{I_e\cos\alpha}{\rho^2}\left(\frac{\boldsymbol{\rho}}{\rho}\right)\mathrm{d}\sigma \tag{6.55}$$

式中，θ_s——面积元 $\mathrm{d}\sigma$ 的法向量与太阳的地心位置矢量 $\boldsymbol{r}_s$ 方向的夹角；

$\boldsymbol{\rho}$——面积元 $\mathrm{d}\sigma$ 到卫星的矢量；

α——该面积元向量与 $\boldsymbol{\rho}$ 方向的夹角；

S——航天器有效截面积。

I_a 和 I_e 为地球返照系数和发射系数，由于各种复杂物理因素的影响无法给出精确的分析表达式，本节采用 Sehnal 给出的一个拟合式

$$I_a = 0.34 + 0.10\cos\left[\frac{2\pi}{365.25}(t-t_0)\right]\sin\varphi + 0.29(1.5\sin^2\varphi - 0.5) \tag{6.56}$$

$$I_\mathrm{e} = 0.68 - 0.07\cos\left[\frac{2\pi}{365.25}\left(t - t_0\right)\right]\sin\varphi - 0.18\left(1.5\sin^2\varphi - 0.5\right) \quad (6.57)$$

式中，φ 是地球表面辐射面积元的地心纬度；$(t - t_0)$ 的单位是平太阳日，t_0 是历元。该近似表达式反映了地球表面的区域性和季节性变化。

7) 卫星本体辐射摄动

由于卫星受到卫星内外热辐射的影响，卫星表面的温度并不均匀，热辐射不平衡产生的力对卫星的摄动称之为热辐射摄动。热辐射摄动依赖于卫星的形状、热学特性、散热模式、轨道特性以及卫星所处的热环境。对于不同的卫星采用不同的模型。

6.3.3.3 姿态动力学模型

由动量矩定理，可得卫星在本体坐标系下的动力学方程为 [39,40]

$$T = \frac{\mathrm{d}H}{\mathrm{d}t} = \dot{H} + \omega \times H \quad (6.58)$$

式中，T——星体所受的力矩，包括控制力矩和干扰力矩；

H——卫星包括反作用轮在内的角动量；

ω——卫星相对惯性坐标系的角速度在本体系的投影。

那么，将其表示成矩阵矢量形式为

$$\begin{bmatrix} T_x \\ T_y \\ T_z \end{bmatrix} = \begin{bmatrix} \dot{H}_x \\ \dot{H}_y \\ \dot{H}_z \end{bmatrix} + \begin{bmatrix} 0 & -\omega_z & \omega_y \\ \omega_z & 0 & -\omega_x \\ -\omega_y & \omega_x & 0 \end{bmatrix} \begin{bmatrix} H_x \\ H_y \\ H_z \end{bmatrix} \quad (6.59)$$

设 I 为包括反作用轮在内的整星惯性张量，J 为 r 个反作用轮的转动惯量组成的对角矩阵，Ω 为反作用轮阵列相对于卫星本体的角速度，则卫星总的角动量 H 为

$$H = H_\mathrm{b} + H_\omega = I\omega + CJ\Omega \quad (6.60)$$

根据角动量定理有

$$\dot{H} = \dot{H}_\mathrm{b} + \dot{H}_\omega = I\dot{\omega} + \omega \times I\omega + CJ\dot{\Omega} + \omega \times CJ\Omega = I\dot{\omega} + CJ\dot{\Omega} + \omega \times H = T_\mathrm{d} \quad (6.61)$$

式中，T_d——干扰力矩，包括重力梯度力矩、地磁力矩、气动力矩和太阳辐射力矩等。

对于反作用轮组，其动力学方程为 $J\dot{\Omega} = T_0$，其中，T_0 为反作用轮输出的控制力矩。

卫星受到的控制力矩 $T_\mathrm{c} = CT_0$，则得 $I\dot{\omega} = T_\mathrm{d} - \omega \times H - T_\mathrm{c}$。

6.3.3.4　姿态运动学模型

卫星在空间转动的角速度 $\boldsymbol{\omega}$ 在本体系下的投影用姿态角表示为

$$\begin{bmatrix} \omega_x \\ \omega_y \\ \omega_z \end{bmatrix} = \begin{bmatrix} \dot{\phi}\cos\theta - \dot{\psi}\cos\phi\sin\theta \\ \dot{\theta} + \dot{\psi}\sin\phi \\ \dot{\phi}\sin\theta + \dot{\psi}\cos\phi\cos\theta \end{bmatrix} + \boldsymbol{R}_{\mathrm{bo}} \begin{bmatrix} 0 \\ -\omega_0 \\ 0 \end{bmatrix} \tag{6.62}$$

在对地定向、姿态机动和姿态捕获模式下，为避免奇异性，卫星的姿态最好以本体坐标系 $\boldsymbol{S}_{\mathrm{b}}$ 相对于轨道坐标系 $\boldsymbol{S}_{\mathrm{o}}$ 的四元数表示。

以四元数 $\boldsymbol{q}$ 表示本体 $O_{\mathrm{b}}x_{\mathrm{b}}y_{\mathrm{b}}z_{\mathrm{b}}$ 相对于轨道坐标系 $O_{\mathrm{o}}x_{\mathrm{o}}y_{\mathrm{o}}z_{\mathrm{o}}$ 的姿态，$\boldsymbol{\omega}_{\mathrm{bo}}$ 也是本体相对于轨道坐标系的角速度，它在本体系中的分量用四元数表示为

$$\boldsymbol{\omega}_{\mathrm{bo}} = \begin{bmatrix} 0 & \omega_{\mathrm{box}} & \omega_{\mathrm{boy}} & \omega_{\mathrm{boz}} \end{bmatrix}^{\mathrm{T}}$$

因此有如下的四元数运动学方程：

$$\boldsymbol{\omega}_{\mathrm{bo}} = 2\boldsymbol{q}^* \otimes \dot{\boldsymbol{q}}$$

即

$$\begin{bmatrix} \dfrac{\mathrm{d}q_0}{\mathrm{d}t} \\[2mm] \dfrac{\mathrm{d}q_1}{\mathrm{d}t} \\[2mm] \dfrac{\mathrm{d}q_2}{\mathrm{d}t} \\[2mm] \dfrac{\mathrm{d}q_3}{\mathrm{d}t} \end{bmatrix} = \frac{1}{2} \begin{bmatrix} 0 & -\omega_{\mathrm{box}} & -\omega_{\mathrm{boy}} & -\omega_{\mathrm{boz}} \\ \omega_{\mathrm{box}} & 0 & \omega_{\mathrm{boz}} & -\omega_{\mathrm{boy}} \\ \omega_{\mathrm{boy}} & -\omega_{\mathrm{boz}} & 0 & \omega_{\mathrm{box}} \\ \omega_{\mathrm{boz}} & \omega_{\mathrm{boy}} & -\omega_{\mathrm{box}} & 0 \end{bmatrix} \begin{bmatrix} q_0 \\ q_1 \\ q_2 \\ q_3 \end{bmatrix} \tag{6.63}$$

研究星体的非惯性定向时，星体的角速度还与参考坐标系的角速度有关，即航天器本体相对惯性坐标系角速度 $\boldsymbol{\omega}$ 等于航天器本体坐标系相对轨道坐标系的旋转角速度矢量 $\boldsymbol{\omega}_{\mathrm{bo}}$ 与质心轨道坐标系相对于惯性坐标系的牵连角速度矢量 $\boldsymbol{\omega}_{\mathrm{oi}}$ 之和。用四元数表示得

$$\boldsymbol{\omega}_{\mathrm{oi}} = \begin{bmatrix} 0 & 0 & -\omega_0 & 0 \end{bmatrix}^{\mathrm{T}}$$

$$\boldsymbol{\omega} = \begin{bmatrix} 0 & \omega_x & \omega_y & \omega_z \end{bmatrix}^{\mathrm{T}}$$

于是，在本体坐标系下投影得

$$\boldsymbol{\omega} = 2\boldsymbol{q}^* \otimes \dot{\boldsymbol{q}} + \boldsymbol{q}^* \otimes \boldsymbol{\omega}_{\mathrm{oi}} \otimes \boldsymbol{q}$$

$$\dot{\boldsymbol{q}} = \frac{1}{2}(\boldsymbol{q} \otimes \boldsymbol{\omega} - \boldsymbol{\omega}_{\mathrm{oi}} \otimes \boldsymbol{q})$$

即

$$
\begin{bmatrix}
\dfrac{\mathrm{d}q_0}{\mathrm{d}t} \\[2mm]
\dfrac{\mathrm{d}q_1}{\mathrm{d}t} \\[2mm]
\dfrac{\mathrm{d}q_2}{\mathrm{d}t} \\[2mm]
\dfrac{\mathrm{d}q_3}{\mathrm{d}t}
\end{bmatrix}
= \frac{1}{2}
\begin{bmatrix}
0 & -\omega_x & -\omega_y & -\omega_z \\
\omega_x & 0 & \omega_z & -\omega_y \\
\omega_y & -\omega_z & 0 & \omega_x \\
\omega_z & \omega_y & -\omega_x & 0
\end{bmatrix}
\begin{bmatrix}
q_0 \\ q_1 \\ q_2 \\ q_3
\end{bmatrix}
$$

$$
- \frac{1}{2}
\begin{bmatrix}
0 & 0 & \omega_0 & 0 \\
0 & 0 & 0 & -\omega_0 \\
-\omega_0 & 0 & 0 & 0 \\
0 & \omega_0 & 0 & 0
\end{bmatrix}
\begin{bmatrix}
q_0 \\ q_1 \\ q_2 \\ q_3
\end{bmatrix}
\tag{6.64}
$$

式中，ω_0——轨道角速度。

6.3.3.5 挠性帆板模型

1) 带挠性帆板的卫星动力学方程

卫星动力学方程可表示为

$$
m_{\mathrm{T}} \frac{\mathrm{d}\boldsymbol{V}_{\mathrm{T}}}{\mathrm{d}t} + \sum_{i=1}^{m} \boldsymbol{B}_{\mathrm{trani}} \boldsymbol{q}_i = \boldsymbol{F}
$$

$$
\boldsymbol{I}_{\mathrm{T}} \dot{\boldsymbol{\omega}} + \dot{\boldsymbol{h}} + \boldsymbol{\omega} \times \boldsymbol{H}_{\mathrm{s}} + \sum_{i=1}^{m} \boldsymbol{B}_{\mathrm{roti}} \ddot{\boldsymbol{q}}_i = \boldsymbol{T} \tag{6.65}
$$

$$
\ddot{\boldsymbol{q}}_i + 2\zeta_i \boldsymbol{\Lambda}_i \dot{\boldsymbol{q}}_i + \boldsymbol{\Lambda}_i^2 \boldsymbol{q}_i + \boldsymbol{B}_{\mathrm{trani}}^{\mathrm{T}} \frac{\mathrm{d}\boldsymbol{V}_{\mathrm{T}}}{\mathrm{d}t} + \boldsymbol{B}_{\mathrm{roti}}^{\mathrm{T}} \dot{\boldsymbol{\omega}} = 0
$$

其中，m_{T}——卫星质量，包括帆板；

$\boldsymbol{I}_{\mathrm{T}}$——未变形时卫星的惯量矩阵，帆板展开；

$\boldsymbol{V}_{\mathrm{T}}$——卫星质心在惯性系下的速度矢量；

$\boldsymbol{\omega}$——卫星绝对角速度矢量；

$\boldsymbol{B}_{\mathrm{trani}}$——第 i 个挠性附件相对于卫星本体系的平动耦合系数；

$\boldsymbol{B}_{\mathrm{roti}}$——第 i 个挠性附件相对于卫星本体系的转动耦合系数；

$\boldsymbol{q}_i$——第 i 个挠性附件的模态坐标，表示为 $\boldsymbol{q}_i = (q_{i1}, q_{i2}, \cdots, q_{iN})$；

N——振型截断数；

$\boldsymbol{\Lambda}_i = \mathrm{diag}[\omega_{i1}, \omega_{i2}, \cdots, \omega_{iN}]$，$\omega_{iN}$ 为第 i 个挠性附件的第 N 阶频率；

ζ_i——第 i 个挠性附件的结构阻尼；

h——反作用轮角动量；

H_s——系统角动量，$H_s = I_T\omega + h$；

F——作用在卫星上的外力；

T——系统相对于质心的绝对力矩。

由方程组中第三个方程解出 $\ddot{q}_i$，代入前两个方程后，得到

$$\left(m_T E_3 - \sum_{i=1}^{m} B_{\mathrm{tran}i} B_{\mathrm{tran}i}^{\mathrm{T}}\right) \frac{\mathrm{d}V_T}{\mathrm{d}t} - \left(\sum_{i=1}^{m} B_{\mathrm{tran}i} B_{\mathrm{rot}i}^{\mathrm{T}}\right) \dot{\omega}$$

$$-\sum_{i=1}^{m} B_{\mathrm{tran}i} \left(2\zeta_i \Lambda_i \dot{q}_i + \Lambda_i^2 q_i\right) = F$$

$$\left(I_T - \sum_{i=1}^{m} B_{\mathrm{rot}i} B_{\mathrm{rot}i}^{\mathrm{T}}\right) \dot{\omega} - \left(\sum_{i=1}^{m} B_{\mathrm{rot}i} B_{\mathrm{tran}i}^{\mathrm{T}}\right) \frac{\mathrm{d}V_T}{\mathrm{d}t} + \dot{h} + \omega \times H_s \qquad (6.66)$$

$$-\sum_{i=1}^{m} B_{\mathrm{rot}i}^{\mathrm{T}} \left(2\zeta_i \Lambda_i \dot{q}_i + \Lambda_i^2 q_i\right) = T$$

$$\omega \times H_s - \sum_{i=1}^{m} B_{\mathrm{rot}i}^{\mathrm{T}} \left(2\zeta_i \Lambda_i \dot{q}_i + \Lambda_i^2 q_i\right) = T$$

式中，

$$B_{\mathrm{tran}i} = T_{S_iB} B_{\mathrm{tran}}^i, \quad B_{\mathrm{rot}i} = \tilde{I}_{\mathrm{p}i} B_{\mathrm{tran}i} + T_{S_iB} B_{\mathrm{rot}}^i$$

B_{tran}^i——第 i 个挠性帆板在帆板坐标系 $O_i X_i Y_i Z_i$ 中相对于 O_i 的平动耦合系数，由有限元分析结果给出；

B_{rot}^i——第 i 个挠性帆板在帆板坐标系 $O_i X_i Y_i Z_i$ 中相对于 O_i 的转动耦合系数，同样由有限元分析结果给出。

T_{S_iB}——第 i 个帆板坐标系到本体系的坐标转换矩阵。

2) 连续转动帆板动力学方程

旋转运动方程总结为

$$I_s \dot{\omega}_s + \tilde{\omega}_s I_s \omega_s + \sum_i \left(R_{\mathrm{ias}} \dot{\omega}_{iA} + B_{\mathrm{rot}i} \ddot{q}_i + \tilde{\omega}_s (R_{\mathrm{ias}} \omega_{iA} + B_{\mathrm{rot}i} \dot{q}_i)\right) = T_e$$

$$R_{\mathrm{isa}} \dot{\omega}_s + I_{ia} \dot{\omega}_{iA} + B_{\mathrm{rot}}^i \ddot{q}_i + (\tilde{\omega}_{iA})(R_{\mathrm{isa}} \omega_s + I_{ia} \omega_{iA} + B_{\mathrm{rot}}^i \dot{q}_i) = T_{\mathrm{ip}} \qquad (6.67)$$

$$\ddot{q}_i + 2\zeta_i \Lambda_i \dot{q}_i + \Lambda_i^2 q_i + B_{\mathrm{rot}i}^{\mathrm{T}} \dot{\omega}_s + B_{\mathrm{rot}}^i{}^{\mathrm{T}} \dot{\omega}_{iA} = 0$$

考虑反作用轮则变为

$$I_s \dot{\omega}_s + \tilde{\omega}_s I_s \omega_s + \tilde{\omega}_s h_w + \sum_i \left(R_{\mathrm{ias}} \dot{\omega}_{iA} + B_{\mathrm{rot}i} \ddot{q}_i + \tilde{\omega}_s (R_{\mathrm{ias}} \omega_{iA} + B_{\mathrm{rot}i} \dot{q}_i)\right) = T_e - \dot{h}_w$$

$$(6.68)$$

注：式 (6.67) 中 T_{ip} 为帆板受到的卫星本体的驱动及约束力矩和外力矩之和，但为了研究方便，可认为所有外干扰力矩均直接施加在整星系统中，即不考虑帆板单独受到的干扰力拒。由于帆板仅存在俯仰轴运动自由度，三个分量滚动轴和偏航轴分量为整星对其的约束力矩，只有俯仰轴为驱动力矩。约束力矩难于确定，同时帆板滚动、偏航轴对俯仰轴的耦合作用很小，为了研究方便，可认为帆板的一维转动满足：$T_{ip} = I_{iay} \dot{\omega}_{iAy}$。

由于帆板存在转动，耦合系数 B_{roti}、R_{ias} 和整星转动惯量 I_s 均为变量，需根据帆板转角实时计算。

3) 带连续转动挠性帆板的卫星动力学方程

带连续转动挠性帆板的卫星动力学方程如下：

$$m_T \frac{\mathrm{d}V_T}{\mathrm{d}t} + \sum_{i=1}^{m} B_{trani} \ddot{q}_i = F$$

$$I_s \dot{\omega}_s + \tilde{\omega}_s I_s \omega_s + \tilde{\omega}_s h_w + \sum_i (B_{roti} \ddot{q}_i + \tilde{\omega}_s (R_{ias} \omega_{iA} + B_{roti} \dot{q}_i))$$

$$= T_e - \dot{h}_w - \sum_i (R_{ias} \dot{\omega}_{iA}) \tag{6.69}$$

$$\ddot{q}_i + 2\zeta_i \Lambda_i \dot{q}_i + \Lambda_i^2 q_i + B_{trani}^T \frac{\mathrm{d}V_T}{\mathrm{d}t} + B_{roti}^T \dot{\omega}_s + B_{rot}^{i\,T} \dot{w}_{iA} = 0$$

6.4 任务、功能及指标

6.4.1 任务和功能

控制功能链的主要功能是保证卫星从入轨到寿命结束全任务期内的姿态和帆板指向以及工作轨道，以满足卫星对地覆盖、导航载荷与测控天线等对地指向、能源获取和稳定变轨等任务要求。具体功能要求如下：

(1) 具备在整个寿命期间相位调整和相位保持的能力；

(2) 在寿命末期，具备将卫星推离轨位的能力；

(3) 能够消除星箭分离初始姿态扰动，满足太阳帆板展开条件并完成太阳捕获；

(4) 控制卫星姿态指向满足导航载荷与测控天线等对地指向需求；

(5) 具备偏航机动控制能力，保证太阳矢量在 XOZ 平面内，且 $+X$ 面受照；

(6) 具备轨控期间姿态调整能力，满足轨控对姿态的要求；

(7) 具备控制帆板指向的功能，保证帆板对日控制精度；

(8) 具备自主运行能力 (非轨控期间)；

(9) 当出现异常时，保证能自主切换，卫星姿态仍满足对地姿态要求，保证导航信号不中断。

6.4.2　主要技术指标

控制功能链的主要技术指标要求如表 6.4 所示。

表 6.4　控制功能链的主要技术指标

类别	项目	指标
姿控指标	姿态控制误差	俯仰/滚动优于 $0.4°$，偏航优于 $2°$
	太阳帆板法向与太阳光线夹角	$\leqslant 3°$
	正常模式角速度控制误差	$< 0.05(°)\cdot s^{-1}$
	星体 $+X$ 面法线与太阳光线在水平面投影的夹角	$\leqslant 3°$
轨控指标	相位保持精度	相对相位差 $\pm 5°$
	轨位保持频度	优于 1 次/3 年
寿命	10 年	
可靠度	0.98(EOL，包含推进)	
故障恢复时间	$\leqslant 3h$	
中断次数	$\leqslant 0.04$ 次 · 年$^{-1}$	

6.5　组成和配套

导航卫星的控制功能链由姿态敏感器、执行部件以及控制器组成 (控制器软件包含在星载计算机中)，组成结构如图 6.4 所示。从图中可以看出，控制功能链没有

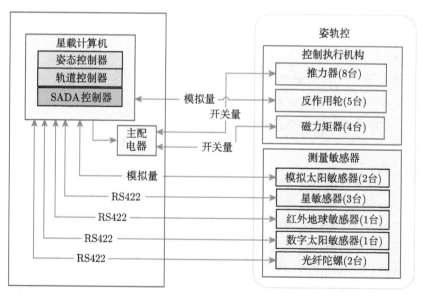

图 6.4　控制功能链系统组成

设单独控制计算机,软件运行在星载计算机中,由星载计算机进行集中式管理,控制功能链负责提出软件需求;推力器和磁力矩器驱动控制电路设置在总体电路的主配电器中,由总体电路负责完成。

控制功能链硬件产品包括星敏感器 3 台,模拟太阳敏感器 2 台,数字太阳敏感器 1 台,红外地球敏感器 1 台,光纤陀螺 2 台,磁力矩器 4 台,推力器 8 台,反作用轮 5 台,驱动线路盒 (SADE)1 台和驱动机构 2 台。

6.6 工作原理及技术方案

6.6.1 工作原理

控制功能链工作原理如图 6.5 所示。由敏感器输出信息进行预处理后确定出卫星的姿态信息,经过姿态确定算法得到估计的姿态角和角速度,根据当前预定目标姿态和确定姿态,进行姿态控制,得到控制器控制指令,指令分配后给各个执行机构 (反作用轮、推力器和磁力矩器以及帆板驱动装置 SADA) 驱动卫星运动。根据卫星工作模式不同,采用的敏感器和执行器不同,设计的控制器也不同。

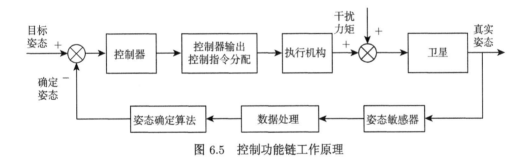

图 6.5 控制功能链工作原理

6.6.2 工作模式设计

根据卫星在寿命期间要完成的姿态和轨道控制任务,设计了相应的工作模式,包括:太阳捕获模式、地球捕获模式、正常工作模式和轨道控制模式等,如图 6.6 所示。在不同的工作模式下将完成不同的工作任务,具有相应不同的姿态。

6.6.2.1 太阳捕获模式

太阳捕获模式用于消除由卫星与上面级分离或卫星故障而引起的姿态角速度偏差。首先将三轴姿态角速率逐渐阻尼后使卫星稳定在惯性系中,然后控制星体转动,使卫星 $-Z_b$ 轴对日,确保整星能源供给。太阳捕获模式包括两个子模式:速率阻尼和对日定向。卫星在此模式开始阶段,姿态往往是任意的,需要通过控制来调整卫星姿态，以完成太阳捕获任务。

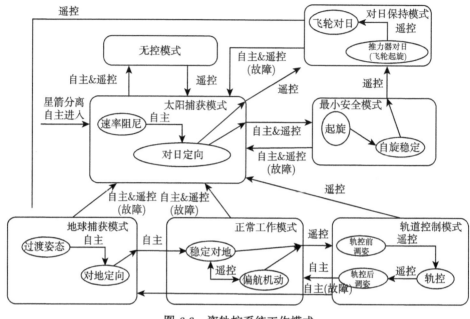

图 6.6　姿轨控系统工作模式

太阳捕获模式主要工作在卫星与上面级分离后或卫星发生严重故障后，在该模式下卫星姿态由推力器进行控制，主要测量敏感器为模拟太阳敏感器和陀螺。

6.6.2.2　最小安全模式

最小安全模式是卫星的整星安全工作模式，卫星完成对日后可自主或通过地面指令进入最小安全模式。该模式首先采用推力器控制卫星绕 $-Z_b$ 轴起旋，起旋角速度为 $(0.5 \sim 1(°) \cdot s^{-1})$，起旋后自主进入自旋稳定，自旋稳定期间执行器不工作，卫星处于被动稳定状态。

最小安全模式在卫星需要长时间对日或卫星发生故障完成太阳捕获后进入，用于卫星在轨的故障排除和故障恢复。在该模式下，卫星被动稳定，系统安全可靠。在故障恢复后需要转入正常工作模式前，由地面指令控制卫星退出最小安全模式。

6.6.2.3　对日保持模式

对日保持模式在最小安全模式结束后或在太阳捕获模式结束后进入，在该模式中，卫星保持 $-Z_b$ 轴对日，为卫星转为对地姿态做准备。卫星在对日保持模式首先由推力器对日稳定，在推力器对日稳定期间，地面指令控制反作用轮起旋至中心转速并保持在中心转速工作。地面判断反作用轮工作正常后，地面指令切换到轮控。当设置的反作用轮中心转速为零时，不需要经过反作用轮起旋阶段，即可直接转入轮控。

对日保持模式主要测量敏感器、模拟太阳敏感器与陀螺，对日保持结束后通过地面指令切换到地球捕获模式。

6.6.2.4 地球捕获模式

地球捕获模式为卫星由对日指向转为对地指向的过渡模式，主要用于卫星捕获对地姿态，使卫星 $+Z_b$ 轴指向地心。卫星在此模式下，初始姿态为 $-Z_b$ 轴对日，需要通过控制来调整卫星姿态，以完成地球捕获。

地球捕获模式包括两个子模式：过渡姿态和对地定向。过渡姿态为卫星对日姿态至红外地球敏感器捕获到地球前的中间状态；对地定向子模式为敏感器捕获到地球后利用其姿态信息，控制星体转向对地姿态的模式。

地球捕获采用以星敏感器 + 陀螺为主，模拟太阳敏感器 + 红外地球敏感器 + 陀螺为备份的方式，当采用星敏感器时可不经过过渡姿态直接进入对地定向阶段。

6.6.2.5 轨道控制模式

轨道控制模式的任务主要是完成相位捕获、相位保持和推离轨位。在轨道控制期间，为了克服由于发动机安装偏差及推力偏心产生的较大的扰动力矩，需要进行姿态控制以保持星体的姿态稳定。

轨道控制模式包括三个子模式：轨控前姿态调整、轨道控制和轨控后姿态调整。轨道控制期间采用四个斜装推力器进行轨道控制，通过 OFF 调制 (即关调制) 实现姿态控制，定姿部件以星敏感器 + 陀螺为主，备份为地球敏感器 + 太阳敏感器 + 陀螺。

6.6.2.6 正常工作模式

正常工作模式的主要任务是保证卫星 $+Z_b$ 轴指向地心，满足姿态控制精度优于 $0.4°$。同时实施偏航机动 (偏航角控制精度优于 $2.0°$) 以及帆板的一维转动，保证太阳帆板对日，以满足整星的热控和能源需求。

卫星主要工作在该模式下，用于执行导航任务，姿态确定以星敏感器为主，地球敏感器 + 太阳敏感器 + 陀螺为备份；采用反作用轮进行三轴姿态控制，以磁力矩器为主卸载反作用轮的角动量。当星敏感器定姿无法使用且卫星进入地影区时，采用地球敏感器与陀螺积分进行定姿或直接采用三轴陀螺积分确定姿态。

6.6.2.7 无控模式

无控模式为卫星自由飞行状态，此时关闭所有的载荷和姿态执行部件。该模式在帆板展开过程中或卫星出现系统故障无法自主排除和重构时使用。

6.6.3　单机安装设计

敏感器和执行器安装位置和精度要求参见表 6.5。星敏感器、数字太阳敏感器、红外地球敏感器、光纤陀螺在安装基准面都安装立方镜以保证敏感器安装和测量精度。

表 6.5　敏感器和执行器安装位置和精度

序号	设备名称	安装方位要求	安装和测量精度要求
1	星敏感器 A	安装在舱外卫星 $-Z$ 面，星敏感器 A 光轴 $+Z$ 轴位于星体 $Y_b Z_b$ 面内，与星体 $X_b Y_b$ 面夹角为 30°； 星敏感器 A 本体 $+Y$ 轴位于星体 $Y_b Z_b$ 面内，与星体 $X_b Y_b$ 面夹角为 60°； 星敏感器 A 本体 $+X$ 轴位于星体 $X_b Y_b$ 面内，方向同星体 $+X_b$ 轴	安装精度：0.5°，测量精度：36″
2	星敏感器 B	安装在舱外卫星 $-Z$ 面，星敏感器 B 光轴、$+Z$ 轴与星体 $X_b Y_b$ 面夹角度数为 30°，$+Z$ 轴在星体 $X_b Y_b$ 面投影与星体 $+X_b$ 方向夹角为 45°； 星敏感器 B 本体 $+Y$ 轴与星体 $X_b Y_b$ 面夹角为 60°，$+Y$ 轴在星体 $X_b Y_b$ 面投影与星体 $+Y_b$ 方向夹角为 45°； 星敏感器 B 本体 $+X$ 轴位于星体 $X_b Y_b$ 面内且 $+X$ 轴与星体 $-Y_b$ 轴夹角为 45°	安装精度：0.5°，测量精度：36″
3	星敏感器 C	安装在舱外卫星 $-Z$ 面，星敏感器 C 光轴 $+Z$ 与星体 $X_b Y_b$ 面夹角为 30°，在星体 $X_b Y_b$ 面投影与星体 $-X_b$ 方向夹角为 45°； 星敏感器 C 本体 $+Y$ 与星体 $X_b Y_b$ 面夹角为 60°，$+Y$ 轴在星体 $X_b Y_b$ 面投影与星体 $+Y_b$ 方向夹角为 45°； 星敏感器 C 的 $+X$ 轴位于星体 $X_b Y_b$ 面内且 $+X$ 轴与星体 $+Y_b$ 轴夹角为 45°	安装精度：0.5°，测量精度：36″
4	模拟太阳敏感器	模拟太阳敏感器 A/B 安装在舱外，分别安装于星体的体对角线附近，保证六个敏感面覆盖全天球。其中，模拟太阳敏感器 A 安装于卫星的载荷舱顶板靠近 $-Z$ 面，模拟太阳敏感器 B 安装于卫星的 $+Y$ 面	安装精度：0.5°
5	红外地球敏感器	红外地球敏感器位于舱外，安装于卫星的 $+Z$ 面，敏感器坐标系与卫星本体坐标系重合，方向相同，保证视场不受遮挡	安装精度：0.5°，测量精度：36″
6	数字太阳敏感器	数字太阳敏感器安装于舱外，位于卫星的 $+X$ 面，视轴与卫星 X 轴平行，指向卫星本体 $+X_b$ 轴方向，$+Y$ 轴指向星体 $-Y_b$ 轴，$+X$ 指向星体 $+Z_b$ 轴。保证视场不受遮挡	安装精度：0.5°，测量精度：36″
7	陀螺 A	陀螺 A 位于平台舱内底板，三个敏感轴与星体坐标轴 X、Y、Z 平行	安装精度：0.5°，测量精度：36″
8	陀螺 B	陀螺 B 安装在平台舱内 $-Y$ 板上，陀螺 B 的 $+X$ 轴与星体 $X_b Z_b$ 面夹角为 41.81°，$+X$ 轴在星体 $X_b Z_b$ 面投影与 $+Z_b$ 轴方向夹角为 63.44°； 陀螺 B 本体 $+Y$ 轴与星体 $X_b Y_b$ 面夹角 41.81°，$+Y$ 轴在星体 $X_b Y_b$ 面投影与星体 $+Y_b$ 轴夹角 63.44°； 陀螺 B 本体 $+Z$ 轴与星体 $X_b Z_b$ 面夹角 41.81°，$+Z$ 轴在星体 $X_b Z_b$ 面投影与星体 $+X_b$ 轴夹角 63.44°；	安装精度：0.5°，测量精度：36″

序号	设备名称	安装方位要求	安装和测量精度要求
9	磁力矩器X	位于平台舱内 $-Y$ 板上，与星体 X_b 轴平行，方向相同	安装精度优于 $60'$
10	磁力矩器Y	位于平台舱内 $-Z$ 板上，与星体 Y_b 轴平行，方向相同	安装精度优于 $60'$
11	磁力矩器Z1	位于平台舱内 $+Y$ 板上，与星体 Z_b 轴平行，方向相同	安装精度优于 $60'$
12	磁力矩器Z2	位于平台舱外 $+Y$ 板上，与星体 Z_b 轴平行，方向相同	安装精度优于 $60'$
13	反作用轮X	安装在平台舱内底板，与星体 X_b 轴平行，方向相反	安装精度：0.5°
14	反作用轮Y	安装在平台舱内底板，与星体 Y_b 轴平行，方向相同	安装精度：0.5°
15	反作用轮Z	安装在平台舱内底板，与星体 Z_b 轴平行，方向相同	安装精度：0.5°
16	反作用轮S1	安装在平台舱内底板，在卫星本体安装矩阵 $[-0.577, 0.577, -0.577]$	安装精度：0.5°
17	反作用轮S2	安装在平台舱内 $+Z$ 面，在卫星本体安装矩阵 $[0.698, -0.349, -0.629]$	安装精度：0.5°
18	推力器	安装在卫星 $+X$ 面，四个一组，对称斜装，推力器轴线在 XOZ 面内，与 $+X$ 方向夹角 25°	安装精度：优于 0.5°(1mm)

6.6.4 高可靠性及轻量化设计方案

为适应上面级一箭多星发射，整星重量不能高于 1080kg，为此要求各个功能链都要小型化、轻量化，同时具有高可靠性。为满足在轨任务和可靠性要求，同时解决小型化、轻量化，采用了以下措施：

(1) 利用上面级将卫星入轨远地点抬高 1000km，卫星西漂，进入预定地理经度附近降低轨道，从而节省卫星燃料，采用 50L 贮箱携带 38.5kg 燃料满足寿命期间推力器燃料消耗，且具有足够的余量。

(2) 在推力器配置上采用四个推力器进行姿态和轨道控制，同时备份一组，即采用八个推力器，具有冗余备份，数量小，且管路设计简单，安装在卫星同一面上，没有穿舱电缆和管路，以减小系统重量。

(3) 在单机设计上和研制厂家协同，采用小型化设计方案，具体体现在：磁力矩器从系统设计上减少外界干扰力矩的累积，从而可以降低磁矩，减轻磁力矩器重量；光纤陀螺采用三轴一体陀螺，两个光源，共用电子学部分，在结构设计上优化，减轻重量，重量控制在 4.2kg 内；星敏感器采用光学镜头、光机结构和电路一体化结构设计，以有效降低重量，使重量控制在 2.0kg 内；数字太阳敏感器和红外地球敏感器在总体设计和结构设计中进行了轻量化设计，将重量控制在 1.4kg 内和 3.2kg 内。

通过采用以上措施从系统设计和单机上实现了轻量设计，在配置上也具有充分冗余,可靠性指标满足要求。

导航卫星寿命长,是高可靠的业务卫星,对姿轨控功能链提出 0.98(2010 年末期) 高可靠性指标要求,为实现高可靠性采取了如下措施:

(1) 除了反作用轮和 SADA 外,系统中没有活动部件单机,地球敏感器采用静态红外地球敏感器,陀螺采用光纤陀螺,以提高单机可靠性。

(2) 采用单独星敏感器定姿,单独星敏感器可以完成卫星各个模式定姿,相比组合定姿模式 (陀螺 + 地敏 + 数字太敏) 大大提高了系统的可靠性。

(3) 系统采用异构备份,单机采用备份,具体冗余设计措施如下:推力器采用两组,其中一组冷备;反作用轮 5 台,任意三个可正常工作;星敏感器 3 台,任意一个工作可以定姿;采用陀螺 + 太敏 + 红外地球敏感器作为定姿异构备份。

(4) 软件设计上参数可以注入,解决单机极性异常、安装异常、参数设计不合理等缺陷,在软件异常时可以进行软件上注。

(5) 工作模式设计了最小安全模式,以保证系统在出现异常或重大事故时进入,最小安全模式采用最简单、最可靠的设计,卫星姿态被动稳定,可以在该模式下恢复卫星正常运行,最小安全模式的设计提高了控制系统乃至整星的可靠性。

通过单机冗余备份以及提高单机的可靠性,姿轨控可靠性指标可以达到 0.987。

6.6.5 自主运行设计

为实现整星自主运行,控制功能链从设计上也要具备自主运行的能力,即相关单机设备能够连续、自主、可靠地运行;能够自主控制卫星保持正确姿态,控制帆板维持正确指向;能够自主进行故障诊断和重构,并能够在重构期间保持卫星正确的姿态指向。

6.6.5.1 单机的高可靠和自主运行

控制功能链单机从设计上充分考虑了长寿命、高可靠的要求,针对辐照、静电等特殊的空间环境进行了相应的防护设计,能够保证自主运行期间的正常工作。另外,从单机的运控设计上看,各单机在进入正常工作模式后均能够自主运行,无须地面指令支持。

6.6.5.2 卫星姿态、帆板指向的自主控制

1) 自主定轨

导航卫星上有三种方式确定轨道:第一种是根据上注的测控定轨基准点外推当前轨道;第二种是根据导航载荷确定的轨道;第三种是天文导航即利用 "星敏 + 地敏" 自主定轨,此种定轨方式实现了完全不依赖地面的星上自主确定轨道,进一步增强了自主运行能力。

2) 姿态自主控制

卫星在完成入轨初期的标定、设置以及变轨后,进入正常工作模式。正常工作期间,利用星敏等姿态敏感器自主测量卫星姿态,根据星上预置的环境模型自主生成导引律 (即目标姿态),自主计算控制指令并驱动执行器控制卫星姿态。姿态控制过程完全自主,无须地面干预,能够满足导航自主运行任务提出的自主运行要求。

3) 帆板自主控制

在轨工作期间,帆板依据预置的控制律自主跟踪太阳,无须地面干预。

6.6.5.3 自主故障诊断

卫星正常运行期间,星上敏感器采用热备方式,通过自主的敏感器间互校验实现异常敏感器数据的剔除。另外,星上自主进行主份反作用轮的故障诊断,如发现故障自主进行重构。上述策略保证了控制功能链的自主连续运行。

6.6.6 软件设计

6.6.6.1 软件组成

软件运行在星载计算机中,包括姿轨控软件、轨道外推软件和帆板控制软件三个配置项,如图 6.7 所示。

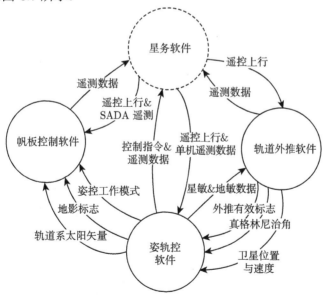

图 6.7 软件组成及数据流示意图

6.6.6.2 姿轨控软件配置项

姿轨控软件配置项能够完成姿态确定、姿态控制、轨道控制和故障诊断等功能，划分为 9 个模块，分别为模式管理模块、环境模型模块、数据预处理模块、故障诊断与重构模块、姿态确定模块、导引律生成模块、姿态控制模块、轨道控制模块和指令分配模块。另外本配置项还包括底层数学运算模块，即数学运算模块和坐标转换模块，供以上 9 个模块调用，如图 6.8 所示。

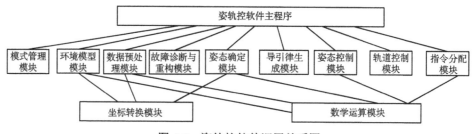

图 6.8　姿轨控软件调用关系图

6.6.6.3　轨道外推软件配置项

轨道外推软件配置项按照功能模块划分为五个模块，分别为轨道外推点上注管理模块、轨道外推策略管理模块、测控轨道外推模块、星历外推模块和天文导航模块。数据流如图 6.9 所示。

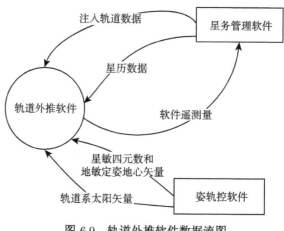

图 6.9　轨道外推软件数据流图

6.6.6.4　帆板控制软件配置项

帆板控制软件配置项按照功能模块划分为五个模块，如图 6.10 所示，分别为无控帆板展开控制模块、参数定义和初始化模块、故障处理模块、自主控制模块、指令序列管理模块。帆板控制软件在卫星与上面级分离后开始运行，主要实现各个姿轨控模式下帆板转动控制算法。

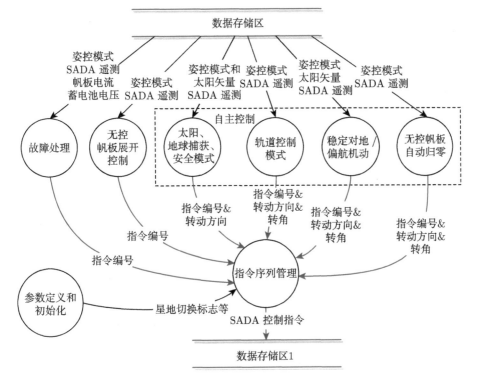

图 6.10　帆板控制软件 2 级数据流

6.7　敏感器和执行器选型以及配置

以往导航卫星都选用"地球敏感器 + 数字太阳敏感器 + 陀螺"作为主敏感器进行姿态确定，考虑到高可靠、高精度以及长寿命陀螺处于攻关状态，进口受限，红外地球敏感器进口件和国产件在轨均多次出现问题。而星敏感器无活动部件，国内团队具有产品优势，作者团队另辟蹊径，采取了创新的单独星敏感器定姿作为姿态确定主方案，同时考虑到姿控对于成败的突出作用，配置 3 台星敏感器；并以"地球敏感器 + 数字太阳敏感器 + 陀螺"作为应急备份方案。考虑到反作用轮作为活动部件是可靠性薄弱的环节，配置 5 套，三正装两斜装，通过安装保证任何一套反作用轮失效都不影响系统正常工作，两套失效也不影响系统控制功能。考虑到 X 卸载的重要性，选择配置两套磁力矩器，其他两个方向 Y、Z 各配置一套磁力矩器。为便于批量生产、模块化，采用创新的四个推力器斜装推进方案，并设置两套增加可靠性。最终确定的控制功能链的配置如下。

每颗星的控制功能链都包括星敏感器 3 台，模拟太阳敏感器 2 台，数字太阳敏感器 1 台，红外地球敏感器 1 台，三轴光纤陀螺 2 台，磁力矩器 4 根，推力器 8 台，反作用轮 5 台，驱动线路盒 1 台和帆板驱动机构 2 台。

6.7.1 敏感器

敏感器是卫星用来确定自身姿态的设备，配有星敏感器、红外地球敏感器、数字太阳敏感器和光纤陀螺等几类。

6.7.1.1 星敏感器

1) 任务和功能

星敏感器是实现卫星控制功能链的单独星敏定姿的核心组成部件，用来测量恒星在星敏感器坐标系中的方位，确定卫星相对于惯性空间的三轴姿态。为适应导航卫星空间环境辐射剂量高的特点，选用 APS(有源像素传感器) 型星敏感器。3 个星敏感器背地倾斜安装在 $-Z$ 轴，避免同时有阳光进入不能定姿，此外，要特别注意杂光的抑制。安装、热控由结构热功能链保证。

2) 配套和技术指标

整星装载 3 台星敏感器，主要技术指标如表 6.6 所示。

表 6.6　星敏感器主要技术指标

序号	指标	要求
1	视场	20° 圆视场
2	测量精度	$\leqslant 20°(3\sigma)$(角速度小于 $0.2(°)\cdot s^{-1}$)
3	捕获角速率	$\geqslant 1(°)\cdot s^{-1}$
4	数据更新率	10Hz
5	太阳抑制角	30°
6	初始捕获时间	$\leqslant 8s$
7	可靠度	459fit*
8	长期功耗 (平均功耗)	$\leqslant 9W$(不制冷); $\leqslant 14W$(制冷)

注：* fit 指菲特，定义是 10^9 以内出现一次故障为 1fit。

3) 工作原理

星敏感器是以恒星为参照依据，以光敏感探测器为核心的姿态测量设备，主要由外围电路部分、信号检测部分、模拟信号处理部分、数据采集存储部分、数据处理部分以及对外接口部分组成，如图 6.11 所示。信号检测模块即星敏感器探头包括遮光罩、光学系统、探测器几个部分，被捕获到的星体经过光学镜头进行成像，然后由探测器把星体的光能量转换为电信号，此电信号通过处理后，被送入数据采集存储部分再进行数据采集处理。当探测器捕获到的星图按数字的方式存储于内存中时，数据处理模块便会对已经数字化后的星图进行星点提取和星点坐标计算以及星图识别处理，并将星体所形成的像点与导航星库进行匹配，经分析可得到与像点相互对应的星体在天球坐标系中的位置坐标,最后由此指向完成卫星姿态最终的确定。

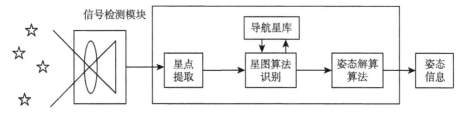

图 6.11 星敏感器工作原理示意图

4) 星敏感器标定和测试

对星敏感器的标定和测试方法主要有两种,采用星模拟器的实验室标定和测试以及基于外场观星的室外标定和测试。由于实验室星模拟器模拟多星光谱等的能力有限,无法对星敏感器极性和姿态测量进行标定,因此选择外场观星作为评价星敏感器性能和进行焦距等参数标定的主要方法。而在实验室通过星模拟器和仿真平台验证星敏感器功能,便可更有效地进行系统级联试等测试试验工作。

星敏感器进行外场观星试验,试验系统主要包括二维位置速率转台、转台控制计算机和测试计算机。试验中以星敏感器输出的惯性系坐标姿态为基准姿态,通过确定转台基准位置和测试时间可以得到星敏单次测量姿态和理论计算姿态的绝对误差。

星敏感器外场试验项目包括星敏感器静态和动态误差测试、星敏感器捕获时间测试、星敏感器灵敏度验证和光学系统焦距等参数标定。

实验室测试主要利用动态多星模拟器完成星敏感器功能测试、桌面试验、系统级联试和随卫星开/闭环试验等。动态星模拟器的原理是模拟全天区恒星星点情况,以惯性系姿态四元数为驱动,将不同天区的星点投影至星敏感器光学系统,可模拟星敏感器实际应用情况,更全面地覆盖星敏感器和系统测试工况。

6.7.1.2 红外地球敏感器

1) 任务和功能

红外地球敏感器主要是以地球为目标,用采集红外图像的方式测量卫星姿态,具有较高的信噪比和可靠性,是一种基于地球图像探测的姿态敏感器。考虑到活动部件的长期可靠性,导航卫星采用了小型化、智能化、高精度、高稳定性、低功耗和长寿命的静态红外地球敏感器。一方面可以用来和太阳敏感器实现定姿,另一方面可以和星敏实现自主定轨。

2) 配套和技术指标

整星装载 1 台红外地球敏感器,主要技术指标如表 6.7 所示。

表 6.7　红外地球敏感器的主要技术指标

序号	指标	要求
1	标称轨道高度	21528km
2	测角范围	标称模式: ±9°(21528km); 扩展模式: ±25°
3	测量精度 (标称模式)	随机噪声等效角 (3σ): <0.06°; 系统误差: <0.05°
4	信号频率	4Hz
5	功耗	≤8W(平均); ≤19W (快门打开瞬间峰值)
6	可靠性指标	在轨 10 年寿命末期可靠度不小于 0.95

3) 工作原理

如图 6.12 所示, 静态红外地球敏感器通过红外光学系统对地球红外辐射成像, 根据地球和外层空间背景之间的辐射差, 获取地平圆红外数字图像, 经后端信息处理、电路处理, 提取地平圆边界, 计算地平圆中心位置, 这样就可计算出卫星指向相对于地垂线的姿态角偏移, 进而得到卫星滚动和俯仰姿态偏差角。

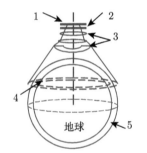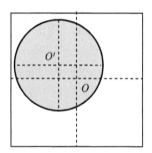

图 6.12　红外地球敏感器成像光路原理图

1. 面阵探测器; 2. 滤光片; 3. 光学系统; 4. 检测得到的地平圆边界; 5. 过渡带

4) 红外地球敏感器标定和测试

红外地球敏感器的标定和测试方法主要在实验室完成。通过专用地球模拟器设备, 配置在指定轨道工作模式下 (如 IGSO(倾斜地球同步轨道) 和 MEO 轨道), 将敏感器装配在高精度转台上, 通过设置不同的转台转动角度, 分析敏感器输出姿态角, 完成红外地球敏感器精度测量和参数标定。

6.7.1.3　数字太阳敏感器

1) 任务和功能

太阳敏感器组件利用太阳离地球近、亮度高、发光均匀性好等特性, 把太阳作为测量目标, 测量太阳矢量在敏感器坐标中的位置或方位, 再由姿控软件转换成卫星本体坐标系下的太阳矢量, 用于确定卫星姿态角, 同时太阳敏感器组件也可作为卫星是否进入地影区的判断工具。

2) 配套和技术指标

整星装载 1 台数字太阳敏感器,主要技术指标如表 6.8 所示。

表 6.8 数字太阳敏感器主要技术指标

序号	指标	要求
1	有效视场范围	$\geqslant (\pm 60°) \times (\pm 60°)$
2	测量精度	$\leqslant 0.05°$
3	功耗	$\leqslant 2.5\mathrm{W}$
4	数据更新率	$\geqslant 10\mathrm{Hz}$
5	寿命	10 年
6	可靠度	$\geqslant 0.95$

3) 工作原理

大视场、高精度的数字太阳敏感器一般采用 CCD、APS 探测器为敏感器元器件。APS 探测器具有集成度高及易于实现小型化等优点,为此采用 APS 探测器作为敏感器元件。

单孔式 APS 太阳敏感器的工作原理如图 6.13 所示,太阳敏感器的基准坐标系为 $O_s X_s Y_s Z_s$,瞄准轴为 Z_s 轴。太阳光经衰减片、掩模小孔在探测器上形成投影亮斑,亮斑的几何中心偏离坐标原点分别为 x_s、y_s。设太阳光线在太阳敏感器坐标系中方位角为 α、余仰角为 δ,太阳光线在基准 $X_s O_s Y_s$ 平面上的投影与 Z_s 的夹角为 ξ,在基准 $Y_s O_s Z_s$ 平面上的投影与 Z_s 的夹角为 η,则可通过下列两式计算出 ξ 和 η,得到卫星本体系中太阳矢量方向,进而得到卫星的姿态角

$$\tan \xi = \tan \delta \cdot \sin \alpha = \frac{x_s}{h}$$

$$\tan \eta = \tan \delta \cdot \cos \alpha = \frac{y_s}{h}$$

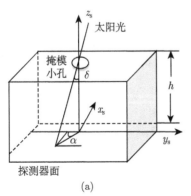

(a)

(b)

图 6.13 APS 太阳敏感器工作原理图 (a) 及实物照片 (b)

多孔式 APS 太阳敏感器的工作原理也相似,太阳光经掩模小孔阵列在探测器

光敏面上形成亮斑阵列,每个亮斑的几何中心与太阳角有关,通过计算每个亮斑的几何中心位置坐标来确定太阳角。多孔式 APS 太阳敏感器的主要目的是通过小孔阵列来提高太阳敏感器的测量精度。

4) 数字太阳敏感器的标定和测试

对数字太阳敏感器的标定和测试方法主要有两种,采用太阳模拟器的实验室标定和测试以及基于外场观太阳的室外标定和测试。由于实验室太阳模拟器的模拟能力有限,无法对敏感器某些参数进行标定,因此选择外场观太阳作为评价数字太阳敏感器性能和进行积分时间等参数标定的主要方法。在实验室通过太阳模拟器和仿真平台验证敏感器功能,并用于参加整星系统级联试。

6.7.1.4　光纤陀螺

1) 任务和功能

陀螺作为控制系统的敏感器件,用于卫星三轴角速度的测量。选择高精度、无活动部件的光纤陀螺,同时陀螺中配置加速度计用于轨控过程中推力加速度的监测。卫星配置两台三轴正交陀螺,分别在卫星上正、斜安装,能够在任意三轴有效的情况下完成卫星三轴角速度的测量。考虑到卫星长寿命高可靠的要求,正常稳定运行时不使用陀螺,仅在初次入轨以及应急故障情况下使用,以确保陀螺在使用时的有效性。

2) 配套和技术指标

陀螺用于测量并输出陀螺本体相对于惯性空间的三轴角速度,整星装载两台,主要技术指标如表 6.9 所示。

表 6.9　陀螺主要技术指标

序号	指标	要求
1	角速度测量范围	$-20 \sim +20(°) \cdot s^{-1}$,超过 $20(°) \cdot s^{-1}$,输出饱和限幅,但不损坏
2	角速度测量死区	$\leqslant 0.36(°) \cdot h^{-1}$
3	安全速率范围	$-50 \sim +50(°) \cdot s^{-1}$
4	角速率测量精度	|输入角速度| $\leqslant 0.6(°) \cdot s^{-1}$时,绝对误差 $\leqslant 1 \times 10^{-3}(°) \cdot s^{-1}$ $0.6(°) \cdot s^{-1} <$ |输入角速度| $\leqslant 20(°) \cdot s^{-1}$时,相对误差 $\leqslant 1\%$
5	常值漂移 (常漂)	$\leqslant 3(°) \cdot h^{-1}$
6	零偏重复性 (多次启动 之间的常漂变化)	$\leqslant 1.5(°) \cdot h^{-1}(3\sigma)$
7	零偏稳定性	$\leqslant 1.0(°) \cdot h^{-1}(3\sigma)(10s\ 平均)$
8	通频带	$\geqslant 10\text{Hz}$
9	启动时间	$\leqslant 3\text{s}$
10	三轴装配角度校正数据精度	$\leqslant 2'$
11	功耗	全温范围内启动功耗不大于 14W,稳态功耗不大于 11W
12	工作寿命及可靠度	在轨 10 年寿命末期可靠度不小于 0.95

3) 工作原理

光纤陀螺仪主要包含光路和电路。其中光路部分主要包括：光源、探测器、耦合器、Y 波导、光纤线圈；电路部分主要包括：光源驱动电路、模数/数模转换电路、信号处理及接口电路等。工作原理如图 6.14 所示。

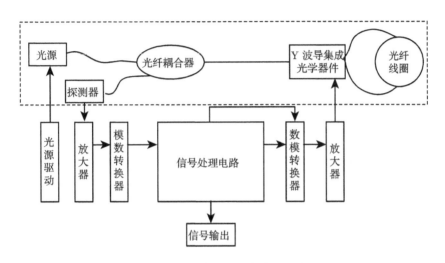

图 6.14 单轴光纤陀螺仪原理图

从光源发出的光，经耦合器到达 Y 分支多功能集成光路 (Y 波导)，经过 Y 波导起偏、分束，分别按顺时针和逆时针方向沿保偏光纤线圈传输，并在 Y 波导的合光点发生干涉，干涉光再次经过光纤耦合器后到达光电探测器，转换为电信号，经过前放、滤波后由模数转换器转换为数字信号，并在数字逻辑电路里完成数字差分解调，获得闭环补偿后的相位误差数字信号。该信号经数字积分后一方面作为陀螺的输出信号，另一方面作为闭环反馈的输入信号，经数字累加产生阶梯波，所产生阶梯波的台阶宽度为光纤线圈渡越时间，台阶高度等于陀螺输出，并且其台阶的变化与偏置调制信号同步。该阶梯波信号再与偏置调制信号相叠加，结果送入数模转换器，经过放大后作用于 Y 波导。同时，阶梯波会在两光波之间产生一个相位差，与旋转引起的 Sagnac 相位差大小相等，符号相反。这样就使 Sagnac 干涉仪始终工作在零相位附近，实现闭环工作。

4) 光纤陀螺标定和测试

对光纤陀螺的标定和测试方法主要在实验室完成。将陀螺装配在高精度转台上，通过设置不同的转动角速度，分析敏感器输出姿态角速度，完成敏感器测量精度测试和参数标定。

另外，由于光纤受温度影响，地面要进行高低温试验，对陀螺的温度模型进行标定, 并以此为基础实现陀螺的在轨温度补偿。

6.7.1.5 模拟太阳敏感器

1) 任务和功能

模拟太阳敏感器利用太阳离地球近、亮度高、发光均匀性好等特性, 把太阳作为测量目标, 测量太阳矢量在敏感器坐标中的位置或方位, 再由软件转换成卫星本体坐标系下的太阳矢量, 可用于确定卫星的三轴姿态角, 同时模拟太阳敏感器也作为卫星是否进入地影区的判断工具。

2) 配套和技术指标

配置 2 台光栅, 由星载计算机负责信息采集、处理。技术指标如表 6.10 所示。

表 6.10   模拟太阳敏感器主要技术指标

序号	指标	要求
1	有效设计视场范围	$(\pm 50°) \times (\pm 50°)$
2	测量精度	$2.0°$
3	垂直照射时最小输出电流	$\geqslant 8.5 \text{mA}$
4	光照角与输出电流线性度要求	相对误差 $<2\%$
5	可靠度	在轨 10 年寿命末期可靠度不小于 0.96

3) 工作原理

模拟太阳敏感器由电池片、壳体、光栅组成, 太阳电池为 n+/p 型铝背场高效硅太阳电池, 如图 6.15 所示。

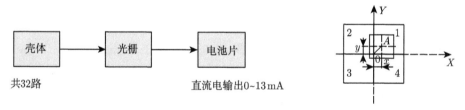

图 6.15   模拟太阳敏感器单象限工作原理框图

模拟太阳敏感器的工作原理是: 阳光通过光栅会照射到四象限太阳电池上, 四象限太阳电池通过测量光斑所在的位置得到太阳矢量, 其信道规定如图 6.16 所示。

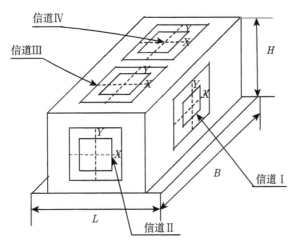

图 6.16 模拟太阳敏感器的信道规定

6.7.2 执行器

6.7.2.1 反作用轮

1) 任务和功能

反作用轮是导航卫星控制功能链的关键执行部件,反作用轮按照姿态控制系统的指令,通过对轮体进行加速、减速产生相应的输出力矩,作用在卫星的本体上,在卫星正常在轨运行期间,为卫星提供三轴控制力矩,实现卫星的三轴姿态稳定控制。

2) 配套和技术指标

整星装载 5 台反作用轮,主要技术指标如表 6.11 所示。

表 6.11 反作用轮的主要技术指标

序号	指标名称	指标	单位	备注
1	角动量	(45±1)%	N·m·s	标称转速 6000r·min⁻¹
2	工作转速范围	±6000	r·min⁻¹	
3	最大输出力矩	>0.075	N·m	
4	最大损耗力矩	<0.025	N·m	
5	静不平衡系数	≤2	g·cm	
6	动不平衡系数	<20	g·cm²	
7	最大功耗	<76	W	
8	稳态功耗	<22	W	标称转速 6000r·min⁻¹
9	重量	7.7±0.1	kg	
10	寿命	10	a	
11	失效率	389	fit	

3) 工作原理

反作用轮本体通过其安装底座被固定在飞行器上, 其旋转部分在电机拖动下高速旋转, 因而形成一定的角动量。反作用轮与飞行器构成了一个总角动量守恒的系统。如果人为地改变反作用轮的角动量大小或方向, 飞行器将会做出一定的角动量变化来维持角动量的守恒, 也就是说, 反作用轮与飞行器之间存在着动量交换的关系。

假定飞行器本身的角动量为 H_S, 反作用轮的角动量为 H_W, 则飞行器系统的总的角动量为

$$H_T = H_S + H_W$$

设飞行器相对于惯性空间的角速度为 ω_S, 反作用轮相对于飞行器坐标系的角速度为 ω_W, 作用在飞行器上的外力矩为 M, 则

$$M = \frac{\mathrm{d}H_T}{\mathrm{d}t} \tag{6.70}$$

$$\frac{\mathrm{d}H_S}{\mathrm{d}t} = M - \frac{\mathrm{d}H_W}{\mathrm{d}t} - (\omega_S + \omega_W) \times H_W \tag{6.71}$$

式中, $\frac{\mathrm{d}H_W}{\mathrm{d}t}$ 表示反作用轮角动量大小的变化; $(\omega_S + \omega_W) \times H_W$ 表示反作用轮角动量方向的变化。这表明, 反作用轮角动量矢量的大小或方向的变化均可产生控制力矩。如果能够控制反作用轮角动量的大小或方向按照预定的规律变化, 我们就可以得到受控的输出力矩, 从而达到控制飞行器姿态的目的。

4) 反作用轮测试

反作用轮测试主要是对设备的指令响应时间、反作用力矩和摩擦力矩进行测试。一般在实验室完成, 给反作用轮施加不同的力矩指令, 通过转出转速的变化情况计算上述指标。另外, 反作用轮也可以通过气浮台等设备进行功能性能测试。

6.7.2.2 磁力矩器

1) 任务和功能

磁力矩器主要用于对反作用轮转速满负荷的卸载, 必要时也可作为卫星姿态控制的主要执行机构。用三个相互正交安装的磁力矩器可以得到任意所需方位的磁力矩。

2) 配套和技术指标

整星装载四台磁力矩器, 主要技术指标如表 6.12 所示。

表 6.12 磁力矩器主要技术指标

序号	指标	要求
1	额定通电磁矩 (工作电流 100mA)	$\geqslant 200\text{A}\cdot\text{m}^2$
2	工作电流	$(100\pm15)\text{mA}$
3	剩磁矩	$\leqslant 2\text{A}\cdot\text{m}^2$
4	输出磁矩批次一致性偏差	$\leqslant 10\%$
5	功耗	$\leqslant 4.2\text{W}\cdot\text{根}^{-1}$
6	可靠性	0.9999(2012 年末期)

3) 工作原理

磁力矩器主要由一个缠绕有线圈的软磁性材料棒构成,当线圈通电时磁棒产生的磁矩和当地地磁场相互作用,产生磁控制力矩,如图 6.17 所示。

图 6.17 磁力矩器实物图

地球是个大磁场,卫星的地磁场强度与卫星到地心距离的三次方成反比。磁力矩器作为卫星姿态控制的执行部件有很多优点,磁力矩器与喷气系统和反作用轮相比重量较轻、造价低;磁力矩器不同于反作用轮,它没有活动部件,因此可靠性较高,功耗也比反作用轮低很多;喷气系统要消耗推进剂有工作寿命问题,而磁力矩器使用地磁资源,因此工作寿命较长。但地磁模型较为复杂,受卫星剩磁的影响,控制精度不如反作用轮高,控制的快速性不如喷气系统,所以一般在卫星上多用于反作用轮的卸载。

磁力矩器由 4 根磁棒和相应的驱动控制电路组成,磁矩大小通过控制流过磁棒线圈中的电流大小或控制磁棒线圈的通电时间来决定。磁力矩器控制线路接收卫星星载计算机输出的 3 路具有正负电压的模拟控制信号或具有正负极性的开关量信号,通过驱动电路的放大,产生磁力矩器所需要的工作电流,分别输出至 X、Y、Z 三个磁力矩器线圈以产生磁矩。

6.7.2.3 推进组件

1) 任务和功能

推进组件是卫星姿轨控系统的主要执行机构之一,作用是为卫星轨道控制和姿态控制提供力和力矩,主要功能为:轨道机动、轨道保持、姿态控制以及卫星的离轨控制。

2) 组成和技术指标

a. 推进组件组成

推进组件由贮箱、气/液加排阀、自锁阀、压力传感器和推力器等组成，系统组成原理如图 6.18 所示。

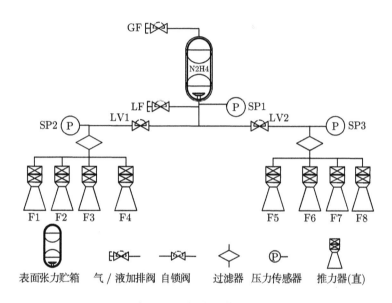

图 6.18　推进组件组成

推进组件具有 8 台推力器，以冷备方式分为两组，主份包括 F1、F2、F3、F4 分机，备份包括 F5、F6、F7、F8 分机。

b. 推进组件技术指标

主要技术指标如表 6.13 所示。

3) 工作原理

推进组件选择单组元无水肼作为推进剂；推力器采用创新的四台推力器斜装方案，整个推进系统集成在卫星底板上，便于模块化和管路布局，以及整星拆卸。

推进组件采用表面张力贮箱储存推进剂和增压气体；贮箱气路设置一只气加排阀，液路设置一只液加排阀，用以对贮箱充放气和加注推进剂；贮箱下游分为两个支路，每个支路各含一只用于隔离下游故障和功能切换的自锁阀，一只用于过滤推进剂的系统过滤器，以及 4 台额定推力的推力器；在贮箱下游、自锁阀上游位置设置一只压力型传感器，用于监测贮箱压力，在每个分支的自锁阀和推力器之间设置一只压力型传感器，用于监测推力器进口压力。

表 6.13 推进组件主要技术指标

序号	指标	要求
1	推进剂	无水肼
2	增压气体	氦气
3	长期功耗	≤1.5W(不含推进热控功耗)
4	峰值功耗	≤150W(不含推进热控功耗)
5	推力器配置	8 台 5N 直喷管推力器
6	成对推力器推力偏差	≤±5%(初始),推力相对偏差 = (推力器推力 − 平均推力)/平均推力 ×100%
7	额定推力	5N(20°)
8	额定真空比冲	≥2157N·s·kg^{-1}
9	单次最长工作时间	1200s
10	累计脉冲工作次数	≥100000 次
11	最小脉冲冲量	≤0.4N·s(5N 稳态推力、30ms 脉冲宽度)
12	温启动加速性 (T_{90}[①]温)	≤800ms
13	热启动加速性 (T_{90}热)	≤ 250ms
14	关机减速性 (T_{10}[②])	≤250ms
15	推力器安装精度	推力矢量偏斜: ≤ 0.5°(喷管中心轴线方向与安装面法线夹角) 喷管中心轴线方向与安装面理论轴线的平移量误差: ϕ ≤1mm
16	可靠度要求	在轨 10 年寿命末期可靠度不小于 0.98
17	推进组件总漏率	≤1×10^{-4}Pa·m^3·s^{-1}(工作压力下氦检)

① T_{90} 指自推力器启动产生推力至推力增加至稳定值的 90%所经历的时间;

② T_{10} 指自推力器关闭推力开始至推力降低至稳定值的 10%所经历的时间。

电磁阀根据姿轨控软件的指令开启,推进剂在增压气体的挤压下流经推力器催化床,发生催化分解反应,并产生高温燃气,经拉法尔喷管喷出,提供姿态控制和轨道机动所需的冲量。推进组件以落压方式工作,随着贮箱压力的不断下降,推力器输出推力相应减小。

星箭分离后,由推进组件主份推力器提供力矩,使卫星进行速率阻尼,捕获太阳,起旋,对日保持。

在轨控期间通过 OFF 调制方式,同时进行姿态和轨道控制,保证轨控期间姿态精度。

4) 推进系统测试和标定

由于推进剂有毒,所以通常做法是在贮箱中注入氮气来完成设备的测试,主要包括系统的漏率、推力器极性和压力等测试项目。推力大小通过推进系统生产厂家，按批次抽样进行专门的试车试验来确定，不需要对每一台推力器单独进行测试。在轨应用时，要根据初期工作情况进行在轨标定。

6.7.2.4 帆板驱动装置 SADA

1) 系统组成和配套

导航卫星帆板驱动展开机构，由太阳电池阵结构与机构部分和 SADA 组成。太阳电池阵结构与机构分为两翼，即 +Y 太阳电池翼和 −Y 太阳电池翼；每个太阳电池翼由 1 个连接架、3 块基板、1 套展开锁定机构、一套压紧释放机构和一套附件组成。SADA 包括 2 台 SADM 和 1 台驱动线路盒。2 台 SADM 分别驱动 ±Y 翼太阳电池阵；1 台驱动线路盒，全模块冷备份，主 (备) 份模块都能同时驱动 2 台 SADM。

2) 工作原理

太阳电池阵结构与机构部分的工作原理是：展开锁定机构，以弹簧提供驱动力矩和锁定力矩；压紧释放机构，特制螺杆 (即压紧杆) 拧紧时所产生的预紧力起到约束作用，依靠火工切割装置剪断压紧杆完成释放功能。

如图 6.19 所示，SADA 的工作原理是：星载计算机作为上位机，SADA 作为执行机构，形成闭环系统；星载计算机向驱动线路盒发送控制指令，驱动线路盒给出脉冲控制信号，驱动帆板驱动机构的电机完成既定模式的动作，从而实现帆板的对日定向。

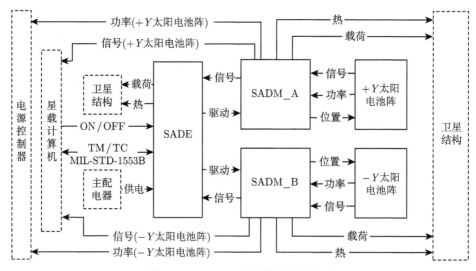

图 6.19 SADA 和整星的连接关系

6.8 轨道预报和控制

6.8.1 轨道预报

卫星轨道预报作为控制功能链的一个重要部分，为卫星姿态控制提供实时位置信息，用于坐标系转换、太阳模型计算和月亮模型计算等。根据导航卫星工作需要，星上轨道预报采用基于简化轨道动力学模型的外推方法和天文导航自主定轨两种方法实现。轨道预报问题不仅涉及不同的时间系统，同时确定精度也与轨道动力学模型有密切的关系。

6.8.1.1 轨道外推方法

轨道外推方法是基于地面上注的基准轨道或从导航载荷获取的轨道信息，通过轨道动力学模型对其他时间点的卫星位置和速度进行预报。

1) 基于 J2 摄动模型的星上外推方法

为简化计算，导航卫星星上轨道预报方法采用简化的 J2 摄动模型进行轨道外推，外推过程主要包括 Kepler 根数转化、利用 t_0 时刻的平根数 $\bar{\sigma}_0$ 计算 t_i 时刻的平根数 $\bar{\sigma}$、利用 t_i 时刻的平根数 $\bar{\sigma}$ 计算 t_i 时刻的瞬时根数 σ、利用 t_i 时刻的瞬时根数 σ 计算 t_i 时刻卫星在 J2000 坐标系下的位置和速度数据 r, v。

为了计算方便，在轨道计算过程中，统一采用人卫单位系统，即令地心引力常数 $GM = 1$；长度单位采用人卫长度单位，1 人卫长度单位 $= 6378137\text{m}$(地球赤道平均半径)；时间单位采用人卫时间单位，$1\text{d} = 86400\text{s} = 107.08819300845$ 人卫时间单位。二阶带谐项系数 $J_2 = 1.08263 \times 10^{-3}$。

在给定的 J2000 坐标系中初始轨道平根数 $\bar{\sigma}_0(\bar{a}_0, \bar{i}_0, \bar{\Omega}_0, \bar{\xi}_0, \bar{\eta}_0, \bar{\lambda}_0)$ 的前提下，轨道外推过程如下所述：

(1) 利用 t_0 时刻的平根数 $\bar{\sigma}_0$ 计算 t_i 时刻的平根数 $\bar{\sigma}(\bar{a}, \bar{i}, \bar{\Omega}, \bar{\xi}, \bar{\eta}, \bar{\lambda})$

$$\begin{cases} \bar{a} = \bar{a}_0 \\ \bar{i} = \bar{i}_0 \\ \bar{\Omega} = \bar{\Omega}_0 + \Omega_l T \\ \bar{\xi} = \bar{\xi}_0 \cos(\omega_l T) + \bar{\eta}_0 \sin(\omega_l T) \\ \bar{\eta} = \bar{\eta}_0 \cos(\omega_l T) - \bar{\xi}_0 \sin(\omega_l T) \\ \bar{\lambda} = \bar{\lambda}_0 + (1 + \lambda_l)T \end{cases} \tag{6.72}$$

式中，

$$
\begin{cases}
T = \bar{n}_0(t - t_0) \\[2mm]
\bar{n}_0 = \bar{a}_0^{-\frac{3}{2}} \\[2mm]
w_l = \dfrac{3J_2}{2\bar{a}_0^2}\left(2 - \dfrac{5}{2}\sin^2 \bar{i}_0\right) \\[3mm]
\varOmega_l = -\dfrac{3J_2}{2\bar{a}_0^2}\cos \bar{i}_0 \\[3mm]
\lambda_l = M_l + \omega_l = \dfrac{3J_2}{2\bar{a}_0^2}(3 - 4\sin^2 \bar{i}_0)
\end{cases}
$$

(2) 利用 ι_i 时刻的平根数 $\bar{\sigma}$ 计算 t_i 时刻的瞬时根数 $\sigma(a, i, \varOmega, \xi, \eta, \lambda)$

$$
\sigma = \bar{\sigma} + \Delta\sigma_{\mathrm{s}} \tag{6.73}
$$

$\Delta\boldsymbol{\sigma}_{\mathrm{s}}$ 的表达式如下：

$$
\begin{cases}
\Delta a_{\mathrm{s}} = +\dfrac{3J_2}{2\bar{a}}\sin^2 \bar{i}\cos 2\bar{\lambda} \\[3mm]
\Delta i_{\mathrm{s}} = +\dfrac{3J_2}{4\bar{a}^2}\cos \bar{i}\sin \bar{i}\cos 2\bar{\lambda} \\[3mm]
\Delta\varOmega_{\mathrm{s}} = +\dfrac{3J_2}{4\bar{a}^2}\cos \bar{i}\sin 2\bar{\lambda} \\[3mm]
\Delta\xi_{\mathrm{s}} = +\dfrac{3J_2}{2\bar{a}^2}\left(1 - \dfrac{5}{4}\sin^2 \bar{i}\right)\cos \bar{\lambda} + \dfrac{7J_2}{8\bar{a}^2}\sin^2 \bar{i}\cos 3\bar{\lambda} \\[3mm]
\Delta\eta_{\mathrm{s}} = -\dfrac{3J_2}{2\bar{a}^2}\left(1 - \dfrac{7}{4}\sin^2 \bar{i}\right)\sin \bar{\lambda} - \dfrac{7J_2}{8\bar{a}^2}\sin^2 \bar{i}\sin 3\bar{\lambda} \\[3mm]
\Delta\lambda_{\mathrm{s}} = -\dfrac{3J_2}{4\bar{a}^2}\left(1 - \dfrac{5}{2}\sin^2 \bar{i}\right)\sin 2\bar{\lambda}
\end{cases}
$$

(3) 如果轨道外推半长轴校验使能标志为使能，对瞬时根数半长轴按如下方法进行校验：

$$
|a \times 6378.137 - 28125| \leqslant \Delta a \tag{6.74}
$$

其中，Δa 默认值为 1000km，Δa 可以通过数据上注进行更改。

如果满足以上条件，校验正确，则设置测控轨道外推有效标志为有效，将瞬时根数转换为位置速度数据；若校验错误，则设置测控轨道外推有效标志为无效，外推轨道数据保持上一次的值。如果连续 5 次校验错误，则将基准点使用标志置为旧的基准点，如果只有一组，则切换到默认外推点。

如果轨道外推半长轴校验使能标志为禁止, 则设置外推轨道有效标志为有效。

(4) 利用 t_i 时刻的瞬时根数 σ 计算 t_i 时刻的卫星在 J2000 坐标系下的坐标 $\boldsymbol{r}$ 和速度 $\boldsymbol{v}$, 其单位分别为人卫长度单位和人卫长度单位/人卫时间单位。

$$\boldsymbol{r} = r(\cos u\, \boldsymbol{\Omega} + \sin u\, \boldsymbol{\Omega}')$$

$$\boldsymbol{v} = \frac{1}{\sqrt{p}}[(\eta - \sin u)\boldsymbol{\Omega} + (\xi + \cos u)\boldsymbol{\Omega}'] \tag{6.75}$$

式中,

$$\boldsymbol{\Omega} = \begin{pmatrix} \cos\Omega \\ \sin\Omega \\ 0 \end{pmatrix}, \ \boldsymbol{\Omega}' = \begin{pmatrix} -\cos i \sin\Omega \\ \cos i \cos\Omega \\ \sin i \end{pmatrix}$$

$$p = a, \quad r = \frac{p}{1 + \xi\cos\lambda - \eta\sin\lambda}$$

$$e = \sqrt{\xi^2 + \eta^2}$$

$$\omega = \operatorname{atan2}(-\eta, \xi)$$

u 的计算方法如下:

$$M = \lambda - \omega$$

$$f = M + 2e\sin M$$

$$u = \omega + f$$

其中, atan2——二维反正切函数。

(5) 将坐标 $\boldsymbol{r}$ 和速度 $\boldsymbol{v}$ 的单位转换为 m 和 m·s^{-1}。

2) 基于导航星历的星上外推方法

导航卫星拥有其他卫星在轨道预报方面无法比拟的好处: 卫星本身具有为地面设备提供导航服务的精密轨道数据 (星历), 利用该数据可以方便地计算得到当前卫星的地固系位置和速度矢量, 再经过坐标系转换即可计算出 J2000 坐标系下的卫星位置和速度。

为简化运算, 坐标系转换不考虑精确的章动、岁差模型, 基于导航星历的星上轨道外推过程如下:

(1) 计算参考时刻积秒 t_l

$$t_l = \mathrm{WNgro} \times 604800 + t_{\mathrm{oe}} \tag{6.76}$$

(2) 计算时间偏差

$$t_k = t - t_{\mathrm{oe}} \tag{6.77}$$

式中, t——当前北斗时;

t_{oe}——星历参考时间。

t_k 必须考虑周变换的开始或结束，即：如果 $t_k > 302400$，则将 t_k 减去 604800；如果 $t_k < -302400$，则将 t_k 加上 604800。

(3) 计算平近点角

$$A_0 = 27906100 + \Delta A \tag{6.78}$$

$$\Delta n = \Delta n_0 + \frac{1}{2}\Delta \dot{n}_0 t_k \tag{6.79}$$

$$n = n_0 + \Delta n \tag{6.80}$$

式中，$n_0 = \sqrt{\dfrac{\mu}{A_0^3}}$，$\mu = 3.986004418e^{14}$。

$$M_k = M_0 + nt_k \tag{6.81}$$

(4) 计算偏近点角

$$M_k = E_k - e\sin E_k \tag{6.82}$$

使用迭代方法进行计算，最多迭代 60 次，每次迭代计算如下：

$$E_{k+1} = E_k - \frac{(E_k - e\sin E_k - M_k)}{(1 - e\cos E_k)} \tag{6.83}$$

如果 $E_{k+1} - E_k \leqslant e^{-6}$，迭代结束。

(5) 计算 Φ_k

$$\Phi_k = V_k + \omega \tag{6.84}$$

式中，$V_k = 2\mathrm{atan}\left(\sqrt{\dfrac{1+e}{1-e}}\tan\left(\dfrac{E_k}{2}\right)\right)$。

(6) 计算 δu_k、δr_k、δi_k

$$\begin{cases} \delta u_k = C_{us}\sin(2\Phi_k) + C_{uc}\cos(2\Phi_k) \\ \delta r_k = C_{rs}\sin(2\Phi_k) + C_{rc}\cos(2\Phi_k) \\ \delta i_k = C_{is}\sin(2\Phi_k) + C_{ic}\cos(2\Phi_k) \end{cases} \tag{6.85}$$

(7) 计算 u_k、r_k、i_k

$$\begin{cases} u_k = \Phi_k + \delta u_k \\ r_k = A(1 - e\cos E_k) + \delta r_k \\ i_k = i_0 + \dot{i}_0 \cdot t_k + \delta i_k \end{cases} \tag{6.86}$$

(8) 计算地固系位置 XYZ

$$\begin{cases} X_k = x_k\cos\Omega_k - y_k\cos i_k\sin\Omega_k \\ Y_k = x_k\sin\Omega_k + y_k\cos i_k\cos\Omega_k \\ Z_k = y_k\sin i_k \end{cases} \tag{6.87}$$

式中，$\begin{cases} x_k = r_k \cos u_k \\ y_k = r_k \sin u_k \end{cases}$。

$$\Omega_k = \Omega_0 + (\dot{\Omega} - \dot{\Omega}_e t_k - \dot{\Omega}_e) t_{oe} \tag{6.88}$$

式中，$\dot{\Omega}_e = 7.2921150467 \times 10^{-5} \mathrm{rad} \cdot \mathrm{s}^{-1}$

$$\dot{\Omega} = \dot{\Omega}_{\mathrm{ref}} \pi + \Delta \dot{\Omega} \tag{6.89}$$

(9) 计算地固系速度 V_x、V_y、V_z

$$\dot{E}_k = \frac{n_0 + \Delta n}{1 - e \cos E_k} \tag{6.90}$$

$$\dot{\Phi}_k = \sqrt{\frac{1+e}{1-e} \frac{\cos^2 \left(\dfrac{V_k}{2} \right)}{\cos^2 \left(\dfrac{E_k}{2} \right)}} \dot{E}_k \tag{6.91}$$

$$\begin{cases} \dot{r}_k = Ae \sin E_k \cdot \dot{E}_k + 2(C_{rs} \cos 2\Phi_k - C_{rc} \sin 2\Phi_k) \dot{\Phi}_k \\ \dot{u}_k = (1 + 2C_{us} \cos 2\Phi_k - 2C_{uc} \sin 2\Phi_k) \dot{\Phi}_k \\ \dot{i}_k = 2(C_{is} \cos 2\Phi_k - C_{ic} \sin 2\Phi_k) \dot{\Phi}_k + \dot{i}_0 \\ \dot{\Omega}_k = \dot{\Omega} - \omega_e \end{cases} \tag{6.92}$$

式中，$\omega_e = 7.292115 \times 10^{-5} \mathrm{rad} \cdot \mathrm{s}^{-1}$。

$$\begin{cases} V_x = \dot{x}_k \cos \Omega_k - \dot{y}_k \sin \Omega_k \cos i_k + y_k \sin \Omega_k \sin i_k \cdot \dot{i}_k \\ \qquad - (x_k \sin \Omega_k + y_k \cos \Omega_k \cos i_k) \dot{\Omega}_k \\ V_y = \dot{x}_k \sin \Omega_k + \dot{y}_k \cos \Omega_k \cos i_k - y_k \cos \Omega_k \sin i_k \cdot \dot{i}_k \\ \qquad + (x_k \cos \Omega_k - y_k \sin \Omega_k \cos i_k) \dot{\Omega}_k \\ V_z = \dot{y}_k \sin i_k + y_k \cos i_k \cdot \dot{i}_k \end{cases} \tag{6.93}$$

式中，$\begin{cases} \dot{x}_k = \dot{r}_k \cos u_k - r_k \sin u_k \cdot \dot{u}_k \\ \dot{y}_k = \dot{r}_k \sin u_k + r_k \cos u_k \cdot \dot{u}_k \end{cases}$。

(10) 地固坐标系下位置与速度转换为 J2000 坐标系下的位置与速度

$$\boldsymbol{r}_{\mathrm{J}} = (\boldsymbol{G} \cdot \boldsymbol{N} \cdot \boldsymbol{P})^{\mathrm{T}} \cdot \boldsymbol{r}_{\mathrm{W}} \tag{6.94}$$

式中，$\boldsymbol{r}_{\mathrm{J}}$——J2000 位置；

$\boldsymbol{r}_{\mathrm{W}}$——地固系位置；

$$\dot{\boldsymbol{r}}_{\mathrm{J1}} = \boldsymbol{G}^{\mathrm{T}} \dot{\boldsymbol{r}}_{\mathrm{W}} + \boldsymbol{\omega}_e \times (\boldsymbol{G}^{\mathrm{T}} \boldsymbol{r}_{\mathrm{W}}), \quad \dot{\boldsymbol{r}}_{\mathrm{J}} = (\boldsymbol{N} \cdot \boldsymbol{P})^{\mathrm{T}} \cdot \dot{\boldsymbol{r}}_{\mathrm{J1}} \tag{6.95}$$

其中, $\dot{\boldsymbol{r}}_J$ 为 J2000 速度, $\dot{\boldsymbol{r}}_W$ 为地固系速度, $\boldsymbol{\omega}_e = [0, 0, \omega_e]$ 为地球的自转速率矢量。

各旋转矩阵计算方法如下:

① 计算章动矩阵 $\boldsymbol{N}$

$$t = \frac{1}{36525.0}\left[\frac{T_0}{86400} + 2915.5003725\right] \tag{6.96}$$

$$\begin{cases} \alpha_1 = 485866.733 + (1325.0 \cdot 360 \cdot 3600 + 715922.633) \cdot t + 31.310 \cdot t^2 \\ \alpha_2 = 1287099.804 + (\ 99.0 \cdot 360 \cdot 3600 + 1292581.224) \cdot t - 0.577 \cdot t^2 \\ \alpha_3 = 335778.877 + (1342.0 \cdot 360 \cdot 3600 + 295263.137) \cdot t - 13.257 \cdot t^2 \\ \alpha_4 = 1072261.307 + (1236.0 \cdot 360 \cdot 3600 + 1105601.328) \cdot t - 6.891 \cdot t^2 \\ \alpha_5 = 450160.280 - (5.0 \cdot 360 \cdot 3600 + 482890.539) \cdot t + 7.455 \cdot t^2 \end{cases} \tag{6.97}$$

以上得到的四个量的单位为 $\mathrm{rad \cdot s^{-1}}$, 在下面公式计算之前转换为弧度

$$\begin{cases} \Delta\psi = \sum_{j=1}^{20}(A_{0j} + A_{1j}t)\sin\left(\sum_{i=1}^{5}k_{ji}\alpha_i(t)\right) \\ \Delta\varepsilon = \sum_{j=1}^{20}(B_{0j} + B_{1j}t)\cos\left(\sum_{i=1}^{5}k_{ji}\alpha_i(t)\right) \end{cases} \tag{6.98}$$

$$\bar{\varepsilon} = 23°.43929111 - 46''.8150 \cdot t \tag{6.99}$$

$$\varepsilon = \bar{\varepsilon} + \Delta\varepsilon \tag{6.100}$$

$$\begin{cases} \Delta\mu = \Delta\psi\cos\varepsilon \\ \Delta\theta = \Delta\psi\sin\varepsilon \end{cases} \tag{6.101}$$

常系数阵 $\boldsymbol{A}$、$\boldsymbol{B}$、$\boldsymbol{k}$ 对应的值如表 6.14 所示。章动矩阵

$$\boldsymbol{N} = \boldsymbol{R}(-\Delta\varepsilon)\boldsymbol{Ry}(\Delta\theta)\boldsymbol{Rz}(-\Delta\mu)$$

② 计算真恒星时格林尼治时角旋转矩阵 $\boldsymbol{G}$

$$\boldsymbol{G} = \begin{bmatrix} \cos\mathrm{GAST} & \sin\mathrm{GAST} & 0 \\ -\sin\mathrm{GAST} & \cos\mathrm{GAST} & 0 \\ 0 & 0 & 1 \end{bmatrix} \tag{6.102}$$

式中, GAST——真恒星时角, $\mathrm{GAST} = \overline{S}_G + \Delta\mu$。

表 6.14 IAU1980 章动序列常数表 (前 20 项)

j	周期/d	k_{j1}	k_{j2}	k_{j3}	k_{j4}	k_{j5}	$(0''.0001)$		$(0''.0001)$	
							A_{0j}	A_{1j}	B_{0j}	B_{1j}
1	6798.4	0	0	0	0	1	-171996	-174.2	92025	8.9
2	182.6	0	0	2	-2	2	-13187	-1.6	5736	-3.1
3	13.7	0	0	2	0	2	-2274	-0.2	977	-0.5
4	3399.2	0	0	0	0	2	2062	0.2	-895	0.5
5	365.2	0	1	0	0	0	1426	-3.4	54	-0.1
6	27.6	1	0	0	0	0	712	0.1	-7	0.0
7	121.7	0	1	2	-2	2	-517	1.2	224	-0.6
8	13.6	0	0	2	0	1	-386	-0.4	200	0.0
9	9.1	1	0	2	0	2	-301	0.0	129	-0.1
10	365.3	0	-1	2	-2	2	217	-0.5	-95	0.3
11	31.8	1	0	0	-2	0	-158	0.0	-1	0.0
12	177.8	0	0	2	-2	1	129	0.1	-70	0.0
13	27.1	-1	0	2	0	2	123	0.0	-53	0.0
14	27.7	1	0	0	0	1	63	0.1	-33	0.0
15	14.8	0	0	0	2	0	63	0.0	-2	0.0
16	9.6	-1	0	2	2	2	-59	0.0	26	0.0
17	27.4	-1	0	0	0	1	-58	-0.1	32	0.0
18	9.1	1	0	2	0	1	-51	0.0	27	0.0
19	205.9	2	0	0	-2	0	48	0.0	1	0.0
20	1305.5	-2	0	2	0	1	46	0.0	-24	0.0

③ 岁差矩阵 $\boldsymbol{P}$

$$T = \frac{1}{36525.0}\left[\frac{T_0}{86400 + 2915.5003725}\right] \tag{6.103}$$

$$\begin{cases} \xi_A = 2306''.2181T + 0''.30188T^2 \\ \theta_A = 2004''.3109T - 0''.42665T^2 \\ z_A = 2306''.2181T + 1''.09468T^2 \end{cases} \tag{6.104}$$

式中，T_0 为儒略世纪 MJC，岁差矩阵 $\boldsymbol{P} = \boldsymbol{R}z(-ZA)\boldsymbol{R}y(\theta A)\boldsymbol{R}z(-\xi A)$。

6.8.1.2 天文导航方法

卫星自主导航是指卫星不借助外界支持，基于星体自身独立确定卫星位置、速度等信息。利用星敏感器和地球敏感器测量星光角距进行卫星自主导航是其中一种主要的导航方法，相比于其他自主导航方法，利用星敏感器和地球敏感器的算法简单，稳定可靠，且可利用敏感器提供的姿态信息获得导航信息，无须增加额外单机，具有极高的可实现性。

1)天文导航算法

导航卫星天文导航算法实现过程如下：

(1) 采集星敏感器实时输出的姿态四元数转换得到惯性坐标系在卫星本体系的四元数表示 q_{ib}，并结合地球敏感器输出单位地心矢量转换得到的卫星本体系单位地心矢量 r_b，求得惯性系单位地心矢量 r_i 作为观测量。具体地，首先根据公式 (6.105)，求得惯性坐标系在卫星本体系下的姿态矩阵 $\boldsymbol{R}_{ib}$；而后根据公式 (6.106)求得惯性系单位地心矢量 r_{i1}。

$$
\begin{cases}
R_{11} = q_4^2 + q_1^2 - q_2^2 - q_3^2 \\
R_{12} = 2(q_1 q_2 + q_4 q_3) \\
R_{13} = 2(q_1 q_3 - q_4 q_2) \\
R_{21} = 2(q_1 q_2 - q_4 q_3) \\
R_{22} = q_4^2 - q_1^2 + q_2^2 - q_3^2 \\
R_{23} = 2(q_2 q_3 + q_4 q_1) \\
R_{31} = 2(q_3 q_1 + q_4 q_2) \\
R_{32} = 2(q_3 q_2 - q_4 q_1) \\
R_{33} = q_4^2 - q_1^2 - q_2^2 + q_3^2 \\
\boldsymbol{R}_{ib} = \begin{bmatrix} R_{11} & R_{12} & R_{13} \\ R_{21} & R_{22} & R_{23} \\ R_{31} & R_{32} & R_{33} \end{bmatrix} \\
\boldsymbol{q}_{ib} = \begin{bmatrix} q_1 & q_2 & q_3 & q_4 \end{bmatrix}
\end{cases}
\tag{6.105}
$$

$$
r_{i1} = \boldsymbol{R}_{bi}^{-1} r_b
\tag{6.106}
$$

(2) 利用轨道动力学状态方程的不断更新可得到当前时刻的外推位置向量 r_{pos}，从而获得含有轨道信息的惯性系单位地心矢量预测量 r_{i2}。其中，轨道动力学状态方程如式 (6.107) 所示，而单位地心矢量预测量 r_{i2} 可由式 (6.109) 得到。

$$\left.\begin{aligned}
\frac{\mathrm{d}x}{\mathrm{d}t} &= v_x \\
\frac{\mathrm{d}y}{\mathrm{d}t} &= v_y \\
\frac{\mathrm{d}z}{\mathrm{d}t} &= v_z \\
\frac{\mathrm{d}v_x}{\mathrm{d}t} &= \frac{-\mu x}{r^3}\left[1 - J_2\left(\frac{R_\mathrm{e}}{r}\right)\left(\frac{7.5z^2}{r^2 - 1.5}\right)\right] + \Delta F_x \\
\frac{\mathrm{d}v_y}{\mathrm{d}t} &= -\frac{\mu y}{r^3}\left[1 - J_2\left(\frac{R_\mathrm{e}}{r}\right)\left(\frac{7.5z^2}{r^2 - 1.5}\right)\right] + \Delta F_y \\
\frac{\mathrm{d}v_z}{\mathrm{d}t} &= \frac{-\mu z}{r^3}\left[1 - J_2\left(\frac{R_\mathrm{e}}{r}\right)\left(\frac{7.5z^2}{r^2 - 4.5}\right)\right] + \Delta F_z \\
r &= \sqrt{x^2 + y^2 + z^2}
\end{aligned}\right\} \tag{6.107}$$

可简化为

$$\boldsymbol{X}(t) = f(\boldsymbol{X}(t), t) + \omega(t) \tag{6.108}$$

式中, $\boldsymbol{X} = [x, y, z, v_x, v_y, v_z]^\mathrm{T}$, x, y, z, v_x, v_y, v_z 分别为卫星 J2000 坐标系下的三轴位置速度信息;

μ——地心引力常数;

J_2——地心引力系数;

R_e——地球半径;

$\Delta F_x, \Delta F_y, \Delta F_z$——地球非球形高阶摄动、日月引力摄动、太阳光压摄动等摄动力影响。

$$\boldsymbol{r}_{\mathrm{i}2} = -\frac{\boldsymbol{r}_{\mathrm{pos}}}{|\boldsymbol{r}_{\mathrm{pos}}|} \tag{6.109}$$

(3) 利用卡尔曼滤波基于观测值惯性系地心矢量结合惯性系 $\boldsymbol{r}_{\mathrm{i}1}$ 单位地心矢量预测量 $\boldsymbol{r}_{\mathrm{i}2}$ 对外推轨道信息进行优化,实现实时定轨。星上利用无迹卡尔曼滤波算法,通过实时获得惯性系地心矢量观测量 $\boldsymbol{r}_{\mathrm{i}1}$ 与惯性系单位地心矢量预测量 $\boldsymbol{r}_{\mathrm{i}2}$ 的新信息量,对外推位置向量 $\boldsymbol{r}_{\mathrm{pos}}$ 进行不断修正,实现卫星自主定轨。

2) 无迹卡尔曼滤波算法

无迹卡尔曼滤波 (UKF) 算法是 S. J. Juliear 和 J. K. Uhlman 在 1997 年提出的一种新的非线性滤波方法。对于非线性系统,UKF 算法无须对非线性方程进行线性化,而是选取一些特殊样本点,使其均值和方差等于采样时刻的均值和方差。而后,利用这些采样点通过非线性系统得到变换的采样点,从而预测得到采样时刻的均值和方差。由于 UKF 算法不必计算 Jacobi 矩阵,不必对非线性系统函数进行任何形式的逼近,因此 UKF 算法没有对系统高阶项的截断误差。因而,相比于传统的扩展卡尔曼滤波算法 (EKF)，UKF 算法性能对于非线性系统的滤波计算更为优越。

具体而言，UKF 算法主要思想如下。

设有非线性系统

$$x_{k+1} = f(x_k) + \omega_k \tag{6.110}$$

$$y_k = h(x_k) + v_k \tag{6.111}$$

假定状态为高斯随机矢量；过程噪声与测量噪声的统计特性为 $\omega_k \sim N(0, Q_k)$，$v_k \sim N(0, R_k)$。

(1) 初始化。

$$\begin{aligned}\hat{x}_0 &= E[X_0] \\ P_0 &= E[(X_0 - \hat{X}_0)(X_0 - \hat{X}_0)^{\mathrm{T}}]\end{aligned} \tag{6.112}$$

(2) 状态估计。

① 计算 Sigma 点

$$\begin{aligned}x_{k-1}^0 &= \hat{x}_{k-1} \\ x_{k-1}^i &= \hat{x}_{k-1} + \left(\sqrt{(n+\kappa)P_{k-1}}\right)_i, \quad i = 1, \cdots, n \\ x_{k-1}^i &= \hat{x}_{k-1} - \left(\sqrt{(n+\kappa)P_{k-1}}\right)_i, \quad i = n+1, \cdots, 2n\end{aligned} \tag{6.113}$$

② 时间更新

$$x_{k|k-1}^i = f(x_{k-1}^i) \tag{6.114}$$

$$\hat{x}_k^- = \sum_{i=0}^{2n} W_i^{(\mathrm{m})} x_{k|k-1}^i \tag{6.115}$$

$$P_{x,k}^- = \sum_{i=0}^{2n} W_i^{(\mathrm{c})} \left[x_{k|k-1}^i - \hat{x}_k^-\right]\left[x_{k|k-1}^i - \hat{x}_k^-\right]^{\mathrm{T}} + Q_k \tag{6.116}$$

$$\gamma_{k|k-1}^i = h(x_{k-1}^i) \tag{6.117}$$

$$\hat{y}_k^- = \sum_{i=0}^{2n} W_i^{(\mathrm{m})} \gamma_{k|k-1}^i \tag{6.118}$$

式中，

$$W_0^{(\mathrm{m})} = \frac{\kappa}{(n+\kappa)}$$

$$W_0^{(\mathrm{c})} = \frac{\kappa}{n+\kappa} + (1 - \partial^2 + \beta)$$

$$W_i^{(\mathrm{m})} = W_i^{(\mathrm{c})} = \frac{\kappa}{[2(n+\kappa)]}, \quad i = 1, \cdots, 2n$$

$$\kappa = \partial^2(n+\lambda) - n$$

③测量及量测噪声方差更新

$$\boldsymbol{P}_{y,k} = \sum_{i=0}^{2n} W_i^{(\mathrm{c})} \left[\gamma_{k|k-1}^i - \hat{\boldsymbol{y}}_k^- \right] \left[\gamma_{k|k-1}^i - \hat{\boldsymbol{y}}_k^- \right]^{\mathrm{T}} + \boldsymbol{R}_k \qquad (6.119)$$

$$\boldsymbol{P}_{xy,k} = \sum_{i=0}^{2n} W_i^{(\mathrm{c})} \left[\boldsymbol{x}_{k|k-1}^i - \hat{\boldsymbol{x}}_k^- \right] \left[\gamma_{k|k-1}^i - \hat{\boldsymbol{y}}_k^- \right]^{\mathrm{T}} \qquad (6.120)$$

$$\boldsymbol{K}_k = \boldsymbol{P}_{xy,k} \boldsymbol{P}_{y,k}^{-1} \qquad (6.121)$$

$$\hat{\boldsymbol{x}}_k = \hat{\boldsymbol{x}}_k^- + \boldsymbol{K}_k \left(\boldsymbol{y}_k - \hat{\boldsymbol{y}}_k^- \right) \qquad (6.122)$$

$$\boldsymbol{P}_{x,k} = \boldsymbol{P}_{x,k}^- - \boldsymbol{K}_k \boldsymbol{P}_{y,k} \boldsymbol{K}_k^{\mathrm{T}} \qquad (6.123)$$

6.8.2 轨道控制

导航卫星轨道控制采用天地间大闭环方式,综合考虑推进、测控、姿控等约束,合理安排各次轨控点,保证既满足测定轨精度要求,又具备测控可实施性。轨道控制系统的基本工作原理如图 6.20 所示。

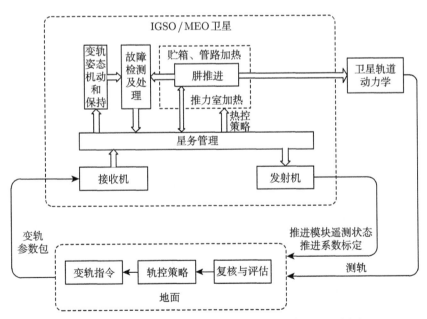

图 6.20 卫星星地大回路轨道控制系统工作原理示意图

导航卫星轨道控制系统地面部分主要包括各测控站的跟踪、遥测和遥控设备以及控制中心,地面系统负责进行卫星测定轨、轨控策略制定、变轨参数包上注、轨控实施监控、推进标定以及轨控效果评估,星上部分主要是星载计算机及推进机构等相关设备，并依靠测控数传同地面保持上、下行通信联系，星务负责卫星轨控指令自主执行及相关故障检测及处理。

　　卫星的轨道控制可分为三个阶段，其过程如图 6.21 所示。

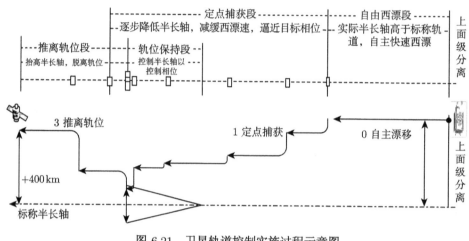

图 6.21　卫星轨道控制实施过程示意图

6.8.2.1　相位捕获控制

　　星箭分离后，卫星入轨点位置与要求的定点相位不一致，即轨道半长轴、偏心率与任务要求的目标工作轨道有差异，由于入轨半长轴高于标称星座轨道，因此卫星与目标位置的卫星存在相对运动关系，表现形式是相对地球自转西漂，依靠这种相对运动关系，同时通过降低半长轴来调整相位，最后相位逼近，达到目标相位位置，完成相位的定点捕获。

　　考虑测控、推进、姿控等各项约束，通常需要将轨道控制分配为多次实施。设相位捕获控制总次数为 n，每次控制量为 Δv_i，对应的半长轴改变量为 Δa_i，对应的控制时刻为 t_i，相邻两次控制时间间隔为 $\Delta t_i = t_i - t_{i-1}$，其中 $i = 1, 2, \cdots, n$。由于在典型入轨偏差的影响下，入轨时的远地点、近地点均存在误差，其中远地点偏差较大。需要在近地点、远地点分别进行轨道机动控制以做相位捕获。

　　相位捕获控制策略就是要寻找确定各次控制量及其施控时机，即确定 t_i，Δv_i 相位捕获控制的各次控制量及其施控时机 t_i，Δv_i 首先必须满足如下条件：

　　(1) 经相位捕获控制，最终卫星实际位置与标称位置相位差接近 0°，即满足如下公式：

$$\Delta u_0 + \sum_{i=1}^{n} \Delta u_i \approx 0 \tag{6.124}$$

式中，Δu_0——初始相位差；

Δu_i——Δt_i 内相位改变,

$$\Delta u_i = -\frac{3n}{2a}\left(\Delta a_{i-1} + \frac{1}{2}\Delta \dot{a}_{i-1}\Delta t^2\right) = -\frac{3n}{2a}\Delta a_{i-1}\Delta t \tag{6.125}$$

其中, Δa_i 为卫星第 i 次控后半长轴与标称半长轴之差; $\Delta \dot{a}_i$ 为卫星第 i 次控后半长轴与标称半长轴之差的变化率, 摄动力对卫星实际轨道与目标轨道影响一致, 即 $\Delta \dot{a}_i = 0$。

(2) 经相位捕获控制, 最终卫星实际半长轴与标称半长轴差约为 0m, 即满足如下公式:

$$\Delta a_0 + \sum_{i=1}^{n}\Delta a_i + \Delta \dot{a}(t_n - t_0) \approx 0 \tag{6.126}$$

式中, Δa_i——卫星第 i 次控后半长轴与标称半长轴之差。

$$\Delta a_i = \Delta a_{i-1} + \Delta \dot{a}_i \Delta t_i + \Delta a_i = \Delta a_{i-1} + \Delta a \tag{6.127}$$

其中, $\Delta a_i = \dfrac{2\Delta v_i}{n}$。

满足上述两个条件的 Δt_i 和 Δv_i 解有无穷多组, 但针对卫星, 其轨控策略中 Δt_i 和 Δv_i 的选择还必须满足如下约束条件:

1) 第一次轨控为预变轨

考虑发动机工作流程, 将卫星轨控过程的第一次控制定为预变轨, 其主要任务是进行推力标定, 同时测试发动机性能及姿轨控配合情况。

2) 发动机单次工作最大速度增量

轨道控制的理论速度增量 Δv_i 与前次轨道预报及轨道控制带来的误差 Δv_i 之和, 不大于推进系统单次工作能够提供的最大速度量 $\Delta v_{\max}$, 即 $|\Delta v_i| + |\Delta v_i| \leqslant \Delta v_{\max}$, Δv_i 为前次轨道预报及轨道控制带来的速度增量偏差, $|\Delta v_i| = \sqrt{(0.15\Delta v_{i-1})^2 + 0.006^2}$。

按照目前推进系统的性能, 推力器单次工作时间应小于 1200s, 单次提供卫星最大速度增量 $\Delta v_{\max} = 23\mathrm{m}\cdot\mathrm{s}^{-1}$。

3) 相邻两次轨控时间间隔

为避免发动机连续工作时间过长, 温度过高导致推进系统遭到破坏, 两次轨控的时间间隔不小于 1 轨; 考虑到实际轨控过程中, 在两次相邻轨控之间必须预留足够的测定轨时间, 因此, 确定卫星两次轨控的时间间隔不小于 2 轨。

4) 避免捕获过程中出现相对相位不再减小, 反而增大的情况

为避免出现相位增大, 必须保证本次控制半长轴实际改变量 (Δa_i 上叠加测定轨、控制误差) 与前面多次半长轴改变量总和 $\left(\displaystyle\sum_{i}^{n-1}\Delta a_i\right)$ 不超过相位制动段半长轴改变总量 Δa_z, 如图 6.22 所示。

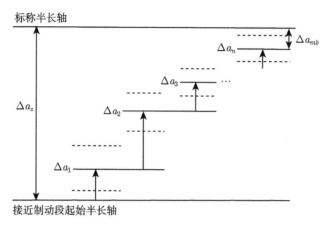

图 6.22　卫星轨控策略设计约束示意图

设制动段第一次半长轴改变量为 Δa_1，为了保证卫星始终处于相对相位减小状态，避免发生相位反向漂移，即相对相位增大，必须满足如下条件，即半长轴实际改变量 (Δa_1 上叠加测定轨、控制误差) 上限小于 Δa_z：

$$\Delta a_1 + \sqrt{(0.15\Delta a_1)^2 + 0.1^2} \leqslant \Delta a_z \tag{6.128}$$

对于制动段第二次半长轴改变量为 Δa_2，必须满足如下条件，即本次半长轴实际改变量 (Δa_2 上叠加测定轨、控制误差) 上限与第一次半长轴改变量 Δa_1 之和小于 Δa_z：$\Delta a_1 + \Delta a_2 + \sqrt{(0.15\Delta a_2)^2 + 0.1^2} \leqslant \Delta a_z$。

同理，可得到制动段第 n 次控制必须满足的条件

$$\sum_{i=1}^{n} \Delta a_i + \sqrt{(0.15\Delta a_n)^2 + 0.1^2} \leqslant \Delta a_z$$

5) 在相位捕获结束时半长轴调整总量必须满足相位捕获控制目标要求

根据相位捕获控制目标可知，相位制动段的半长轴调整量之和 $\left(\sum\limits_{i=1}^{n} \Delta a_i\right)$ 与半长轴改变总量 Δa_z 之差满足关系：$\Delta a_i - \sum\limits_{i=1}^{n} \Delta a_i = \Delta a_{mb}$。

6) 相位制动段最后一次控制量应满足约束条件

为保证后续相位保持的时间及控制频度，制动段最后一次控制的速度增量不超过 $0.025\mathrm{m\cdot s^{-1}}$；考虑实际工程可行性，制动段最后一次控制的速度增量应大于发动机所能提供的最小速度 (50ms 脉冲，$0.0011\mathrm{m\cdot s^{-1}}$)，且 $0.0011 \leqslant \Delta v_n \leqslant 0.025$。

根据 6 个约束条件，搜索能够满足 2 个控制目标的各次控制量 Δv_i 及其施控时机 t_i，可以得到多个满足要求的解，以最快实现相位捕获为判据，即以总控制时

间最短来确定最终轨控策略，$J = \min\left(\sum_{i=1}^{n}\Delta t_i\right)$。

6.8.2.2 相位维持控制

卫星进入工作轨道后，在任务寿命期受到摄动力作用，相位产生漂移，将超出相位偏差的允许范围，此阶段控制任务是通过控制轨道半长轴而有效地控制漂移率，最终使相位处于允许误差范围内。

由于相位捕获后，初始相位差为在区间内某个数值比较小的点，并且半长轴也存在 Δa 的偏差，具体视实际情况而定。由于未保留初始相位的偏置值，因此要根据具体情况制定轨控策略。

6.8.2.3 推离轨位控制

卫星寿命末期，为给其他卫星留出轨位，需要将卫星半长轴抬高。由控制目标可知，推离轨位控制主要就是将卫星半长轴抬高 300~400km，因此其轨控采用最常规的霍曼变轨方式实现，在不考虑发动机最大控制能力约束时，可通过实施两次对称控制实现轨道高度抬高，如图 6.23 所示。第一次控制，在近地点控制，将椭圆远地点高度抬高；第二次控制，在远地点控制，将椭圆近地点高度抬高。

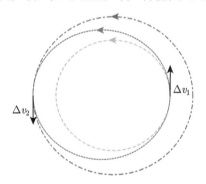

图 6.23 卫星推离轨位控制示意图

6.9 姿态确定和控制

6.9.1 姿态确定

6.9.1.1 单星敏定姿方法

单独使用星敏感器确定卫星姿态，由于没有角速率测量输入，因此需要建立合适的模型和状态变量，利用已知的姿态信息估算角速度。本节设计了基于角速度模型估计的扩展卡尔曼滤波算法，在该滤波器中，由于没有角速率测量输入，因此需要对姿态角速度建立单独的运动增量模型，通过姿态四元数信息和状态变量估计均方误差阵估算姿态角速度估计误差；设计滤波器的状态变量为姿态四元数估计误差矢量部分和姿态角速度估计误差，建立滤波器系统模型；量测值选取同 6.8 节所述，仍为对地姿态角测量残差。

1) 状态变量及状态方程

(1) 定义角速率模型。

卫星姿态运动真实角速度可以看作统计意义上的随机过程，可以分解为两个部分：一部分为姿态角速度的统计均值 ω_{nom}，相当于角速度在卫星本体系中的投影；另一部分为角速度传递过程中的扰动值 ω_{d}，主要由系统的闭环控制系统中未建模的内外干扰力矩引起。由于控制系统的带宽比测量带宽小大约一个量级，干扰力矩为低频变量，因此可以将角速率的变化过程近似视为无后效性的一阶马尔可夫过程，并且服从均值为零的高斯分布，这一过程相当于对角速率模型的简化，适用于线性卡尔曼滤波器。扰动角速率模型如下：

$$\dot{\omega}_{\text{d}} = \frac{1}{\tau}\omega_{\text{d}} + v_{\text{d}}$$

$$\omega_{\text{d}}(0) = 0 \tag{6.129}$$

式中，τ——时间相关系数，由整星闭环频带宽度决定；

v_{d}——零均值的高斯白噪声。

则角速度估计误差 $\Delta\omega_{\text{bi}}$ 可以由以下公式计算：

$$\Delta\omega_{\text{bi}} = \omega_{\text{bi}} - \hat{\omega}_{\text{bi}} = (\omega_{\text{nom}} + \omega_{\text{d}}) - (\omega_{\text{nom}} + \hat{\omega}_{\text{d}} + v_{\text{s}}) = \Delta\omega_{\text{d}} - v_{\text{s}} \tag{6.130}$$

式中，v_{s}——假定的系统白噪声。

四元数估计误差微分方程为

$$\Delta\dot{q}_{\text{bo}} = -[\hat{\omega}_{\text{bi}}\times]\Delta q_{\text{bo}} + \frac{1}{2}\Delta\omega_{\text{bi}} \tag{6.131}$$

则得到四元数与角速度估计误差的线性微分方程组如下：

$$\begin{cases} \Delta\dot{q}_0 = 0 \\ \Delta\dot{q}_{\text{bo}} = -[\hat{\omega}_{\text{bi}}\times]\Delta q_{\text{bo}} + \frac{1}{2}\Delta\omega_{\text{d}} - \frac{1}{2}v_{\text{s}} \\ \Delta\dot{\omega}_{\text{d}} = \frac{1}{\tau}\Delta\omega_{\text{d}} + v_{\text{d}} \end{cases} \tag{6.132}$$

(2) 给出应用于扩展卡尔曼滤波算法的状态变量及状态方程。

取滤波器的状态变量为降阶的误差四元数和角速度估计误差 $\boldsymbol{X} = [\Delta q_{\text{bo}}^{\text{T}}, \Delta\omega_{\text{d}}^{\text{T}}]^{\text{T}}$，则滤波器状态方程为

$$\dot{\boldsymbol{X}}(t) = \boldsymbol{A}(t)\boldsymbol{X}(t) + \boldsymbol{G}(t)\boldsymbol{w}(t) \tag{6.133}$$

式中，

$$\boldsymbol{A}(t) = \begin{bmatrix} -[\hat{\boldsymbol{\omega}}_{\mathrm{bi}}\times] & \frac{1}{2}\boldsymbol{I}_{3\times3} \\ \boldsymbol{0}_{3\times3} & \frac{1}{\tau}\boldsymbol{I}_{3\times3} \end{bmatrix}$$

$$\boldsymbol{G}(t) = \begin{bmatrix} -\frac{1}{2}\boldsymbol{I}_{3\times3} & \boldsymbol{0}_{3\times3} \\ \boldsymbol{0}_{3\times3} & \boldsymbol{I}_{3\times3} \end{bmatrix} \quad \boldsymbol{w}(t) = \begin{bmatrix} \boldsymbol{v}_{\mathrm{s}} \\ \boldsymbol{v}_{\mathrm{d}} \end{bmatrix}$$

设 $\boldsymbol{X}_k = \begin{bmatrix} \Delta\boldsymbol{q}_{\mathrm{bo}k}^{\mathrm{T}} & \Delta\boldsymbol{\omega}_{\mathrm{d}k}^{\mathrm{T}} \end{bmatrix}^{\mathrm{T}}$，得到离散线性状态方程为

$$\boldsymbol{X}_k = \boldsymbol{\Phi}_{k,k-1}\boldsymbol{X}_{k-1} + \boldsymbol{W}_{k-1} \tag{6.134}$$

式中，$\boldsymbol{W}_k$——白噪声序列。

2) 测量变量及测量方程

取测量变量为星敏感器的测量残差 $\boldsymbol{Z} = [\delta\phi, \delta\theta, \delta\psi]^{\mathrm{T}}$，则测量方程为

$$\boldsymbol{Z}(t) = \boldsymbol{H}(t)\boldsymbol{X}(t) + \boldsymbol{v}(t) \tag{6.135}$$

式中，$\boldsymbol{H}(t) = \begin{bmatrix} 2\boldsymbol{I}_{3\times3} & \boldsymbol{0}_{3\times3} \end{bmatrix}$，$\boldsymbol{v}(t) = \begin{bmatrix} \boldsymbol{v}_{\varphi} \\ \boldsymbol{v}_{\theta} \\ \boldsymbol{v}_{\psi} \end{bmatrix}$。

离散化得

$$\boldsymbol{Z}_k = \boldsymbol{H}_k\boldsymbol{X}_k + \boldsymbol{V}_k \tag{6.136}$$

式中，$\boldsymbol{V}_k$——测量噪声序列，满足 $E[\boldsymbol{V}_k] = 0$，$E[\boldsymbol{V}_k \boldsymbol{V}_j^{\mathrm{T}}] = \boldsymbol{R}_k\boldsymbol{\delta}_{kj}$。

3) 滤波器定姿算法步骤

基于上述的滤波器系统状态方程和测量方程，应用扩展卡尔曼滤波算法对卫星姿态进行估计。

(1) 一步预测：向前递推求状态一步预测值，计算一步预测均方误差阵。

根据 t_{k-1} 时刻的姿态四元数和角速度估计值，对下式进行数值积分，得到当前时刻 t_k 的四元数一步预测值 $(\hat{\boldsymbol{q}}_{\mathrm{bo}})_{k/k-1}$

$$(\dot{\hat{\boldsymbol{q}}}_{\mathrm{bo}})_{k/k-1} = \frac{1}{2}(\hat{\boldsymbol{q}}_{\mathrm{bo}})_{k-1} \otimes (\hat{\boldsymbol{\omega}}_{\mathrm{bo}})_{k-1} \tag{6.137}$$

式中，$(\hat{\boldsymbol{\omega}}_{\mathrm{bo}})_{k-1} = (\hat{\boldsymbol{\omega}}_{\mathrm{bi}})_{k-1} - \boldsymbol{A}_{\mathrm{bo}}[(\hat{\boldsymbol{q}}_{\mathrm{bo}})_{k-1}] \cdot \boldsymbol{\omega}_{\mathrm{oi}}$。

当前时刻 t_k 的角速度一步预测值 $(\hat{\boldsymbol{\omega}}_{\mathrm{bi}})_{k/k-1}$ 为

$$(\hat{\boldsymbol{\omega}}_{\mathrm{bi}})_{k/k-1} = (\hat{\boldsymbol{\omega}}_{\mathrm{bi}})_{k-1} \tag{6.138}$$

由 $(\hat{\boldsymbol{\omega}}_{\text{bi}})_{k-1}$ 可得到 $\boldsymbol{A}_{k-1}$，从而算得一步转移阵 $\boldsymbol{\Phi}_{k,k-1}$，则得到一步预测均方误差阵 $\boldsymbol{P}_{k/k-1}$ 为

$$\boldsymbol{P}_{k/k-1} = \boldsymbol{\Phi}_{k,k-1}\boldsymbol{P}_{k-1}\boldsymbol{\Phi}_{k,k-1}^{\text{T}} + \boldsymbol{Q}_{k-1} \tag{6.139}$$

(2) 量测更新：由量测值对一步预测值进行更新。

计算滤波增益 $\boldsymbol{K}_k$

$$\boldsymbol{K}_k = \boldsymbol{P}_{k/k-1}\boldsymbol{H}_k^{\text{T}}(\boldsymbol{H}_k\boldsymbol{P}_{k/k-1}\boldsymbol{H}_k^{\text{T}} + \boldsymbol{R}_k)^{-1} \tag{6.140}$$

输入 t_k 时刻星敏感器的测量值，求解姿态欧拉角的测量值与一步预测值的差，即测量变量 $\boldsymbol{Z}_k = [\delta\varphi_k, \delta\theta_k, \delta\psi_k]^{\text{T}}$，利用下式更新状态变量的估计值 $\hat{\boldsymbol{X}}_k$：

$$\hat{\boldsymbol{X}}_k = \boldsymbol{K}_k\boldsymbol{Z}_k \tag{6.141}$$

利用 t_k 时刻的状态变量估计值 $\hat{\boldsymbol{X}}_k = \begin{bmatrix} \Delta\hat{\boldsymbol{q}}_{\text{bok}}^{\text{T}} & \Delta\hat{\boldsymbol{\omega}}_{\text{dk}}^{\text{T}} \end{bmatrix}^{\text{T}}$ 对姿态四元数和角速度进行修正

$$\hat{\bar{\boldsymbol{q}}}_{\text{bok}} = (\hat{\bar{\boldsymbol{q}}}_{\text{bo}})_{k/k-1} \otimes \Delta\hat{\bar{\boldsymbol{q}}}_{\text{bok}} \tag{6.142}$$

$$\hat{\boldsymbol{\omega}}_{\text{bik}} = (\hat{\boldsymbol{\omega}}_{\text{bi}})_{k/k-1} + \Delta\hat{\boldsymbol{\omega}}_{\text{dk}} \tag{6.143}$$

其中，考虑到四元数模为 1 的约束条件，$\Delta\hat{\bar{\boldsymbol{q}}}_{\text{bok}}$ 的计算公式如下：

$$\Delta\hat{\bar{\boldsymbol{q}}}_{\text{bok}} = \begin{bmatrix} \sqrt{1 - \Delta\hat{\boldsymbol{q}}_{\text{bok}}^{\text{T}}\Delta\hat{\boldsymbol{q}}_{\text{bok}}} \\ \Delta\hat{\boldsymbol{q}}_{\text{bok}} \end{bmatrix} \tag{6.144}$$

估计均方误差阵 $\boldsymbol{P}_k$ 的更新公式为

$$\boldsymbol{P}_k = (\boldsymbol{I} - \boldsymbol{K}_k\boldsymbol{H}_k)\boldsymbol{P}_{k/k-1}(\boldsymbol{I} - \boldsymbol{K}_k\boldsymbol{H}_k)^{\text{T}} + \boldsymbol{K}_k\boldsymbol{R}_k\boldsymbol{K}_k^{\text{T}} \tag{6.145}$$

6.9.1.2 双矢量定姿方法

已知在参考系中有两个互不平行的参考矢量 $\boldsymbol{V}_1, \boldsymbol{V}_2$，它们在星体坐标系中被测得为观测矢量 $\boldsymbol{U}_1, \boldsymbol{U}_2$，则有姿态矩阵 $\boldsymbol{A}$ 满足条件：

$$\begin{aligned} \boldsymbol{U}_1 &= \boldsymbol{A}\boldsymbol{V}_1 \\ \boldsymbol{U}_2 &= \boldsymbol{A}\boldsymbol{V}_2 \end{aligned} \tag{6.146}$$

为了求得矩阵 $\boldsymbol{A}$，首先利用 $\boldsymbol{V}_1, \boldsymbol{V}_2$ 和 $\boldsymbol{U}_1, \boldsymbol{U}_2$ 分别搭建正交坐标系 $\boldsymbol{R}$ 和 $\boldsymbol{S}$ 如下：

$$\boldsymbol{V}_1\boldsymbol{R}_2 = \frac{\boldsymbol{V}_1 \times \boldsymbol{V}_2}{\|\boldsymbol{V}_1 \times \boldsymbol{V}_2\|}\boldsymbol{R}_3 = \boldsymbol{R}_1 \times \boldsymbol{R}_2 \tag{6.147}$$

$$\boldsymbol{R}_1 = \boldsymbol{V}_1 \times \boldsymbol{R}_2 = \frac{\boldsymbol{V}_1 \times \boldsymbol{V}_2}{\|\boldsymbol{V}_1 \times \boldsymbol{V}_2\|}\boldsymbol{R}_3 = \boldsymbol{R}_1 \times \boldsymbol{R}_2 \tag{6.148}$$

$$S_1 = U_1 \times S_2 = \frac{U_1 \times U_2}{\|U_1 \times U_2\|} R_3 = S_1 \times S_2 \tag{6.149}$$

进而有 3×3 矩阵

$$\begin{aligned} M_R &= [R_1, R_2, R_3] \\ M_s &= [S_1, S_2, S_3] \end{aligned} \tag{6.150}$$

它们之间具有关系

$$M_s = AM_R \tag{6.151}$$

则可得姿态矩阵 A 的表达式

$$A = M_s M_R^T \tag{6.152}$$

6.9.2 姿态控制

6.9.2.1 推进控制器

推力器采用相平面控制策略，图 6.24 给出相平面控制律 (以三轴控制器的某一轴为例)。由于开关线关于相平面的原点中心对称，因此下面只对右半平面加以说明。将相平面右半部分分为八个区，推力器喷气脉冲宽度为 $\Delta T_{\min}$、$\Delta T_{\max}$，给定角度阈值为 α_0，角度控制线 α_1 和 α_2，给定角速度阈值为 ω_0，角速度控制线 ω_1 和 ω_2。令上次角度偏差值为 α_{Last}，推力器工作脉冲为 ΔT。

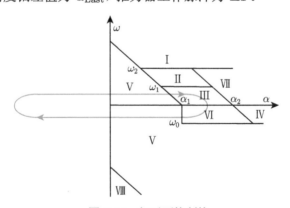

图 6.24 相平面控制律

控制律如下：

Ⅰ 区：

条件：$\alpha + k_1\omega \geqslant \alpha_1$ 且 $\omega \geqslant \omega_2$；

控制：$\Delta T = \Delta T_{\max}$，负喷气；

记录：$\alpha_{\text{Last}} = \alpha$。

Ⅱ 区：

条件：$\alpha + k_1\omega \geqslant \alpha_1$ 且 $\alpha + k_2\omega \leqslant \alpha_2$，$\omega \geqslant \omega_1$，$\omega < \omega_2$；

控制：$\Delta T = \Delta T_{\min}$，负喷气；

记录：$\alpha_{\mathrm{Last}} = \alpha$。

Ⅲ区：

条件：$\alpha + k_1\omega \geqslant \alpha_1$ 且 $\alpha + k_2\omega \leqslant \alpha_2$，$\omega \geqslant 0$，$\omega < \omega_1$；

当：$\alpha - \alpha_{\mathrm{Last}} \geqslant \alpha_0$；

控制：$\Delta T = \Delta T_{\min}$，负喷气；

记录：$\alpha_{\mathrm{Last}} = \alpha$；

当：$\alpha - \alpha_{\mathrm{Last}} < \alpha_0$；

控制：$\Delta T = 0$；

记录：α_{Last} 不变。

Ⅳ区：

条件：$\alpha + k_2\omega > \alpha_2$ 且 $\omega \geqslant -\omega_0$，$\omega < 0$；

控制：$\Delta T = \Delta T_{\min}$，负喷气；

记录：$\alpha_{\mathrm{Last}} = \alpha$。

Ⅴ区：

条件：$\alpha \leqslant \alpha_1$ 且 $\omega \geqslant -\omega_0$，$\omega \leqslant 0$；

或：$\alpha + k_1\omega \geqslant -\alpha_1$ 且 $\omega < -\omega_0$；

或：$\alpha + k_1\omega < \alpha_1$ 且 $\omega > 0$；

控制：$\Delta T = 0$；

记录：$\alpha_{\mathrm{Last}} = \alpha - \alpha_0$。

Ⅵ区：

条件：$\alpha > \alpha_1$ 且 $\alpha + k_2\omega \leqslant \alpha_2$，$\omega \geqslant -\omega_0$，$\omega < 0$；

当：$\alpha - \alpha_{\mathrm{Last}} \geqslant \alpha_0$；

控制：$\Delta T = \Delta T_{\min}$，负喷气；

记录：$\alpha_{\mathrm{Last}} = \alpha$；

当：$\alpha - \alpha_{\mathrm{Last}} < \alpha_0$ 且 $\alpha \leqslant \alpha_{\mathrm{Last}}$；

控制：$\Delta T = 0$；

记录：$\alpha_{\mathrm{Last}} = \alpha$；

当：$\alpha - \alpha_{\mathrm{Last}} < \alpha_0$ 且 $\alpha > \alpha_{\mathrm{Last}}$；

控制：$\Delta T = 0$；

记录：α_{Last} 不变。

Ⅶ区：

条件：$\alpha + k_2\omega > \alpha_2$ 且 $\omega \geqslant 0$，$\omega < \omega_2$；

控制：$\Delta T = \Delta T_{\min}$，负喷气；

记录：$\alpha_{\text{Last}} = \alpha$。

Ⅷ区：

条件：$\alpha + k_1\omega < -\alpha_1$；

控制：$\Delta T = \Delta T_{\max}$，正喷气；

记录：$\alpha_{\text{Last}} = \alpha$。

在上述控制律作用下，必然形成图 6.24 所示极限环，系统稳定。根据三轴的当前喷气方向选择推力器控制器的控制指令 ΔT 中的喷气脉宽最大者为给定推力器的指令脉宽 P_{Tr}。推力器指令分配如表 6.15 所示。

表 6.15 推力器指令分配

推力器控制器控制指令			推力器的指令分配			
T_{cx}	T_{cy}	T_{cz}	1#	2#	3#	4#
+	+	+	P_{Tr}	P_{Tr}	0	P_{Tr}
+	+	−	0	P_{Tr}	0	0
+	+	0	0	P_{Tr}	0	0
+	−	+	0	0	0	P_{Tr}
+	−	−	0	P_{Tr}	P_{Tr}	P_{Tr}
+	−	0	0	0	0	P_{Tr}
+	0	+	0	0	0	P_{Tr}
+	0	−	0	P_{Tr}	0	0
+	0	0	0	P_{Tr}	0	P_{Tr}
−	+	+	P_{Tr}	0	0	0
−	+	−	P_{Tr}	P_{Tr}	P_{Tr}	0
−	+	0	P_{Tr}	0	0	0
−	−	+	P_{Tr}	0	P_{Tr}	P_{Tr}
−	−	−	0	0	P_{Tr}	0
−	−	0	0	0	P_{Tr}	0
−	0	+	P_{Tr}	0	0	0
−	0	−	0	0	P_{Tr}	0
−	0	0	P_{Tr}	0	P_{Tr}	0
0	+	+	P_{Tr}	0	0	0
0	+	−	0	P_{Tr}	0	0
0	+	0	P_{Tr}	P_{Tr}	0	0
0	−	+	0	0	0	P_{Tr}
0	−	−	0	0	P_{Tr}	0
0	−	0	0	0	P_{Tr}	P_{Tr}
0	0	+	P_{Tr}	0	0	P_{Tr}
0	0	−	0	P_{Tr}	P_{Tr}	0
0	0	0	0	0	0	0

6.9.2.2　反作用轮控制器

对三轴稳定卫星来说，由于偏航机动角度大，用四元数控制即可以避免奇异性，同时占用星载计算机内存少，而且还能实现某种意义下的最优机动。

采用四元数描述卫星的姿态运动，姿态运动学模型是非线性的，并且各通道相互耦合。对非线性系统的设计，一般在平衡状态加以近似线性化，但当实际的运行状态对于所选的平衡态有较大偏差时，这种方法所得的线性状态方程就会呈现较大的不准确性。实际的运行点和选取的平衡点之间的偏差越大，这种误差越大。那么，对于大角度姿态机动来讲，不能采用这种线性化方法。因此应采用非线性控制系统的设计方法来设计控制器。在此采用基于 Lyapunov 的四元数反馈控制器。

由四元数运动学方程和动力学方程，可以把姿态动力学问题变换为以 ω_x、ω_y、ω_z、q_0、q_1、q_2、q_3 为状态的动力学方程。在控制器中引入非线性项 $-\boldsymbol{\omega} \times \boldsymbol{H}$ 不但有利于姿态动力学模型线性化，而且还能消除反作用轮角动量对控制精度的影响。

令

$$\boldsymbol{T}_{\mathrm{c}} = -\boldsymbol{\omega} \times \boldsymbol{H} + \boldsymbol{I}_{\mathrm{s}}\boldsymbol{U}_{\mathrm{c}} \tag{6.153}$$

代入动力学方程得

$$\dot{\boldsymbol{\omega}} = \boldsymbol{T}_{\mathrm{D}} - \boldsymbol{U}_{\mathrm{c}} \tag{6.154}$$

式中，$\boldsymbol{T}_{\mathrm{D}} = \boldsymbol{I}_{\mathrm{s}}^{-1}\boldsymbol{T}_{\mathrm{d}}$，$\boldsymbol{T}_{\mathrm{D}}$ 是未知的但是有界，取 $\rho_i = \max |T_{\mathrm{D}i}|$，满足：

$$|T_{\mathrm{D}i}| \leqslant \rho_i, \quad i = x, y, z$$

即寻找控制律 $\boldsymbol{U}_{\mathrm{c}}$ 来满足系统的要求。利用李雅普诺夫方法可以对系统做结构稳定的设计，以及选择状态反馈矩阵使系统稳定并有一定的稳定裕度。

设卫星姿态机动工作点，即目标点状态为

$$\boldsymbol{x} = \begin{bmatrix} \boldsymbol{\omega}_{\mathrm{m}}^{\mathrm{T}} & \boldsymbol{q}_{\mathrm{m}}^{\mathrm{T}} \end{bmatrix}^{\mathrm{T}} = \begin{bmatrix} \omega_{x0} & \omega_{y0} & \omega_{z0} & q_{00} & q_{11} & q_{22} & q_{33} \end{bmatrix}^{\mathrm{T}} \tag{6.155}$$

其中，角速度为本体相对惯性系在本体系的投影，姿态四元数为本体相对轨道坐标系在本体系的投影。

$$\begin{aligned}
\boldsymbol{\omega}_{\mathrm{m}} &= \boldsymbol{\omega}_{\mathrm{bom}} + \boldsymbol{\omega}_{\mathrm{oim}} \\
&= \omega_0 \begin{bmatrix} -2(q_{11}q_{22} + q_{00}q_{33}) & q_{33}^2 + q_{11}^2 - q_{00}^2 - q_{22}^2 & 2(q_{00}q_{11} - q_{22}q_{33}) \end{bmatrix}^{\mathrm{T}}
\end{aligned} \tag{6.156}$$

其中，$\boldsymbol{\omega}_{\mathrm{bom}} = \begin{bmatrix} 0 & 0 & 0 \end{bmatrix}^{\mathrm{T}}$。

在状态反馈中，选取状态反馈阵

$$U_c = \rho\,\text{sign}(\boldsymbol{\omega} - \boldsymbol{\omega}_m) + k_0(\boldsymbol{K}(\boldsymbol{q} - \boldsymbol{q}_m) + \boldsymbol{D}(\boldsymbol{\omega} - \boldsymbol{\omega}_m)) \tag{6.157}$$

式中，$\boldsymbol{\rho} = \begin{bmatrix} \rho_x & 0 & 0 \\ 0 & \rho_y & 0 \\ 0 & 0 & \rho_z \end{bmatrix}$。

$\boldsymbol{K}$ 为 3×4 的阵，$\boldsymbol{D}$ 为 3×3 的方阵，$k_0 > 0$。选取李雅普诺夫函数为

$$V = \frac{1}{2}\sum_{i=x,y,z}(\omega_i - \omega_{i0})^2 + \frac{1}{2}k_0[(q_0 - q_{00})^2 + (q_1 - q_{11})^2 + (q_2 - q_{22})^2 + (q_3 - q_{33})^2] \tag{6.158}$$

由于 $\sum\limits_{j=0}^{3} q_j\dot{q}_j = 0$，所以

$$\dot{V} = \sum_{i=x,y,z}(\omega_i - \omega_{i0})\dot{\omega}_i - k_0(q_{00}\dot{q}_0 + q_{11}\dot{q}_1 + q_{22}\dot{q}_2 + q_{33}\dot{q}_3) \tag{6.159}$$

将 $\dot{\boldsymbol{\omega}}$、$\dot{\boldsymbol{q}}$ 代入，为使系统稳定，须保证 $\dot{V} \leqslant 0$。设计时，使得

$$\begin{aligned}\dot{V} = &-(\rho_x|\omega_x - \omega_{x0}| - d_x(\omega_x - \omega_{x0})) - (\rho_y|\omega_y - \omega_{y0}| - d_y(\omega_y - \omega_{y0}))\\ &-(\rho_z|\omega_z - \omega_{z0}| - d_z(\omega_z - \omega_{z0})) - k_0 D_{11}(\omega_x - \omega_{x0})^2\\ &-k_0 D_{22}(\omega_y - \omega_{y0})^2 - k_0 D_{33}(\omega_z - \omega_{z0})^2\end{aligned} \tag{6.160}$$

可以得到

$$\boldsymbol{K} = 0.5\begin{bmatrix} -q_{11} & q_{00} & q_{33} & -q_{22} \\ -q_{22} & -q_{33} & q_{00} & q_{11} \\ -q_{33} & q_{22} & -q_{11} & q_{00} \end{bmatrix} \tag{6.161}$$

$D_{11} > 0, D_{22} > 0, D_{33} > 0, D_{12} = -D_{21}, D_{13} = -D_{31}, D_{23} = -D_{32}$，令 $D_{12} = D_{13} = D_{23} = 0$，即

$$D = \begin{bmatrix} D_{11} & 0 & 0 \\ 0 & D_{22} & 0 \\ 0 & 0 & D_{33} \end{bmatrix}$$

则控制律 $\boldsymbol{T}_c$ 为

$$\boldsymbol{T}_c = -\boldsymbol{\omega} \times \boldsymbol{H} + \boldsymbol{I}_s(\rho\,\text{sign}(\boldsymbol{\omega} - \boldsymbol{\omega}_m) + k_0(\boldsymbol{K}(\boldsymbol{q} - \boldsymbol{q}_m) + \boldsymbol{D}(\boldsymbol{\omega} - \boldsymbol{\omega}_m))) \tag{6.162}$$

令 $k_0\boldsymbol{D} = \boldsymbol{K}_\mathrm{d}$, $k_0\boldsymbol{K} = \boldsymbol{K}_\mathrm{p}$, 则

$$\boldsymbol{T}_\mathrm{c} = -\boldsymbol{\omega}\times\boldsymbol{H} + \boldsymbol{I}_\mathrm{s}(\rho\mathrm{sign}(\boldsymbol{\omega}-\boldsymbol{\omega}_\mathrm{m}) + \boldsymbol{K}_\mathrm{p}(\boldsymbol{q}-\boldsymbol{q}_\mathrm{m}) + \boldsymbol{K}_\mathrm{d}(\boldsymbol{\omega}-\boldsymbol{\omega}_\mathrm{m})) \tag{6.163}$$

$\rho\mathrm{sign}(\boldsymbol{\omega}-\boldsymbol{\omega}_\mathrm{m})$ 较小, 控制律简化为

$$\boldsymbol{T}_\mathrm{c} = -\boldsymbol{\omega}\times\boldsymbol{H} + \boldsymbol{I}_\mathrm{s}(\boldsymbol{K}_\mathrm{p}\boldsymbol{q} + \boldsymbol{K}_\mathrm{d}(\boldsymbol{\omega}-\boldsymbol{\omega}_\mathrm{m})) \tag{6.164}$$

经验证, 只有工作点 $\dot{V}$ 恒等于零, 而且在工作点的邻域内 $\dot{V}$ 不是恒等于零, 所以, 工作点的平衡态是大范围内渐近稳定的, 并且该控制器能够抑制干扰力矩的影响。

6.9.2.3 卸载控制器

在控制系统设计时, 通常设计出期望的力矩 $\boldsymbol{T}_\mathrm{e}$, 通过期望力矩 $\boldsymbol{T}_\mathrm{e}$ 使磁力矩器产生磁偶极子 $\boldsymbol{M}$, 利用 $\boldsymbol{M}$ 与地磁场强度 $\boldsymbol{B}$ 的作用产生磁力矩 $\boldsymbol{T}_\mathrm{m}$。希望使得 $\Delta = (\boldsymbol{T}_\mathrm{m}-\boldsymbol{T}_\mathrm{e})(\boldsymbol{T}_\mathrm{m}-\boldsymbol{T}_\mathrm{e})$ 最小, 即

$$\Delta = (\boldsymbol{M}\times\boldsymbol{B}-\boldsymbol{T}_\mathrm{e})(\boldsymbol{M}\times\boldsymbol{B}-\boldsymbol{T}_\mathrm{e}) = |\boldsymbol{B}|^2|\boldsymbol{M}|^2 - (\boldsymbol{BM})^2 + 2\boldsymbol{T}_\mathrm{e}\times\boldsymbol{BM} + |\boldsymbol{T}_\mathrm{e}|^2$$

最小, 即

$$\mathrm{d}\Delta/\mathrm{d}\boldsymbol{M} = 2|\boldsymbol{B}|^2\boldsymbol{M} - 2(\boldsymbol{BM})\boldsymbol{B} + 2\boldsymbol{T}_\mathrm{e}\times\boldsymbol{B} = 0$$

解得 $\boldsymbol{M} = \dfrac{\boldsymbol{B}\times\boldsymbol{T}_\mathrm{e}}{|\boldsymbol{B}|^2} + K_\mathrm{m}\boldsymbol{B}$, K_m 为任意实数。为了节省能量, 应使得 $\boldsymbol{M}$ 的值最小, 取 K_m 为零。所以磁偶极子产生的公式为

$$\boldsymbol{M} = \frac{\boldsymbol{B}\times\boldsymbol{T}_\mathrm{e}}{|\boldsymbol{B}|^2} \tag{6.165}$$

磁力矩器所需的角动量控制力矩正比于角动量偏差 ΔH, 则所期望的卸载力矩为

$$\boldsymbol{T}_\mathrm{e} = -K\Delta\boldsymbol{H} \tag{6.166}$$

所需磁矩为

$$\boldsymbol{M} = -\frac{K}{|\boldsymbol{B}|^2}(\boldsymbol{B}\times\Delta\boldsymbol{H}) \tag{6.167}$$

式中, $K > 0$, 为磁力矩器的增益系数。作用在卫星上的磁卸载力矩为

$$\boldsymbol{T}_\mathrm{m} = \boldsymbol{M}\times\boldsymbol{B} = \begin{bmatrix} M_yB_z - M_zB_y \\ M_zB_x - M_xB_z \\ M_xB_y - M_yB_x \end{bmatrix} \tag{6.168}$$

可见, 当任一轴的磁力矩器工作时, 将同时对其他轴产生力矩, 存在耦合问题。在卸载期间, 由于存在耦合问题, 三轴反作用轮角动量的卸载效果会受到影响。

M 与 B 均指在本体坐标系下，B 的计算方法为：利用轨道参数和地磁场模型算出地理坐标系下的地磁场强度，再将其转换到本体坐标系下。

由于磁力矩器开关工作，当磁力矩器加电时，各轴产生的磁矩大小相同，保证磁力矩器产生的控制力矩和反作用轮角动量偏差 ΔH 的方向相反，就可以对反作用轮进行卸载，而且 T_m 和 ΔH 的夹角越大，对卸载就越有利。

卸载过程中各个磁力矩器在卸载中起的作用大小不一样，可以选取卸载作用最大的那个磁力矩器工作，以省省功耗。

6.10 太阳帆板控制

帆板控制主要包括帆板展开控制、SADA 加电控制、故障诊断与处理和帆板自主控制四个部分，具体说明如下。

6.10.1 帆板展开控制

帆板展开控制只在初次入轨时执行，实现卫星分离、阻尼、对日后的帆板展开，SADA 上电和自动归零。

如果火工品起爆，帆板 $+/-Y$ 展开指示 ($-0.3\sim0.3$V 表示展开) 和帆板展开标志都无效，通过帆板输入电流等方式判断帆板已展开后，可上注帆板展开软标志有效来指示帆板展开。

6.10.2 SADA 加电控制

如果帆板 $+/-Y$ 展开指示 ($-0.3\sim0.3$V 表示展开) 和帆板展开标志有效，地面通过上注帆板自主控制使能进行 SADA 加电。如果主份 SADA 加电异常，切换到备份 SADA；若备份 SADA 上电也异常，则切换到地面控制。

6.10.3 故障诊断与处理

帆板故障诊断主要考虑两方面的内容：
(1) 驱动线路盒工作电流异常，将主份驱动线路盒切换到备份 SADE；
(2) 帆板驱动机构转动异常，将主份驱动线路盒切换到备份驱动线路盒。

6.10.4 帆板自主控制

根据当前卫星工作模式确定帆板驱动机构转动目标角，然后发送控制指令驱动帆板驱动机构转到指定位置。

目标角计算方法：

假设轨道系太阳矢量为 $L = \begin{bmatrix} S_{ox} & S_{oy} & S_{oz} \end{bmatrix}^T$，当姿控工作模式为偏航机动

时，目标偏航角为 $\psi_{\mathrm{m}} = \mathrm{atan}\,2(S_{oy}, S_{ox})$，否则，目标偏航角为 $\psi_{\mathrm{m}} = 0$。则本体系太阳矢量为

$$
\boldsymbol{S}_{\mathrm{b}} = \begin{bmatrix} S_{ox}\cos\psi_{\mathrm{m}} + S_{oy}\sin\psi_{\mathrm{m}} \\[2mm] -S_{ox}\sin\psi_{\mathrm{m}} + S_{oy}\cos\psi_{\mathrm{m}} \\[2mm] S_{oz} \end{bmatrix} \tag{6.169}
$$

目标转角定义为太阳在 XOZ 面的投影与各帆板驱动机构零位所指轴向的夹角，顺时针方向为正，范围为 $[0, 2\pi]$，则 $-Y$ 目标转角为

$$
\phi = \begin{cases} \pi - \arccos\left(\dfrac{S_{\mathrm{b}z}}{\sqrt{S_{\mathrm{b}x}^2 + S_{\mathrm{b}z}^2}}\right), & S_{\mathrm{b}x} \leqslant 0 \\[5mm] \arccos\left(\dfrac{S_{\mathrm{b}z}}{\sqrt{S_{\mathrm{b}x}^2 + S_{\mathrm{b}z}^2}}\right) + \pi, & S_{\mathrm{b}x} > 0 \end{cases} \tag{6.170}
$$

$+Y$ 目标转角为

$$
\phi = \begin{cases} \pi - \arccos\left(\dfrac{S_{\mathrm{b}z}}{\sqrt{S_{\mathrm{b}x}^2 + S_{\mathrm{b}z}^2}}\right), & S_{\mathrm{b}x} \geqslant 0 \\[5mm] \arccos\left(\dfrac{S_{\mathrm{b}z}}{\sqrt{S_{\mathrm{b}x}^2 + S_{\mathrm{b}z}^2}}\right) + \pi, & S_{\mathrm{b}x} < 0 \end{cases} \tag{6.171}
$$

上式中，如果 $\sqrt{S_{\mathrm{b}x}^2 + S_{\mathrm{b}z}^2} \leqslant 10^{-5}$，则采用上一周期目标角。

6.11　地面仿真测试系统

6.11.1　半物理仿真系统

控制功能链利用半物理仿真系统来验证功能和性能指标，并可以通过模拟器将真实单机连入系统，达到对姿轨控的功能和性能进行全面测试的目的。各测试设备组成及工作原理如表 6.16 所示。

半物理仿真系统以 Matlab/XPC 实时仿真系统为核心，适用于姿轨控从静态闭路仿真到接入整星闭环联试全过程的实时快速原型仿真系统。测试设备连接关系如图 6.25 所示。

半物理测试系统由动力学仿真机仿真真实轨道环境、仿真卫星实时姿态及姿态敏感器输出，敏感器姿态输出结果经单机接口箱 DJF/DJX1 连接敏感器激励源，驱动敏感器单机，模拟太阳敏感器采用接口箱 DJF2 模拟真实接口，单机输出姿态

表 6.16 测试设备功能及工作原理

序号	设备名称	工作原理
1	动力学仿真机	基于 XPC 系统,根据卫星真实参数建立了动力学模型、轨道模型及其他摄动力模型,仿真周期为 5ms。动力学模型读取模拟器控制指令及单机控制力矩,解算姿态,然后输出到各敏感器,通过 422 串口发送到星载计算机或单机地检;同时通过光反更新模拟太敏和反作用轮转速
2	故障仿真机 GZ	通过光反接收动力学仿真机的敏感器数据及单机接口仿真机的执行器数据,加入设定的故障后,通过光反返回到动力学仿真机或单机接口仿真机,完成故障注入
3	单机接口仿真机 DJF	通过光反或 422 串口将动力学仿真机的敏感器数据转接到星载计算机或 SADA 模拟器;采集接口箱信号,转换为可识别的数字量后通过光反发送到动力学仿真机
4	单机接口箱 DJF1	模拟姿轨控单机及其地检设备真实接口,完成信号转换
5	主控计算机	控制动力学软件运行,参数配置,动力学下行数据监显及存储
6	调试终端机	控制单机接口仿真程序运行,动力学接口项调试,远程控制单机地检软件运行及调试
7	综测前端机	采集并显示星载计算机遥测数据
8	转台控制计算机、三轴转台、陀螺	动力学仿真机将卫星角速度转换到转台三轴角速度后,通过光反发送到转台控制计算机控制转台转动;安装在三轴转台上的陀螺实时测量角速度反馈到星载计算机;同时转台控制计算机通过光反将位置信息返回给动力学仿真机
9	动态星模控制计算机、动态星模拟器、星敏感器	动力学仿真机通过 422 串口将姿态信息发送到动态星模控制计算机,生成星图后输出至动态星模拟器,模拟真实星空星点,激励星敏感器,星敏感器测量姿态进入控制闭环
10	地模控制计算机、地球模拟器、红外地球敏感器	动力学仿真机通过 422 串口将姿态信息发送到地模控制计算机,输出至地球模拟器,产生电激励信号源驱动红外地球敏感器,红外地球敏感器测量姿态进入控制闭环
11	数字太模控制计算机、太阳模拟器、数字太阳敏感器	动力学仿真机通过 422 串口将姿态信息发送到数字太模控制计算机,输出至太阳模拟器,产生电激励信号源驱动数字太阳敏感器,数字太阳敏感器测量姿态进入控制闭环
12	力矩台控制计算机、反作用轮力矩台、反作用轮	星载计算机输出控制指令驱动反作用轮工作,力矩台测量反作用轮输出力矩,通过力矩控制计算机将力矩值传输至动力学仿真机并进入控制闭环

进入星载计算机软件,控制闭环后,星载计算机输出控制指令至执行器单机及单机模拟器,反作用轮通过单轴气浮台测得的力矩值、推力器、磁力矩器及 SADA 指令通过单机接口箱返回动力学仿真机。

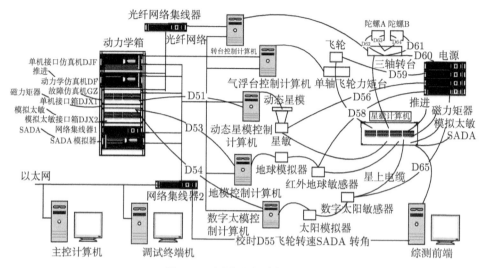

图 6.25　测试设备连接示意图

地面设备照片如图 6.26～图 6.28 所示。

图 6.26　姿轨控地检箱与单轴气浮台

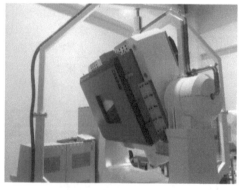

图 6.27　星敏 + 星模与三轴转台

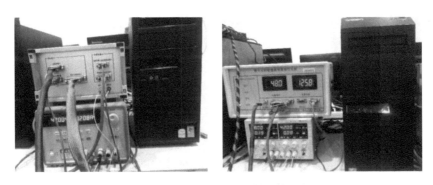

图 6.28 数字太敏与地敏地检设备

6.11.2 整星集成测试系统

装星集成测试状态为: 星敏感器和模拟太阳敏感器安装光学激励源 (星敏感器安装动态星模, 模拟太阳敏感器安装模拟太模); 陀螺、数字太阳敏感器和地球敏感器采用电激励输入; 反作用轮采用转速遥测反馈进入闭环; 执行器产生的力和力矩通过遥测反馈 (将控制指令的遥测值引入动力学模型, 计算得到执行器输出的力和力矩) 的方式引入控制闭环; 反作用轮和磁力矩器开机并按照计算机产生的控制指令开环工作, 推进不工作 (星表接保护插头)。

闭环功能测试连接框图如图 6.29 所示。动力学仿真机仿真真实轨道环境, 仿真卫星实时姿态及姿态敏感器输出, 其中星敏感器 A/B/C 和模拟太阳敏感器采用光学模拟器模拟姿态输入, 陀螺通过地测口提供角速度仿真输入, 地球敏感器和数

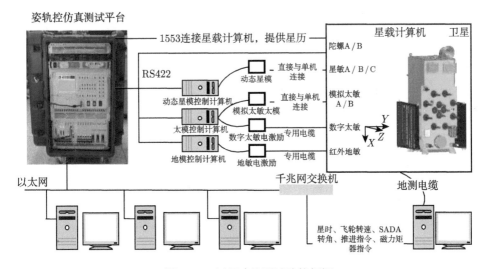

图 6.29 闭环功能测试连接框图

字太阳敏感器利用电激励接入闭环；单机输出姿态进入星载计算机软件，星载计算机完成姿态解算，并输出控制指令至执行器单机及单机模拟器产生力和力矩，进而改变动力学模型的输出，形成控制闭环。其中，动力学模型中反作用轮力矩通过转速遥测差分求得；推力器和磁力矩器通过数学模型仿真。

6.12　小　　结

　　控制功能链是卫星的重要组成部分，本章对其功能、组成、工作模式等进行了详细的介绍；给出了卫星轨道和姿态动力学模型建立方法；结合敏感器和执行器配置，提出了推力器相平面和反作用轮姿态控制算法；根据导航卫星轨道需要，给出了相位捕获和相位保持的轨道控制方法；并对控制算法的地面仿真验证方法进行了说明。

第7章 电子学功能链设计

7.1 概　述

导航卫星电子学功能链以电子学、计算机、软件为基础,不设置过多的下位机,统一实现星务管理、姿轨控和推进控制管理、测控上下行数据管理、电源管理、配电及驱动控制、温度采集及主动热控等功能,实现在系统故障状态下的系统重构和恢复功能;为有效载荷提供电源、遥测、控制、数据传输和主动温控等运行所需要的保障条件。电子学功能链主要包括能源、星务、测控和总体电路等四大部分,其主要功能如图 7.1 所示。

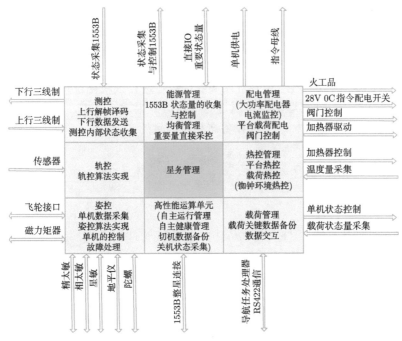

图 7.1　电子学功能链的主要功能

能源的主要功能是承担对卫星的供电任务,保证卫星在轨整个寿命期间的功率需求。一般在卫星受太阳光照期间,通过太阳电池片组成的阵列,利用光电转换效应发电,对星上设备进行供电以及对星载蓄电池组充电;卫星进入地影之后,由蓄电池组对星上设备供电。此外,能源系统应具有对一次电源管理和控制的能力,包括对一次电源母线电压调节以及对蓄电池充放电控制，在故障情况下具有一定的过流保护、蓄电池过放电保护以及内外电切换等功能。管理能源系统的终端机一般通过数据总线的方式与星务的星载计算机连接，接收并执行计算机的指令，将能源系统的相关遥测结果传给计算机。

星务实现卫星信息采集和处理，监视、管理、协调，控制卫星各个部分的运行，为卫星提供能源、遥测、控制、主动温控等运行所需要的保障条件，其任务主要包括载荷支持、姿轨控支持、测控支持、能源支持、数据管理、自主导航及主动热控等。

测控的主要功能是：在卫星全寿命期间各个阶段，包括发射前后、在轨期间，接收地面遥控指令和注入数据，执行直接指令，同时下发遥测数据；完成实时遥测帧的组帧下发和延时遥测帧的组帧存储下发；满足各功能单元对直接指令、间接指令、注入数据和实时延时遥测的需求；配合地面站完成对卫星的跟踪、测距、测轨、遥测、遥控。除此之外，对于导航卫星，测控通道还是导航载荷上行信息注入的备份通道。

总体电路子系统主要包括整星低频电缆网、主配电器、辅配电器，完成卫星一次电源供配电控制、辅母线供配电控制、加热器驱动控制、火工品电路保护及控制、推进和磁力矩器驱动电路保护及控制。主/辅配电器是在传统的卫星平台基础上，将总体电路、测控、热控和姿轨控等多台设备进行模块化设计，通过总线接收控制指令进行控制，并将遥测信息通过总线传送给星载计算机，以达到减轻重量，提高可靠性，方便扩展，加速平台设备产品化的目的。

7.2 　电子学构架及总体考虑

7.2.1 　体系架构比较

从国内外现状来看，卫星电子学架构有分布式管理和控制、集中式管理分散式控制以及集中式管理和控制几种体系结构。

分布式管理和控制体系结构采用计算机和网络技术，把复杂的管理和控制任务分配给连接在网络上的各个计算机单元，并行地完成卫星信息采集和处理任务。星载数据管理通过数据总线将中央单元和各类远置终端相连接，可以把数据采集、数据处理、指令发送能力分配到多个分散配置的模块。使接口设计、数据传输、软件设计和测试得到简化。

这种体系结构既有利于模块化设计，又便于功能扩充和重新配置。我国的环境减灾 1A、1B 卫星和 BD-2 都是采用该体系结构，如图 7.2 所示。

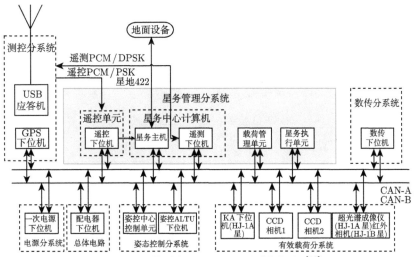

图 7.2　环境减灾 1A、1B 卫星系统组成 [41]

　　集中式管理分散式控制体系结构通过总线将中央单元和远置终端相连接，并由星载数据处理单元统一进行管理。把有关硬件、软件、接口、通信等从系统、部件、电路各个方面进行了不同层次的综合设计。该体系结构易于扩展功能，避免了重复备份。我国海洋一号卫星和英国萨瑞公司的地球静止轨道小卫星平台 (GMP 平台) 采用该体系结构，如图 7.3 所示。

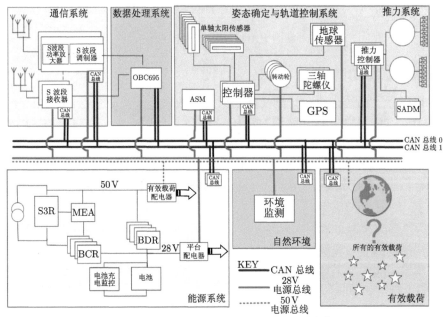

图 7.3　英国萨瑞公司的 GMP 平台 [42]

　　集中式管理和控制体系结构不通过总线，而是由星载数据处理单元直接和设备连接，进行集中式统一管理和控制。该体系结构易于实现电子学的一体化设计、减少部件的种类和数量、简化机电接口、降低卫星质量、减小卫星体积，同时能最大限度地使卫星功能软件化，提高功能密度，易于星载软件在轨升级。法国的PROTEUS 平台采用了该体系结构，如图 7.4 所示。

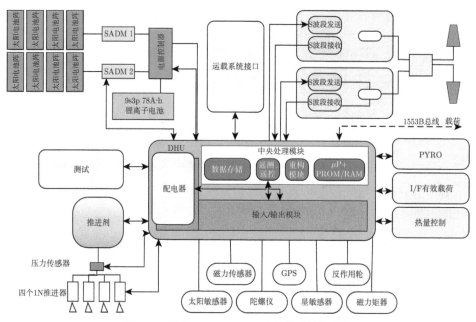

图 7.4　法国 PROTEUS 平台体系结构 [30]

7.2.2　数据总线的比较

　　目前国际上已经应用和计划在星上应用的数据总线主要包括：RS422/485、CAN、MIL-STD-1553B (后文简称 1553B)、MIL-STD-1773、Space Wire、IEEE1394、IEEE-1355、OBDH、FDDI、SFODB、PFODB、Fibre Channel、I2C、Ethernet、无线卫星总线等。表 7.1 给出了几种常用或较有应用前景的数据总线的比较。

　　综合比较，考虑到导航任务高可靠、高连续性、长寿命以及故障诊断、隔离和重构需求，选用 1553B 作为数据总线 [43,44]。

　　1533B 总线为双冗余的高可靠军用总线。总线具有自动检测和切换功能，当一根总线出现故障时，会自动切换到另一根总线上。另外由于 1553B 采用的是两级变压器耦合，任何一个设备总线接口芯片短路或故障，都不会影响整个网络的运行，有利于系统故障隔离。

　　此外，在电子学功能链设计过程中，根据任务需求和产品成熟度，将 RS422 总

表 7.1 数据总线对比

序号	总线名称	优点	缺点	应用案例
1	MIL-STD-1553B	数据传输速率为 $1\text{Mbit}\cdot\text{s}^{-1}$, 总线传字差错率小于 10^{-7}, 可以通过奇偶校验的方式进行错误检测, 具有很高的实时性、稳定性和可靠性	价格昂贵, 功耗较大, 传输匹配严格 (需要用匹配耦合器), 连线要求较高	Galileo、神舟
2	Space Wire	全双工点对点的串行总线, 高速、可升级、低功耗、低成本。通信速率可达 $1\text{Gbit}\cdot\text{s}^{-1}$, 支持高级协议, 容错能力较强, 具有很好的性能与可靠性	主从网络结构在一定程度上影响了传输效率	Mars Express、Smart-1
3	CAN	可靠性高, 其剩余错误概率为 10^{-11} 量级, 采用无损结构的逐位仲裁, 传输速率为 $1\text{Mbit}\cdot\text{s}^{-1}$, 成本低, 结构简单	传输能力不足, 所有未解决的传输请求都按重要性顺序来处理	UoSAT-12、航天清华一号
4	Fibre Channel	高带宽 $2\text{Gbit}\cdot\text{s}^{-1}$ 或 $4\text{Gbit}\cdot\text{s}^{-1}$, 微秒级端到端延迟, 可靠性高, 误码率小于 10^{-12}, 抗干扰能力力强, 传输距离远	在硬件上需要增加光收发器、光耦合器等光电元件	航天一院 12 所研发成功
5	无线卫星总线	极大地降低了整星的重量及各个设备之间的耦合度, 高可靠性、支持即插即用、连接部署简单、快速集成测试	无线卫星总线协议 (SWAN) 访问方式固定, 影响信道利用率	

线作为卫星的地测接口、与上面级接口, 以及成熟单机接口, 可以最大限度地保证卫星设计的继承性, 同时 RS422 串口具有高等级的航天芯片, 可以满足导航卫星长寿命高可靠的要求。

7.2.3 电子学体系架构设计

电子学功能链是导航卫星的核心, 是一个对信息进行采集、处理、分配、存储的系统, 是一个在苛刻空间限制条件下, 对密集性很高且复杂的航天电子系统进行信息综合和功能综合的系统, 如图 7.5 所示。它通过形成一个信息共享和资源共享的电子学平台, 严格的故障检测机制和提供可代替的资源 (软件和硬件的冗余度), 达到高的可靠性和容错能力。

电子学功能链是整星电子信号的汇集地, 因此其接口最为复杂, 考虑到接口较多以及整星体积较大, 如果全部集中控制、遥测量接入机箱, 则电缆过于复杂, 也不利于测试。因此作者团队研制的导航卫星采用 “集中管理、分散控制” 的设计思想, 采用集中式管理可以达到较好的信息融合效果, 充分利用总线进行分散数据采集与控制的优势, 使系统连接关系更加简化, 降低整星重量, 提高电磁兼容性。

导航卫星以星载计算机为核心, 通过 1553B 总线将整星的电子学设备连接起来, 可以实现信息采集、交互和共享, 简化系统接口, 便于独立研制和测试, 如图 7.5 所示。导航任务处理机和星载计算机配合, 可以实现载荷的管理与控制, 载

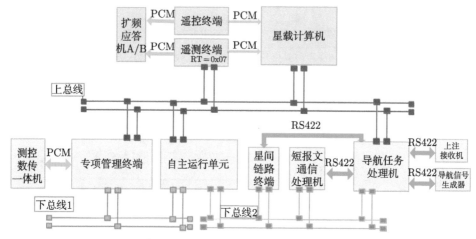

图 7.5　导航卫星的电子学体系架构

荷任务的变化不会影响星载计算机的软硬件变化。自主运行单元与星载计算机实现星间链路和自主运行的管理,星间链路体制的变化不会影响平台和载荷的功能。此外在载荷功能链配置了专项管理终端,用于数传及新技术试验等功能的控制和管理,确保增量载荷和新技术试验设备不会对卫星平台和载荷任务的软硬件产生影响。易于实现故障的隔离,确保软硬件在不同批次卫星的延续性,有利于批量生产和批量测试,以及卫星平台的扩展性。

7.3　能 源 设 计

7.3.1　任务分析和方案选择

导航卫星能源系统需要紧密结合自身业务的特点进行方案选择和设计。整星大功率设备多、导航服务需要不间断供电是其最大特点;这对一次电源产生装置、能源储存设备和能源的管理提出了较高的要求,除此还要考虑重量、安装空间等星上约束条件。

7.3.1.1　供电能源——太阳电池

空间飞行器一般选择太阳电池片将太阳光能转换为电能,提供给星上设备,其不同类型的电池转换效率不同。目前国内外获得成功应用的太阳电池包括硅太阳电池、单结砷化镓太阳电池、三结砷化镓太阳电池。国内外太阳电池阵水平对比情况分析见表 7.2。

由表可知,三结砷化镓太阳电池的平均光电效率要远高于硅太阳电池和单结砷化镓太阳电池。近年来,国内卫星型号在三结砷化镓太阳电池方面已经有了很多成功的应用,如创新一号等卫星成功应用了德国生产的三结砷化镓太阳电池,其在轨工作性能很好。国产三结砷化镓太阳电池也已经应用于高、中、低轨的大部分卫星型号,得到了充分的在轨考核验证。同时考虑到导航卫星轨道环境辐射剂量大,而三结砷化镓太阳电池具有优异的抗辐射性能,因此导航卫星的太阳电池阵选择高效的三结砷化镓太阳电池作为卫星的供电电源。

表 7.2 卫星能源系统用太阳电池阵水平对比

太阳电池阵		平均光电效率	
		国内水平	国际水平或目标
硅太阳电池阵	BSR 系列	12.3%	12.3%
	BSFR 系列	15%	15%
	薄型 100μm	16%~17%	18%双面发电
单结砷化镓太阳电池阵		19%~20%	19%~20%
三结砷化镓太阳电池阵		28%~32%小批量生产	28%~32%生产

7.3.1.2 储能装置——蓄电池组

目前,在航天应用方面比较成熟的蓄电池组有镍镉电池、镍氢电池和锂离子电池。锂离子电池与镍镉电池和镍氢电池相比,具有重量轻、体积小、功率密度高、自放电率小、无记忆效应等多种优点。表 7.3 列出了锂离子电池与镍镉电池、镍氢电池两类储能电源的比较情况,并说明了锂离子蓄电池组的优势。

表 7.3 锂离子电池与镍镉电池、镍氢电池性能对比

参数	镍镉电池	镍氢电池	锂离子电池	锂离子电池优势
能量密度/(W·h·kg^{-1})	30	60	125	节省重量
能量效率/%	72	70	96	减少太阳电池充电阵的重量和尺寸
自放电率/(%·天$^{-1}$)	1	10	0.3	简化运输和发射前的地面维护
温度范围/°C	0~30	−20~30	10~30	常温管理与维护
记忆效应	有	有	无	不需要在轨处理
能量表征	无	内部压力	电池电压	易于判断电池的充电状态
涓流充电	可以	可以	不可以	—
继承性	是	是	否	—

可以看出,采用锂离子蓄电池作为导航卫星的储能电源,不仅可以大幅度减少蓄电池组本身的重量,而且还具有功率密度高、自放电小、无记忆效应等优点,不但能够满足卫星对能源系统越来越高的要求,同时也大大减轻了卫星的重量,便于批量生产和维护。

鉴于锂离子电池的多方面优点,特别是它相对镍镉电池、镍氢电池所具有的高能量密度的优势,多个国家与公司对锂离子电池的航天应用进行了多方面的深入研究与开发,如美国的 Eagle-Picher 电池公司和 Yardney 电池公司、法国的 SAFT

公司、德国的 Varta 公司、日本的 JAXA 公司、我国的上海空间电源研究所 (上海航天技术研究院 811 所) 和中国电子科技集团公司第十八研究所等，它们在锂离子电池的航天应用与生产方面均作了很多的试验与研究，并获得了一定的成功。目前，世界范围内的大部分卫星都优先采用锂离子蓄电池组。

根据卫星的总体需求，以及锂离子电池的优势，选择锂离子电池作为导航卫星的储能电池。

7.3.1.3　能源控制方案

目前能源控制技术一般有以下三种设计方案。

1) S3R、BCR、BDR 三域控制方案

该方案是以主误差放大器 (MEA) 为系统的控制核心，在 MEA 统一控制下，充电控制器 (BCR)、放电调节器 (BDR)、分流调节器 (S3R) 协调稳定工作。MEA 电路对母线电压信号进行采样，产生主误差放大信号，该信号与母线电压一一对应。通过对 BCR、BDR、S3R 的控制，主误差放大器实现全调节母线控制。当卫星负载或太阳电池阵输出功率变化时，系统在主误差放大器的控制下切换相应的工作模式，保证先满足卫星负载功率需求，再满足充电功率需求。若太阳电池阵发电功率仍富余，分流调节器工作，分流多余功率；若太阳电池阵输出功率不足，放电调节器工作，蓄电池组放电，保证卫星负载功率需求。即在任何工作模式下，母线电压保持稳定。

主误差放大器在分流调节器、充放电调节器的工作区间设置死区，防止三域调节工作模式重叠。

2) S4R、BDR 两域控制方案

20 世纪 90 年代中期，ESA 电源系统实验室在全球首次研制出了 S4R 功率调节系统，在 S3R 电路的基础上增加串联通路为蓄电池组充电，以代替 S3R 系统中的 BCR 模块。当卫星充电功率需求较大时，S4R 功率调节系统可以减小电源控制器的重量。

S4R 技术虽然能够满足高轨使用要求，但是在高轨卫星上应用的优势不明显，一般应用在短期负载或脉冲负载较大且充电的峰值功率较大的 LEO 轨道卫星上。

S4R 技术仅适用于蓄电池组最高电压不高于母线电压的能源系统。采用 S4R 技术为蓄电池组充电时，部分用于充电的太阳电池阵不能工作在最大功率点附近，这样会导致太阳电池分阵充电时利用率不高，使整星的太阳电池阵布片面积增加。

3) S3R、BDR、充电阵两域控制方案

采用独立的充电阵对蓄电池组充电，控制方式简单、可靠性高。但导航卫星轨道高度较高，卫星大部分时间处于全光照区，不需要对蓄电池组充电，充电阵的能量全部分流掉，不能供负载使用；而在充电过程中，太阳电池阵输出功率受电池组

电压钳位，不能工作在最佳工作点上。造成太阳电池阵功率不能得到最大化利用，为了满足功率需要，太阳电池阵布片面积需要相应增加。

表 7.4 对以上三种方案进行了比较。

表 7.4 能源控制方案对比

类别	优点	缺点	成熟度
S3R、BCR、BDR 三域控制	技术比较成熟，S3R、BCR、BDR、MEA 技术已经经过多颗型号卫星飞行验证；BCR 在 CAST2000 平台基础上增加了恒压充电功能，已经经过试验验证；能最大化利用太阳电池阵输出功率；充电电流大小可调整	电源控制器重量重	成熟
S4R、BDR 两域控制	技术比较先进	技术成熟度不高，成功飞行经验少	研发
S3R、BDR、充电阵 两域控制	控制方式简单，可靠性高	充电电流不可调。充电阵功率在不充电时即全部分流，不利于能源的最大化利用	研发

经过上述对比可知，S3R、BCR、BDR 三域控制方案功能全面，性能指标优越，可靠性高并且在国内外具有多颗卫星成功飞行经验，技术成熟度比较高，适合导航卫星轨道特点，是首选方案。

7.3.2 任务、功能及指标

7.3.2.1 任务和功能

能源系统的主要任务是为卫星供电，保证卫星在轨整个寿命期间的功率需求。主要功能包括：

(1) 在卫星地面测试和地面试验期间，为星上设备提供一次电源；

(2) 卫星在轨运行期间，电源输出功率必须保证星上仪器设备正常工作；

(3) 光照期利用太阳电池阵发电，对星上设备供电和对蓄电池组充电；

(4) 地影期由蓄电池组对星上设备供电；

(5) 实施对一次电源管理和控制，包括对一次电源母线电压调节、对蓄电池充放电控制，并提供所需的遥测、遥控接口；

(6) 具有一定的过流保护功能；

(7) 具备蓄电池过放电保护功能；

(8) 具备内外电切换功能。

7.3.2.2 主要技术指标

能源系统的主要技术指标如表 7.5 所示。

表 7.5　能源系统的主要技术指标

序号	项目	要求性能
1	提供负载功率	$\geqslant 2.3\mathrm{kW}$
2	供电电压	$(42\pm 0.5)\mathrm{V}$
3	蓄电池容量	$120\mathrm{A\cdot h}$
4	太阳电池阵布片率	$\geqslant 83\%$
5	放电深度	$\leqslant 65\%$
6	母线纹波	$0.25V_{\mathrm{pp}}$
7	母线瞬态特性	在 50%负载变化时，母线电压变化：单域 $\leqslant 600\mathrm{mV}$；跨域：$\leqslant 2.5\mathrm{V}$
8	单体均衡误差	小于 20mV
9	分流效率	$\eta \geqslant 97.2\%$
10	充电效率	$\eta \geqslant 93.0\%$
11	放电效率	$\eta \geqslant 94.0\%$
12	可靠度	0.96(寿命末期)

7.3.3　组成与配套

　　能源系统主要由太阳电池阵、锂离子蓄电池组、均衡器和电源控制器四部分组成。太阳电池阵为卫星的主要供电能源，蓄电池组是卫星储能装置，均衡器负责电池组各个单体性能的一致性，电源控制器对能源实施调节与控制。电源系统采用全调节母线，无论在光照期或地影期，母线电压恒定为 42V。电源系统配置双太阳电池翼，双蓄电池组，一台均衡器和一台电源控制器。双太阳电池翼设计为 10 级分流电路，双蓄电池组每组由 9 串 3 并的单体电池构成。

7.3.3.1　供电能源——太阳电池阵

　　通过对比国内外太阳电池水平，三结砷化镓太阳电池的平均光电效率高，抗辐照能力强，具有较成熟的技术基础，所以采用高效的三结砷化镓太阳电池作为卫星的一次电源。

　　太阳电池阵的发电单元采用平均光电转换效率为 32.0%的三结砷化镓太阳电池，规格为 39.8mm×60.4mm×0.175mm，太阳电池表面粘贴掺铈玻璃盖片，盖片厚度为 0.09mm。

　　考虑到导航卫星通用平台设计，帆板设计采用了两翼设计，单翼为三块帆板，单块帆板面积为 1325mm×1500mm，如图 7.6 所示。根据卫星 10 年寿命的要求，10年末期可提供的负载功率为 2300W，满足导航卫星负载功率需求。

　　太阳电池阵入轨前由帆板机构折叠锁紧，入轨后通过火工装置展开并锁定，由帆板驱动机构驱动控制指向太阳，具体控制算法由控制功能链负责，软件集成在星载计算机中。

图 7.6 太阳电池阵

7.3.3.2 锂离子蓄电池组

通过对比锂离子电池与镍镉电池、镍氢电池性能，锂离子电池可以大幅度减小蓄电池组本身的重量，而且具有能量效率高、自放电小、无记忆效应等优点，采用锂离子电池可以大幅减轻卫星的质量，更符合卫星轻量化设计原则，且锂离子电池已经在国内外多颗卫星上得到成功应用，所以选用锂离子蓄电池作为导航卫星的储能电池。

根据能源系统的母线输出电压和锂离子电池单体电压，蓄电池组的单体串联数为 9 节，蓄电池组输出电压范围为 29.7~37.8V，并根据卫星负载功率及最大地影时间，计算得到蓄电池组的容量应不小于 120A·h，考虑一节电池失效后蓄电池仍然正常供电，结合锂离子电池产品容量系列，确定使用容量为 60A·h 的两组锂离子蓄电池，作为导航卫星的储能电源，为了提高蓄电池组的可靠性，每组 60A·h 锂离子蓄电池组采用 20A·h 单体 3 并 9 串构成，蓄电池组结构如图 7.7 所示。单体电池采取先模块内并联，再对模块进行串联组合的方式。

图 7.7 蓄电池组

7.3.3.3 均衡器

锂离子蓄电池组比能量虽高，但单体电池间的压差会随着电池组充放电循环增加而逐渐拉大，若不加以控制，会导致个别单体的过充、过放，进而影响整组乃至卫星能源系统的安全性。研究表明，均衡控制可以显著提升卫星能源系统的性能。为此，为了提升电池组的寿命及性能，在导航卫星中也对蓄电池组进行了均衡控制。均衡器实物如图 7.8 所示，采用电阻分流法，通过采集蓄电池单体参数得到电池单体的离散性，即压差，利用开关控制电阻耗散单体电池中多余的能量。电路简单可靠，成本低，可靠性好，均衡器的二次电源供电由电源控制器提供。蓄电池组内单体电池电压离散性大于 60mV(充电末期) 时启动均衡功能，均衡分流电流为 0.3~0.5A。寿命初期，电池电压离散性不大，禁止均衡处理功能；寿命末期，根据需要进行实时均衡。

图 7.8　均衡器

7.3.3.4　电源控制器

能源系统装载电源控制器 1 台，包括：S3R 电路 10 级，BCR、BDR 电路为 3+3。光照区调节功率为 2800W，地影区调节功率为 2400W，充电效率为 93%，放电效率为 94%。设备实物如图 7.9 所示。

图 7.9　电源控制器

采用 S3R 技术三域控制全调节母线技术方案，电源控制设备中包含 MEA 电路、S3R 电路、BCR 电路、BDR 电路、TM/TC 电路、过压保护电路。光照区 MEA 电路控制 S3R 电路进行稳压调节，同时控制 BCR 电路完成对蓄电池组的充电任务；地影区，MEA 电路控制 BDR 对蓄电池组进行放电调节，稳定供电母线电压。

在电源控制器中，三域控制的中心为 MEA 电路，在 MEA 的统一控制下使

BCR、BDR、S3R 协调稳定工作, 这种控制技术的优点是能够充分利用电功率。MEA 控制电路首先要保证负载用电, 若太阳电池阵功率不够, 则蓄电池组通过 BDR 放电补充不足供电, 若光照期功率富裕则给蓄电池组充电, 剩余功率进行分流调节。

MEA 是电源控制器的核心部分, 为了提高可靠性, MEA 采用 3 路冗余并跟随 2/3 表决电路的设计。每一路 MEA 均具有独立的母线分压信号和基准电压。

分流调节器采用限频式顺序开关分流调节技术, 并进行了冗余设计, 其功能是在光照期实现母线电压的稳定, 该电路的主要特点是电路形式简单、元器件使用数量少、电路的瞬态特性好。

BDR 采取升压调节方式, 单路输出功率大于 650W, 采用热备份工作。电源控制器中配置 4 路放电调节器, 失效 1 路, 输出功率依然满足设计要求。

BCR 采取限流–恒压控制模式, 并配置电池组单体电压均衡控制模块。充电控制器通过电池误差放大器电路 (BEA) 可以实现硬件控制的限流–恒压控制充电方式。BEA 形成蓄电池充电电流和充电电压调节控制信号, 并设置有指令设定充电电流接口。首先对锂离子电池进行恒定电流充电, 这时电池电压逐渐抬高, 当电池电压达到设定值时进行恒定电压充电, 这时充电电流近似呈指数规律减小。在正常工作条件下, 充电调节器主份加电、备份断电。当太阳电池阵功率可满足整星负载和设定的充电功率需求时, 充电调节器工作在恒流充电状态; 当负载较重, 太阳电池阵功率无法完全满足整星负载和设定的充电功率需求时, 充电调节器将处于母线调压状态。

下位机模块由中央处理器 (CPU) 控制单元、数据采集功能模块、指令功能模块、串行数据总线模块单元、主备机电源及切换功能模块等部分组成, 采用双机 (主、备机) 冷备份冗余设计, 以保证其可靠性。通过 1553B 总线与星务相连接, 作为串行总线的一个远程终端, 与星载计算机进行信息交换, 并受控于星载计算机, 完成能源系统所有遥测参数的采集、指令发送等操作; 同时, 根据采集到的遥测参数及给定的控制模型、控制参数或地面注入的控制参数对蓄电池进行自主管理控制。

一次电源太阳电池阵和储能电源蓄电池组的电源输出直接提供给电源控制器, 由电源控制器实现一次电源的调节与控制, 并由电源控制器统一给所有负载供电。均衡器主要完成对两组锂离子蓄电池组的均衡控制。能源的绝大部分测控信息通过电源控制器下位机与星载计算机实现, 此外, 为进一步提高能源系统的可靠性, 星载计算机及测控仍然有一部分直接测控的信息及控制指令, 实现对能源系统的直接控制任务。系统内部电连接关系如图 7.10 所示。

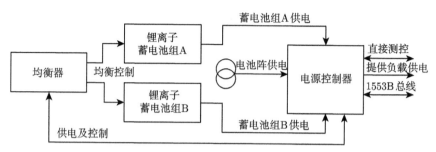

图 7.10　能源单机设备连接关系图

7.3.4　工作原理

能源系统采用全调节单母线设计,核心功能是为卫星平台和有效载荷提供一条高精度供电母线,满足卫星在整个寿命期间、各种工作模式下的功率需求。能源系统工作原理如图 7.11 所示。

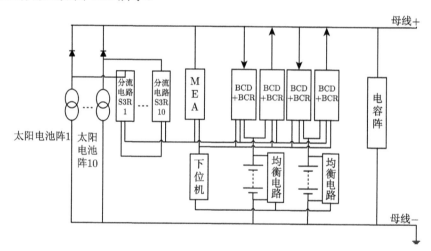

图 7.11　能源系统工作原理框图

卫星在地影区,蓄电池组为整星提供能源,蓄电池组能量被放 BDR 所调节,将卫星母线电压稳定在 (42.5 ± 0.5)V 范围内。

卫星在光照区,太阳电池阵为星上负载供电并给蓄电池组充电。当太阳电池阵输出功率大于负载所需功率时,太阳电池阵在给负载供电的同时通过 BCR 给蓄电池组充电。当太阳电池阵输出功率大于负载和蓄电池组充电所需功率时,S3R 经误差放大控制,开始逐级顺序分流,调节方阵输出功率,并将卫星母线电压稳定在 (42.5 ± 0.5)V。

如果在光照区,当出现极大负载,太阳电池阵输出功率不能满足负载用电要求时,蓄电池组经 BDR 补充供电,属于联合供电模式。

均衡器自动完成蓄电池单体电压采集与充电均衡功能,通过 RS422 数据总线与电源控制器连接。电源控制器通过总线向星务提供遥测参数,加载控制指令。蓄电池组的充放电参数管理由星载计算机软件完成。

7.4 星务设计

7.4.1 任务分析和方案选择

7.4.1.1 CPU 的选型

星务是整星的大脑,作为其核心的 CPU 在满足星务任务基本要求的前提下,还应能适应导航卫星的轨道环境,具有抗辐照总剂量能力,同时,为保证运行的连续性,防止单粒子翻转,要求 CPU 有 EDAC 功能。

7.4.1.2 是否采用应急计算机方案

目前国内很多重要航天型号配置有应急计算机,当系统出现故障时由应急计算机工作,保证卫星系统安全。采用应急计算机的目的是防止系统故障和故障扩散,但应急计算机本身也有故障和误切换等风险,它能够起到保障作用的本质是任务主机和应急机不会同时发生故障,基于此原因,按照第 8 章讲的目标导向观念,作者团队选用相同计算机系统冷备工作的方案,并通过设计确保冷备计算机在工作机发生问题时能够发挥作用。此外,采用的双机全冷备技术,具有较低的长期功耗,能够提供辐射“退火”效应,提高可靠性。

7.4.1.3 最小模式设计

星载计算机通过工作模式设计,当正常运行软件发生故障或存在缺陷时,可以确保卫星能够完成测控、姿控、软件重构等基本任务,确保地面能够通过上注重构软件修复软件错误。

7.4.1.4 死机恢复机制

当计算机系统死机时,靠软复位不一定能发挥作用,需要有自我断电加电机制,作者团队实施的冷备计算机自主切换机制可以达到此目的。

7.4.1.5 管理机制和接口配置

考虑到星务系统与其他系统的电气接口较多,如果全部控制、遥测量接入机箱,则电缆过于复杂,也不利于测试。因此星务系统利用 1553B 总线与相关设备构成网络,采用“集中管理、分散控制”的设计思想,简化系统连接关系,同时为成熟设备保留必要的传统接口。

7.4.1.6   软件重构能力

通过软件重构，可以修改卫星在轨时的软件缺陷，避免卫星上天后不可修复的难题，同时可以利用软件重构实现在轨赋能，以适应系统未来的发展需求，保证长寿命高可靠导航类卫星产品的持续先进性。

7.4.1.7   时间系统的连续性

为了保证卫星运行的高连续性，要求卫星平台具有较高的时间精度以及独立的时间建立维持能力，因此，星载计算机具备软件复位、狗叫等系统动作不会影响卫星平台时间连续性的能力。

7.4.2   任务、功能及指标

7.4.2.1   任务和功能

星务是整星数据的收集、分发、管理中心，用来实现卫星星务信息处理、监视、管理、协调。同时也是卫星控制的中枢，控制卫星各个部分的运行，为卫星提供能源、遥测、控制等运行所需要的保障条件。其任务主要包括载荷支持、姿轨控支持、测控支持、能源支持、数据管理及主动热控等。星务的主要功能如下：

1) 星务及数据管理功能

(1) 完成卫星工作模式管理和飞行任务调度；

(2) 完成星上时间管理及整星校时；

(3) 支持软件重构功能；

(4) 卫星健康管理。

2) 遥控遥测功能

(1) 指接收地面注入的上行遥控命令，完成指令的译码和验证、指令的分发与执行；

(2) 完成遥测参数的采集或收集，并汇集星上各任务模块、单机的工程遥测数据，经过预处理和组帧后由测控/数传/星间链路等通道发送给地面站。

3) 卫星主动热控

(1) 采集被控对象的温度，对实施主动热控的设备 (蓄电池组、贮箱、原子钟等) 进行温度控制算法计算；

(2) 发出温度控制指令，驱动控制加热器工作，保证设备工作在要求的温度范围内。

4) 卫星能源管理

(1) 转发地面发送的电池维护等控制命令；

(2) 完成能源自主管理，包括过放电管理和电量计管理等功能。

5) 姿态轨道控制支持功能

采集姿轨控敏感器的数据,进行姿轨控算法数据处理,并输出姿轨控命令到执行部件;同时具有故障诊断及处理功能。具体包括:

(1) 采集星敏感器、太阳敏感器、陀螺、红外地球敏感器等的输出数据;

(2) 正确选择卫星轨道数据源,并进行轨道数据外推处理;

(3) 提供数据处理平台,接收地面指令或自主完成在轨运行段各工作模式控制算法计算;

(4) 根据计算的结果,发出控制指令,驱动执行部件 (推进、反作用轮、磁力矩器等) 工作,完成卫星的姿态和轨道控制;

(5) 根据地面注入数据和指令,完成姿轨控算法参数的修正、模式切换和状态调整;

(6) 自主完成故障诊断和修复;

(7) 具有姿轨控控制参数调整及算法重构功能。

6) 帆板驱动控制

(1) 根据帆板控制策略,发送指令,完成帆板火工品管理;

(2) 控制帆板驱动机构,实施帆板对日定向。

7) 自主运行控制

(1) 卫星自主运行模式管理,并根据卫星工作状态动态调整系统配置,保证飞行任务的完成;

(2) 根据地面指令或载荷单机的工作状态,管理载荷单机运行模式,完成单机加断电控制。

7.4.2.2 主要技术指标

星务的主要技术指标如表 7.6 所示。

表 7.6 星务的主要技术指标

序号	项目		技术指标
1	CPU 主频	星载计算机:24MHz	
		高性能运算单元:100MHz	
2	存储器	星载计算机:PROM 不小于 256KB,SRAM 不小于 2MB(支持 EDAC),EEPROM 不小于 2MB	
		高性能运算单元:PROM 不小于 32KB,SDRAM 不小于 8MB(支持EDAC),EEPROM 不小于 2MB	
3	遥测需求	模拟采集 (包括温度)	≥ 346 路
4	指令容量	间接指令	≥ 286 条
		延时指令	≥ 1024 条
		上行注入存储能力	能够支持程序上载

序号	项目		技术指标
5	总线	1553B	速率 1Mbit/s
		同步串口	≥6 路 (2 路遥测/2 路遥控/2 路上面级)
		异步串口	≥9 路 (2 路螺旋/4 路星敏/1 路太敏/1 路地测/1 路地测)
6	太阳敏感器放大		32 路, 误差 <10mV
7	反作用轮驱动接口		5 路
8	秒脉冲接口		1 路输入、4 路输出
9	主动控温		64 路
10	工作模式		双机冷备份 (可自主切换或指令切换)
11	时钟稳定度		不低于 $5 \times 10^{-6} \mathrm{s}^{-1}$, 具备均匀校时功能
12	遥测速率		$2048 \mathrm{bit \cdot s^{-1}}/32768 \mathrm{bit \cdot s^{-1}}$
13	可靠度		双机冷备份 0.94 (EOL)
14	寿命		10 年

7.4.3 组成与配套

星务由 1 台星载计算机和 1 台数据处理终端构成。在系统架构设计上，以星载计算机为主完成卫星平台相关功能；以数据处理终端为辅，用于和星载计算机接口并完成载荷管理的相关功能；从功能链角度，数据处理终端也可以划分为载荷功能链。在信息交换上，以 1553B 和异步串口为主、离散连接为辅；在软件配置项功能设计上，CPU 以完成功能为主，FPGA 软件以提高性能为主。

7.4.4 工作原理及技术方案

星务由星载计算机和数据处理终端两台单机组成，两台单机通过 1553B 双冗余总线连接。总线具备自动切换功能，当一根总线出现故障时，会自动切换到另外一根总线上。另外，1553B 采用两级变压器耦合，当任何一个设备总线接口芯片短路或发生故障时，不会影响整个网络的运行，有利于系统的故障隔离。星务设计采用系统配置最优原则，对平台和载荷的电子设备进行独立集成和处理，达到硬件和软件等资源优化的目的，如图 7.12 所示。

星载计算机和数据处理终端单机连接了平台和载荷所有需要遥控和遥测的相关设备，如图 7.13 所示。星载计算机连接平台设备，包括电源控制器、主配电器、星敏感器 (A、B、C)、数字太阳敏感器、模拟太阳敏感器 (A、B)、红外地球敏感器、反作用轮 (X、Y、Z、S1、S2)、自锁阀 (LV1、LV2)、磁力矩器 (X、Y、Z1、Z2)、压力传感器 (A、B、C)、太阳电池阵驱动控制器、陀螺 (A、B)、遥控终端、遥测终端、与运载上面级和脱落分离相关接口。数据处理终端连接了载荷相关设备，包括 B1 行放、B2 行放、B3 行放、B1 固态功放、B2 固态功放、B3 固态功放、B1 大功率开关、B2 大功率开关、B3 大功率开关、铷原子钟 (A、B)、氢原子钟 A、导航信号生成器、上注接收处理机、频率合成器、基频处理机、自主运行单元、辅配电器等。

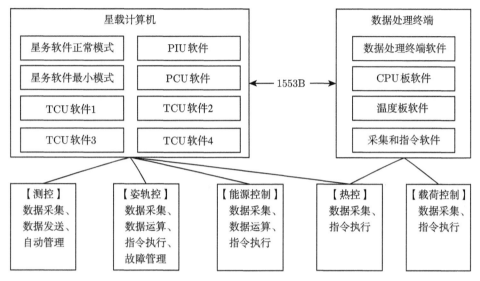

图 7.12　星务组成及功能分配

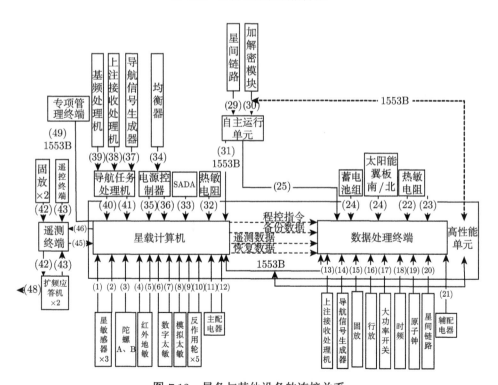

图 7.13　星务与其他设备的连接关系

7.4.4.1　星载计算机原理及方案

星载计算机双机冷备份,分为 A 机和 B 机,A 和 B 单机内部各功能模块之间的通信为处理器的数据线、地址线和控制线。星载计算机双机对外的所有接口在接口处进行了线与,对外的主要信息接口为 1553B 总线,此外还包括异步串口、同步串口、离散的模拟遥测量、离散的数字遥测量和离散的控制信号。星载计算机电原理如图 7.14 所示。

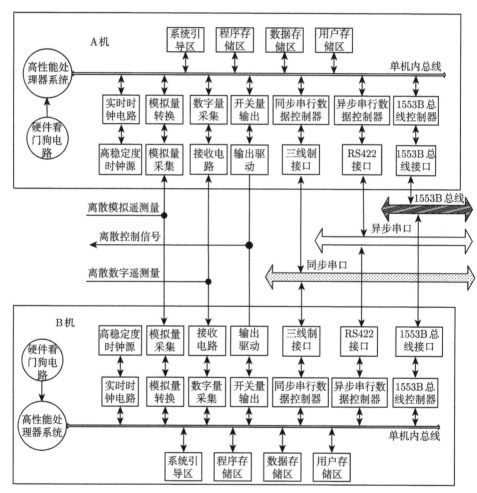

图 7.14　星载计算机电原理框图

1) 星载计算机双机切换硬件设计

由于星载计算机功能集中且复杂,为了保证业务连续性,必须具备自主修复功能。自主切换是星载计算机进行自主重构的过程,该切换机制的基础是硬件看门狗。

看门狗连续狗咬而且中间未被软件清狗的情况下，会导致计算机双机加电，配合软件的初始化选择主控机，完成计算机自主切换。

星载计算机手动切换由地面直接指令控制：A 开 B 关、B 开 A 关和看门狗禁止，为了防止星载计算机反复切换，地面可以发送直接指令——看门狗禁止，禁止当班机看门狗，达到禁止自主切换的目的。当看门狗异常时，可以通过直接指令——看门狗禁止来隔离看门狗信号，使其不产生作用，从而无法启动自主切换机制。

IO 输出使能和禁止功能：在双机自主切换过程中，双机处于同时加电状态。对于输出接口，如果双机同时有高电平输出，则会对计算机接口造成功能性破坏。在硬件设计上，计算机输出接口采用三态输出控制或继电器隔离控制设计；同时，在硬件复位时，所有三态输出接口均为高阻态，继电器输出为确定态，以此实现对接口的保护。

2) 星载计算机双机切换流程

双机自主切换流程如图 7.15 所示。

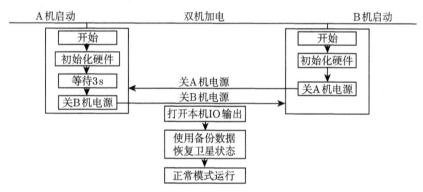

图 7.15　星载计算机双机自主切换流程

双机冗余切换逻辑如下：

(1) 在双机加电后，A 机、B 机同时进入 0 地址运行启动代码。A/B 机同时进行硬件检查和内存检查，确保硬件能正常运行，硬件出错的一方将无法执行代码到下一步。

(2) 初始化后进行当班机竞争，竞争逻辑即 B 机立刻关断 A 机，A 机等 3s 后关断 B 机。使得若 B 机可用则使用 B 机，若 B 机不可用则使用 A 机。

(3) 在成功关断对方后，确认本机为当班机，打开对外的输出 IO。

(4) 获取备份数据，进行本机运行状态恢复。

7.4.4.2　数据处理终端原理及方案

数据处理终端采用双机完全冷备份设计，A 机、B 机无直接信息交流，A 机和B 机切换时，没有需要继承的信息。数据处理终端共有三种加电状态，A 机加电、B机加电、全部关机。数据处理终端内部功能单元 A 机和 B 机，分别连接在内部总线 A 和内部总线 B 上，A 机和 B 机完全独立。A 机、B 机的开、关机和切换通过星载计算机发出的指令完成。A 机、B 机不采用交叉备份方式。数据处理终端电原理如图 7.16 所示。

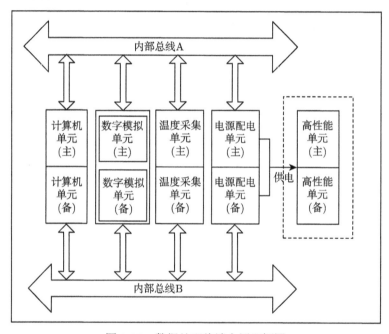

图 7.16　数据处理终端电原理框图

7.4.4.3　星载计算机工作模式设计

星载计算机软件工作模式分为正常模式和最小模式。每种模式可以单独运行。软件启动后，将会在启动阶段判断进入正常模式或者保持最小模式。

1) 正常模式

星务软件正常模式配置项是星载计算机在轨期间，硬件功能正常且软件完好的情况下运行的软件配置，其功能涵盖了完整的星地遥控、星间遥控、星地遥测、星间遥测、能源管理、载荷管理、轨道推算、姿轨控计算等功能，资源消耗最多，要求星载计算机处理器、EEPROM、SRAM 都正常工作。

正常模式中，星务和采集模块归属于星务本身需求，遥测遥控模块归属于测控需求,自主管理模块包括了能源、热控、帆板控制模块需求。轨道和姿控模块对应姿轨控需求。地测模块作为一个临时附加模块,满足综测需求。

对于载荷的任务需求,星务主要负责开、关机和遥测遥控,包含在测控模块中考虑。

2) 最小模式

星务软件最小模式配置项是星载计算机在轨期间,软硬件出现错误后的一种功能退化配置,只保留必要的遥测、遥控、姿控、能源管理等功能,在硬件资源需求上尽量做到最小,便于排查问题和故障恢复。

星务软件最小模式无操作系统,硬件接口相对少、除看门狗外无中断源,软件代码较小,可在地面排查正常模式软件期间,维持卫星的正常运转,同时支持在最小模式下正常模式软件代码重构修复功能。最小模式软件存储在 PROM 中,其抗单粒子翻转等性能强,可以提高软件运行的可靠性。

3) 模式转换

星务软件分为正常模式和最小模式两个配置项,每个配置项可以单独运行。当软件缺省配置时,进入正常模式;在正常模式不能正常运行的状态下,进入最小模式来检查问题并且修正问题。在最小模式中可以进行代码的重新注入。

7.4.4.4 星载计算机软件设计

1) 软件功能

星载计算机软件与硬件配合,实现星务管理、遥控遥测、姿轨控计算及控制、载荷管理等功能。

2) 软件体系架构

星载计算机实现卫星综合电子信息处理,监视、管理、协调和控制卫星各个部分的运行,为卫星提供能源、遥测、控制、主动温控等运行所需要的保障条件,其任务主要包括载荷支持、姿轨控支持、测控支持、能源支持、数据管理及主动热控等。星载计算机软件分为正常模式和最小模式两个软件配置项。星务软件体系结构如图 7.17 所示。

3) 星载计算机操作系统软件

星载计算机正常模式软件运行在裁剪后的 VxWorks 操作系统,本身以独立的多进程形式运行在 CPU 处理器上。

4) 星务软件正常模式

星载计算机正常模式软件功能是实现卫星电子信息处理,监视、管理、协调和控制卫星各个部分的运行,为卫星提供能源、遥测、控制、主动温控等运行所需要的保障条件,其任务主要包括载荷支持、姿轨控支持、测控支持、能源支持、数据管理及主动热控等。

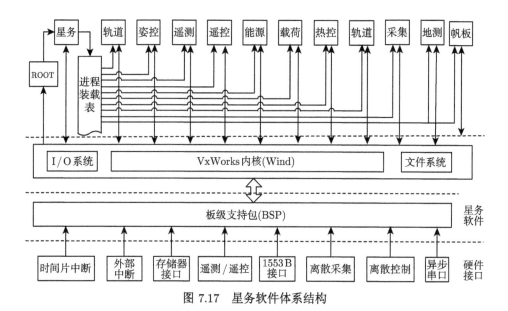

图 7.17　星务软件体系结构

其中每个模块使用一个进程来表现, 运行优先级不同, 以控制运行顺序, 满足几个基本要求:

(1) 星务模块由于要调度其他模块, 优先级最高;

(2) 采集模块采集数据若要被其他模块使用, 需要在其他使用采集数据的模块前进行;

(3) 轨道模块的数据被姿控模块使用。

星载计算机正常模式软件结构采用三层式结构设计方法: 板级支持驱动层(BSP)、系统层和应用层。操作系统 VxWorks 为每个任务分配优先级和独立的任务控制块 (TCB)。正常模式软件包含星务模块、采集模块、遥测模块、遥控模块、轨道模块、姿控模块、自主管理模块 (能源管理、热控管理、帆板控制)、地测模块、空闲管理模块共 9 个模块。

星载计算机各软件模块的运行时序如图 7.18 所示, 各模块运行时序分配满足20% 运算余量的要求。

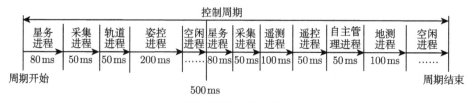

图 7.18　星载计算机各模块软件运行时序

5) 星务软件最小模式

星务软件最小模式软件是当正常模式软件发生故障时提供的一个查询和修复手段,不提供通道数据和所有中断支持,为的是紧急修复,本身是一个独立程序。最小模式软件功能属于星务管理部分的一个独立单元,要求尽量与正常系统重合,便于修改。星务软件最小模式软件功能如下:

(1) 简化遥测,包括存储空间数据的查询,采集并且发送所有硬件量。由于需要减少复杂度和最小系统对其他硬件的依赖性,数据采集使用两个模式,一个模式关联较多硬件,获得更多数据。缺省使用紧凑模式,只有计算机 AD 量和输入开关量,以及存储数据的信息。

(2) 简化遥控,包括代码重构,数模转换 (DA) 控制,开关量操作,重启动,进入正常模式,改变采集模式,大部分指令与正常模式一致。

(3) 简化数据转发,将上行数据转发到对应通道。减少通道初始化出错造成的系统不稳定,通道初始化在发送数据之前进行,以便于在最小模式下以手动方式进行盲操作。

(4) 简化地面测试,提供测控通道的一个替代通道,不做其他动作。地测通道的先进出数据缓存器 (FIFO) 如果太小,要考虑在一个周期内多次读取,以满足通道连续上行要求。

(5) 看门狗管理。

(6) 周期管理,保持大致 1s 一个周期。

(7) 简化姿控,在不激活大多数硬件的情况下进行最小姿控。

(8) 控制硬件接口:AD、DA、开关量、时钟、硬件狗。

7.4.4.5 星载计算机双机完全冷备份技术方案

星载计算机采用双机完全冷备份设计,A 机、B 机无直接信息交流。A 机和 B 机采用互斥设计,只存在三种加电状态,A 机加电 (长期)、B 机加电 (长期)、双机加电 (3s),不存在双机全部关电和双机长期加电的工作模式。

星载计算机采用双机完全冷备份设计方式,具有更高的可靠性,较低的长期功耗,并能够提供辐射 "退火" 效应。但这种方式的切换需要从重新加载开始启动,其恢复能力相对较差。通过软硬件相结合的方式完成指令切换和自主切换。双机工作的状态迁移如图 7.19 所示。

1) 自主切换设计

初始上电时,星载计算机保持在上次断电前的状态。硬件设计上主机和备机的切换控制电路是一样的,通过软件设置主备机优先级的不同使得主机和备机的切换策略不完全相同。

主机当班时发生看门狗狗咬事件后,主机自己复位;若主机发生多次看门狗狗

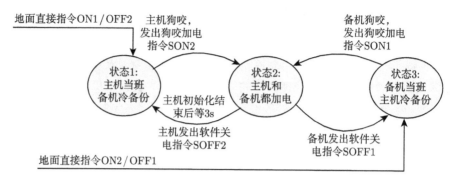

图 7.19　双机切换状态迁移图

咬事件，除主机自己复位外，同时给备机加电。由状态 1 迁移到状态 2，双机均处于复位后初始化状态，系统进入了重构状态。主机复位后，重新进行初始化，初始化正常结束后等待 3s，然后发出一条命令 SOFF2。此时备机加电，初始化正常结束后发出一条命令 SOFF1，由于主机的等待时间比备机长，因此主机的 SOFF1 指令还没有发出，备机的 SOFF2 指令已经关断主机的电源，由状态 2 迁移到状态 3。

同时软件也采集狗咬计数值，通过遥测返回地面。当热复位发生多次后，地面控制系统可以通过遥测值的判断，进行直接指令切换。

2) 指令切换设计

给星载计算机提供了两条直接指令：ON1/OFF2 和 ON2/OFF1，用于地面直接控制双机工作状态。当地面发出 ON1/OFF2 指令时，不管原来是在哪种状态，都会切换到 A 机当班、B 机冷备的状态。当地面发出 ON2/OFF1 指令时，不管原来是在哪种状态，都会切换到 B 机当班、A 机冷备的状态。

7.4.4.6　数据处理终端软件

数据处理终端软件运行在数据终端 80C32 上，主要功能是汇集星上载荷等各个任务单机、部件单元的工程遥测 (含温度采集)，经过预处理后由 1553B 总线发送给星载计算机；接收星载计算机的遥控命令，完成指令的译码、分发和执行；备份星载计算机的重要数据，便于星载计算机状态恢复。

数据处理终端设备硬件在软件的控制下完成全部功能，软件的功能包括：

(1) 初始化，包括 80C32 CPU 的定时器、中断和输入输出的初始化，1553B 总线协议芯片的初始化，AD 采集的初始化等。

(2) 管理外部硬件狗。

(3) 数据采集和发送，软件读出各个采集单元的数据，完成数据的数字滤波，打包和缓冲，并通过 1553B 总线发送给星载计算机。

(4) 开关控制指令执行，通过 1553B 总线接收星载计算机的遥控注入，完成指令解析，通过控制功能板，控制 OC 门输出指令脉冲或者电平指令。

(5) 进行星载计算机的重要数据的备份和恢复。

7.4.4.7 平台时间维持技术

星载计算机使用的时钟晶振具有自守时功能,稳定度不低于 $5 \times 10^{-6}\mathrm{s}^{-1}$,在一定时间内可以保持时间的精度。当时差较大时,可以通过授时保持地面时间与星上时间的误差在 1s 之内,再通过集中校时、均匀较时等方式保持地面时间与星上时间的同步。星载计算机通过脉冲校时与载荷时间每秒对齐。

星载计算机中的实时时钟单元为整星提供高精度的星上时间,可以接收地面时间进行授时或校时。校时包括集中校时和硬件均匀校时,并可提供星上自守时时间,以及提供标准校时脉冲和时间片中断。

实时时钟模块的功能组成框图如图 7.20 所示,模块的工作时钟选用 10MHz 温补晶振。设计中为了保证星上时间具有自守时能力,实时时钟模块只使用内部软复位,不受硬件复位的影响。

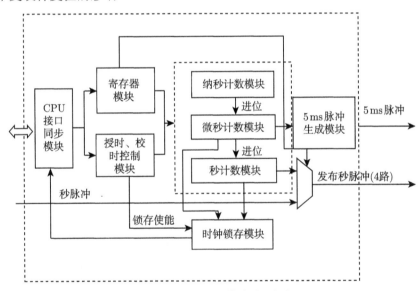

图 7.20 实时时钟模块功能框图

实时时钟模块设计通过内部状态与控制寄存器,使内部的状态对 CPU 透明,并通过软件指令随时修正内部状态,达到修复错误的目的。

1) 星务时间基准

为了简化星上设备的技术复杂性,实时时钟单元只进行相对计时,星务相关的事务均根据此相对时间来安排,星上不存在绝对时间。为了建立和绝对时间的关系,约定星上的相对时间 0 时 0 分 0 秒对应 UTC 时间 2006 年 1 月 1 日 0 时 0 分 0 秒。地面在进行任务规划和时间解析时,均应以此为基准。

星务通过遥测通道实时地将星上时间发送到地面，并且保证该时间在 10s 以内的随机误差为 3ms。地面应当依据收到的时间和地面的高精度时间进行比对，并适时安排校时。

2) 地面授时

地面授时功能是指计算机通过遥控数据获悉当前的时间，以指令方式写入实时时钟单元，作为新的计时起点。

3) 集中校时

集中校时是在卫星正常运行的过程中，计算机通过上行数据获知星上时目前存在的时间偏差，通过软件将时偏参数写入校时控制寄存器进行星时纠偏。

4) PPS 校时

PPS 校时功能是由计算机根据载荷提供的 PPS 脉冲实现对实时时钟单元的时间修正，确保实时时钟电路的计时精度。

5) 均匀校时

均匀校时功能是为了弥补实时时钟可能会存在的固定偏差而采取的时间修正措施，即在固定的时间间隔进行固定偏移量的修正。

6) 与载荷时间的关系

对于导航卫星而言，星务时间主要用于星务软件的任务调度和事件调度，与整星的导航载荷时间是松耦合关系。导航载荷产生的 PPS 信号仅仅对星务系统时间进行整秒修正，并可以由指令禁止，唯一驱动星务系统时间向前运行的是星载计算机内部的温补晶振。

7.5　测　控　设　计

7.5.1　任务分析和方案选择

测控系统的主要任务是建立卫星与地面之间的无线传输通道，完成卫星与地面站的天地通信以及地面对卫星的跟踪测轨任务。导航卫星测控频段采用国际通用的 S 频段，测控体制采用非相干扩频体制，为提高系统测控的可靠性，卫星还配置有数传通道，除具有数传功能外，也可以作为测控的备份。

7.5.1.1　测控天线及测控覆盖方案

测控天线技术比较成熟，考虑到卫星系统安全，需要卫星在发射、入轨初期、正常工作以及安全模式或卫星发生故障姿态不可控的条件下都能实现天地通信，为此，考虑对天对地各 2 副天线，以保证卫星各种工况的测控覆盖。

7.5.1.2 测控体制的选择

非相干扩频体制和 USB 体制相比,由于存在数字电路,需要考虑抗单粒子能力,因此有用 USB 体制作为保底方案的做法,考虑到扩频应答机的成熟性以及备份数传通道、L 上注通道、Ka 星间链路通道可以实现卫星的上下行,所以只采用非相干扩频体制,并且在整星设计中让这些通道可以相互备份。

7.5.2 任务、功能及指标

7.5.2.1 任务和功能

卫星测控的主要任务是接收地面测控站的上行遥控数据,解调后送至星载计算机;接收星载计算机的下行遥测数据,调制后发送给地面测控站;并配合地面测控站完成导航卫星测定轨。测控与星务配合,共同完成卫星的测控任务和工程测量。其主要功能为:

(1) 满足飞行程序要求,在卫星全寿命期间各个阶段,包括主动段、上升段和工作轨道,接收地面遥控指令和注入数据,执行直接指令,同时下发遥测数据;

(2) 完成实时遥测帧的组帧下发;

(3) 满足各功能单元对指令、注入数据和实时遥测的需求;

(4) 配合地面站完成对卫星的跟踪、测距、测轨、遥测、遥控;

(5) 提供卫星平台校时功能;

(6) 满足地面站对星地接口的要求;

(7) 注入数据格式支持载荷上行注入的备份功能。

7.5.2.2 主要技术指标

测控的主要技术指标如下:

(1) 体制:非相干扩频。

(2) 频段:S。

(3) 上行遥控:

速率:$4\mathrm{Kbit\cdot s^{-1}}$;

遥控误码率:$\leqslant 1\times 10^{-6}$;

卫星 G/T 值:优于 $-41\mathrm{dB\cdot K^{-1}}$(卫星 $+Z$ 向 $\pm 75°$、$-Z$ 向 $\pm 70°$ 范围内),

优于 $-29\mathrm{dB\cdot K^{-1}}$(卫星 $+Z$ 向 $\pm 15°$ 范围内)。

(4) 下行遥测:

速率:$2\mathrm{Kbit\cdot s^{-1}}$、$32\mathrm{Kbit\cdot s^{-1}}$;

遥测误码率:$\leqslant 1\times 10^{-5}$;

EIRP:优于 $-2.5\mathrm{dBW}$(卫星 $+Z$ 向 $\pm 75°$、$-Z$ 向 $\pm 70°$ 范围内),

优于 $9.5\mathrm{dBW}$(卫星 $+Z$ 向 $\pm 15°$ 范围内)。

(5) 天线指标：

① 极化方式：左旋圆极化。

② 收发方式：收发合一。

③ 接收增益 $G \geqslant -10(+Z$ 向 $\pm 75°)$ 对地面；

$\qquad\qquad \geqslant -10(-Z$ 向 $\pm 70°)$ 背地面。

④ 发射增益 $G \geqslant -10(+Z$ 向 $\pm 75°)$ 对地面；

$\qquad\qquad \geqslant -10(-Z$ 向 $\pm 70°)$ 背地面；

$\qquad\qquad \geqslant 2(+Z$ 向 $\pm 15°)$ 对地面。

(6) 寿命：≥10 年。

(7) 可靠度：≥0.9。

7.5.3　组成与配套

测控功能如图 7.21 所示。测控系统由 2 台扩频应答机、2 台固放、1 台遥控终端、1 台遥测终端、1 套微波网络、4 副天线组成。各单机主要功能如图 7.21 所示。

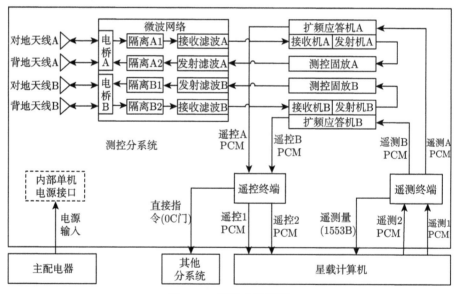

图 7.21　测控功能框图

7.5.3.1　扩频应答机

扩频应答机包括扩频应答机 A 和扩频应答机 B，采用非相干扩频体制，实现遥测遥控信号与射频信号的转换。两台上行热备，下行冷备，扩频应答机与地面扩频测控网配合使用，实现星地链路的测轨跟踪和数据传输。如图 7.22 所示，扩频应答机主要功能如下：

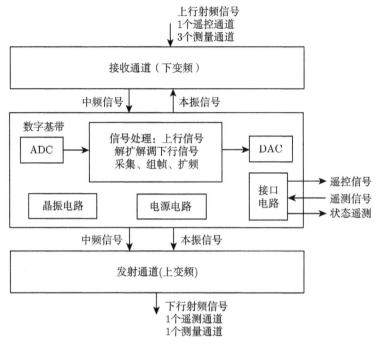

图 7.22 扩频应答机原理及信息流程图

(1) 接收地面测控站发射的上行遥控、上行注入信号,解扩解调出遥控 PCM 码流和码钟送至遥控终端;

(2) 接收来自遥测终端的遥测 PCM 码流和码钟,经扩频调制后实时向地面测控站发送;

(3) 接收地面测控站发送的上行测量信号,解扩解调出上行测量信息,并在下行测量信号中调制相关测量信息向地面测控站发送;

(4) 为地面测控站提供跟踪测轨信号。

7.5.3.2 固放

固放主要功能是将扩频应答机的输出信号进行功率放大,然后送至微波网络,最后将放大的微波信号馈送到天线。固放双机冷备份。为防止主动段低气压放电,固放设置 1W/10W 两种工作方式,主动段用 1W,上升段和在轨运行段用 10W,可通过地面指令进行切换。

7.5.3.3 遥控终端

遥控终端的主要任务是接收来自两台扩频应答机的锁定信号和上行数据信号,根据锁定信号选择相应的应答机;对指令进行指令译码,并驱动相应设备;接收数据信息并送星载计算机;接收遥测采集,送出遥测信息。遥控终端由 A 机和 B 机组成, 其工作模式为 A 机、B 机互为热备份, A 机、B 机根据应答机的锁定信号选择相应的应答机, 遥控终端的输出信号有指令、数据和遥测信号。送至星载计算机的数据输出为 A 机、B 机同时输出, 由用户选择其中的一路。

7.5.3.4　遥测终端

遥测终端的主要功能为: 完成测控内部遥测量的采集, 并通过 1553B 总线将本终端采集的遥测信号以规定的协议发送到星载计算机; 同时接收星载计算机组帧的遥测下行数据信号流, 将遥测下行信号经固放后通过扩频应答机下行。遥测终端内部包括 DC/DC 模块及隔离切换电路、CPU 及 1553B 总线控制电路, 模拟遥测采集电路、遥控遥测采集电路等。双机冷备份, 同时有 2 路遥测同步串口输入。

7.5.3.5　全向天线

全向天线实现射频信号的接收与发送。测控包括 4 副天线, 分为两组阵列: 一组为对地测控天线 A 与背地测控天线 A; 另一组为对地测控天线 B 和背地测控天线 B。天线采用变螺距柱螺旋天线形式, 采用三段不同螺距的螺旋线连接组成, 馈电处设计成两级变换的同轴阻抗变换段, 较之传统的螺旋天线, 拥有更宽的增益带宽和优异的宽角轴比性能。

7.5.3.6　微波网络

微波网络实现射频信号的合路、分路和滤波, 如图 7.23 所示。

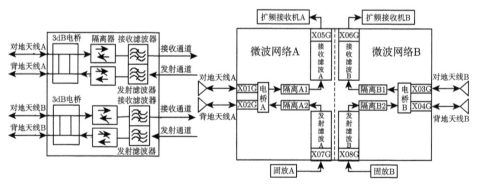

图 7.23　微波网络框图

7.5.4　工作原理及技术方案

测控的主要任务是提供卫星与地面测控站 (船) 之间的无线传输通道, 工作在 S 波段, 采用非相干扩频测控体制。

地面站发送的上行测控信号采用扩频信号, 包括遥控扩频码和上行测距码。星上扩频应答机接收地面测控站的上行扩频测控信号后, 对遥控扩频信号分量进行解调、解扩，恢复出遥控信号并送往遥控终端；同时捕获并跟踪上行扩频测控信号中调制的上行测距码。另一方面，扩频应答机对来自遥测终端的遥测数据流进行扩频调制，并产生包含下行测距码和遥测数据的下行扩频测控信号发送到地面站。地面站可通过恢复的载波信号作为跟踪卫星的信标。

测控按在轨运控流程分三个模式，包括主动段模式、安全模式和正常模式，如表 7.7 所示。

表 7.7 测控工作模式

序号	模式名称	发射功率/W	遥测速率/(Kbit·s^{-1})	使用阶段
1	主动段模式	1	2	卫星发射到卫星与上面级分离前
2	安全模式	10	2	卫星与上面级分离后到卫星入轨前 卫星入轨后出现故障进入安全模式
3	正常模式	10	32	卫星入轨后进入对地指向模式

7.6 总体电路设计

7.6.1 任务分析和方案选择

7.6.1.1 关于电源变换的考虑

考虑到批量生产及测试的方便性、整星电磁兼容性、研制便于管理等性质，单机设备原则上只供给一次电源母线，不单独设置整星的二次电源变换设备，设备所需的二次电源由单个设备利用 DC/DC 变换实现。

低轨、小卫星等通常采用 28V 供电体制，采用 28V 一次电源的设备种类多且比较成熟，为不改变此类设备的技术状态，整星单独设置了 28V 辅母线。

7.6.1.2 配电的考虑

考虑到谱化、总装、测试、电磁兼容等需求，卫星平台舱和载荷舱分别配电。

一次电源配电根据整星单机工况包括两类配电方式：一类为单机开关继电器，在配电器中，配电器为单机提供 42V 母线；另一类为单机开关继电器，在单机内部，由配电器直接为其提供 42V 电源及辅母线，对于此类配电，要特别需要熔断器保护电路，以免单机发生短路故障危及整星安全。

7.6.1.3 功率驱动考虑

姿轨控的磁力矩器、推进、加热等大功率驱动电路，考虑到电磁兼容性和测试研制方便性，分别配置在平台舱和载荷舱两个设备中集中实现。

7.6.1.4　整星电缆网和接地考虑

考虑到卫星载荷功率大, 卫星寿命长, 电磁兼容问题突出, 电缆网要考虑整星的接地设计; 要考虑运载给双星同时供电的互扰性和兼容性。同时, 不要为了整星减重而减小电缆的线径。

帆板供电电缆为太阳电池阵供电输出的功率电缆, 帆板遥测电缆包括帆板温度、帆板展开状态遥测和帆板接地等遥测电缆。该部分电缆在设计时直接与太阳帆板进行一体化设计, 并直接连接至 SADA 驱动器, 在整星外部不再提供转接电连接器。

导航卫星工作在中高轨, 不仅辐射剂量比低轨卫星高, 高能电子造成的卫星深层充电效应以及静电放电也要着重关注。导航卫星单机数量种类多, 功能复杂, 通信方式多种多样, 同时, 卫星具有高可靠、高稳定、高精度、长寿命的任务特点。在这样的空间环境中, 其表面和内部孤立导体表面存在严重的充放电效应和内带电效应, 所产生的电磁脉冲会干扰甚至破坏卫星内电子学系统的正常工作, 严重时使整个卫星失效。因此, 整星系统的孤立导体处理及良好接地是卫星性能稳定、信号可靠传输的重要保障。

在正常的接地设计原则基础上, 导航卫星要对星上单机中的孤立导体进行接地处理, 防止卫星在轨运行产生静电累积和静电放电。

为了实现整星设备的等电势, 在每一块仪器安装板上均设有接地桩, 作为卫星的基准地, 而安装板通过铝制框架互相电导通, 从而实现整星设备的等电势。卫星低频设备和电路严格采用单点接地方式, 所有低频单机均只有一个接地参考点 (即卫星单元地) 与对应位置较近的仪器安装板的接地桩 (卫星基准地) 搭接, 搭接电阻小于 $10\text{m}\Omega$。

7.6.1.5　星–上面级供配电

不同于传统的卫星发射方式, 导航卫星在发射后需随运载上面级运行 3~6 个小时, 在整个过程中由上面级统一供电。考虑到在此运行过程中, 卫星的主要工作负载为加热器, 给整星及单机进行加热, 因此在与上面级的接口设计中, 将载荷舱的辅配电器作为供电输入接口, 实现卫星的统一供配电, 这样有利于整星的热源匹配和避免载荷舱温度过低。

此外, 在上面级供电过程中, 避免系统母线间出现联合供电, 或者上面级供电不输出的情况, 同时考虑系统母线间的兼容性, 需上面级的母线电压高于卫星母线电压 (43.5~45V), 上面级母线纹波小于 600mV 且峰值为 1V, 在卫星负载跃变过程中, 上面级母线电压跃变范围小于 0.8V, 确保卫星–上面级之间能源的安全、合理、可靠。

7.6.2 任务、功能及指标

7.6.2.1 任务和功能

总体电路的主要任务包括卫星一次电源供配电与控制、电源变换与控制、加热器驱动控制、火工品电路保护及控制、姿轨控驱动电路保护及控制等功率驱动控制任务以及提供仪器设备间电连接等任务。具体任务功能包括以下方面：

(1) 实现星地电源切换和地面紧急关机；

(2) 实现整星电源分配，为星上电子设备提供供电和控制及单机电流遥测；

(3) 实现主动热控电路供电和控制功能；

(4) 实现火工品的供电、控制及保护功能；

(5) 实现推力器的驱动及保护功能；

(6) 实现磁力矩器的驱动功能；

(7) 提供整星低频电缆网，保证卫星电信号传输正常；

(8) 实现整星的统一接地设计及接地操作。

7.6.2.2 主要技术指标

总体电路主要技术指标参见表 7.8 所示。

表 7.8 总体电路主要技术指标

序号	项目	技术指标
1	磁力矩器驱动	4 路
2	推进系统驱动	8 路电磁阀，2 路自锁阀
3	火工品驱动	8 路
4	主动温控	64 路：12 路 50W，52 路 20W
5	推力器温控	9 路
6	一次配电	≥ 35 路，电压：(42 ± 3)V，纹波 ≤600mV
7	28V 辅母线	电压：(28 ± 1)V，纹波 ≤600mV；输出功率 ≥ 200W
8	可靠性	0.98
9	寿命	10 年

7.6.3 组成与配套

总体电路主要包括整星低频电缆网一套、主配电器一台和辅配电器一台，完成整星供配电及驱动控制。如图 7.24 所示，主配电器装置在平台舱，主要完成平台舱的配电、功率驱动等任务，具体包括平台舱配电和控制、火工品电路保护及控制、推进系统阀门驱动控制、磁力矩器控制电路、42V 转 28V 的辅母线电路以及加热控制电路等功能模块。辅配电器如图 7.25 所示，装置在载荷舱，主要完成载荷舱配电、主动热控加热控制等功能。

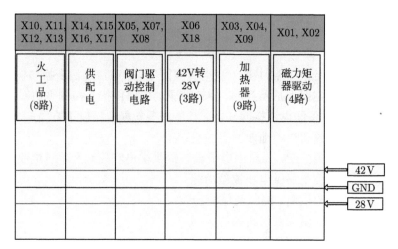

图 7.24　主配电器模块化设计

图 7.25　辅配电器模块化设计

7.6.4　工作原理

　　总体电路如图 7.26 所示,整星供配电设计采用集中式供配电方案,电源控制器为卫星提供一次电源供电,各设备单机供电均由主配电器、辅配电器统一进行分配,其中主配电器负责平台舱单机的电源供配电,并提供 28V 辅母线用于推进系统及指令电源,辅配电器负责载荷舱单机的电源供配电。导航卫星的配电如图 7.27 所示。整星平台舱的电缆网连接框图如图 7.28 所示,整星载荷舱的低频电缆网连接框图如图 7.29 所示。

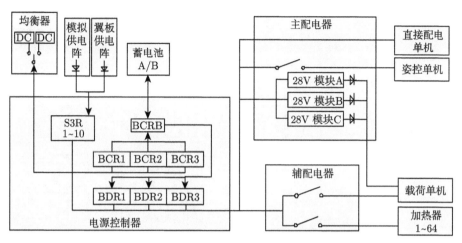

图 7.26　总体电路组成及与电源连接关系

7.6.4.1　一次电源配电

一次电源配电根据整星单机工况包括两类配电方式: 一类为单机开关继电器, 在配电器中, 配电器为单机提供 42V 母线; 另一类为单机开关继电器, 在单机自身内部, 由配电器直接为其提供 42V 电源及辅母线。

1) 直接配电

在主配电器、辅配电器寿命期间处于常加电状态, 由电源控制器一次电源直接供电。其中星载计算机、数据处理终端、遥测终端、遥控终端、扩频应答机 A、扩频应答机 B、驱动线路盒、反作用轮 (X、Y、Z 和 S1) 的开关继电器在单机内部, 主配电器只为单机提供 42V 母线。

2) 主配电器配电

在卫星入轨前平台内断电状态的单机, 由主配电器通过继电器切换实现一次电源的配电, 如图 7.30 所示。

3) 辅配电器配电

载荷的单机在卫星入轨前为断电状态, 由辅配电器通过继电器切换实现一次电源的配电, 配电原理如图 7.31 所示, 继电器位于辅配电器中。

7.6.4.2　辅母线配电

辅母线电源为 42V 的一次电源通过变换电路转变为 28V 的电源, 主要为卫星指令和推进组件等设备供电, 辅母线模块设计在主配电器中实现, 为了确保 28V 辅母线的安全可靠, 设计采用 3 个模块互相备份的方式, 一个冷备份, 两个热备份, 设计输出功率为 200W, 输出电流为 0~7A, 模块具有输出过压过流保护功能, 如图 7.32 所示。

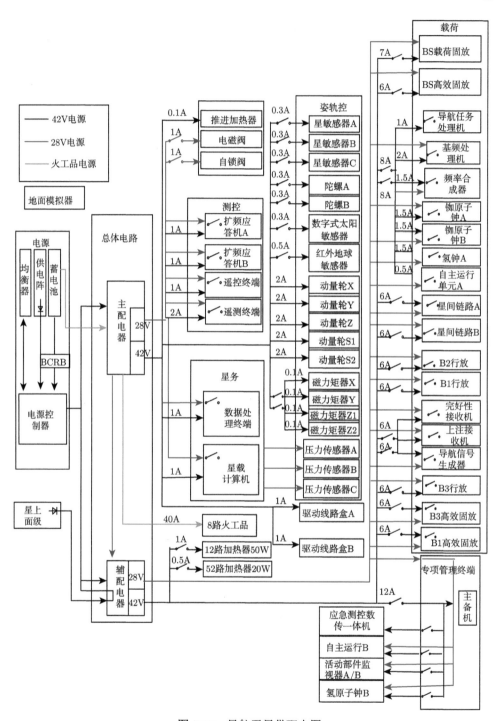

图 7.27 导航卫星供配电图

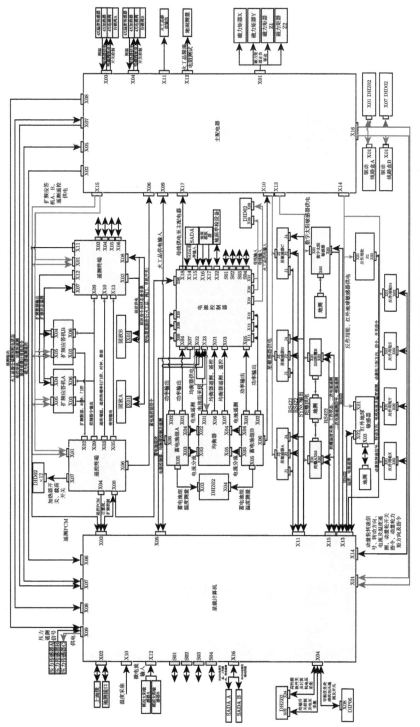

图 7.28 导航卫星平台舱电缆网连接框图

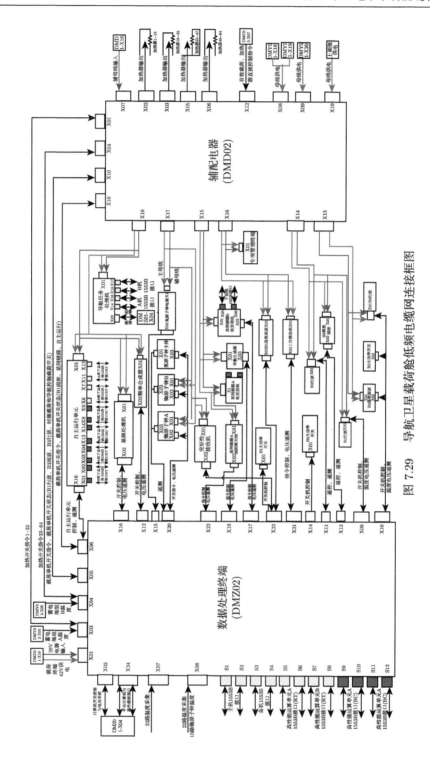

图 7.29　导航卫星载荷舱低频电缆网连接框图

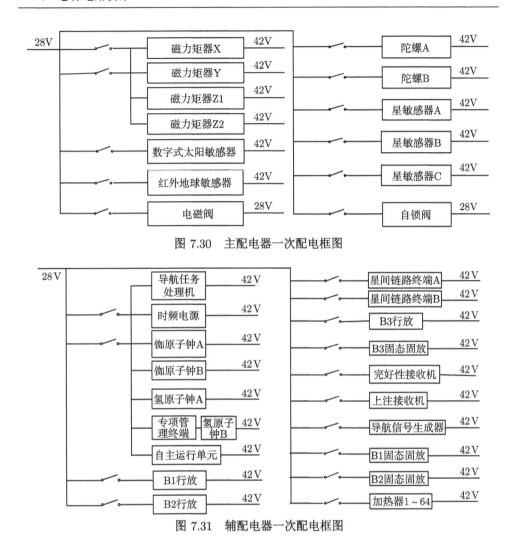

图 7.30　主配电器一次配电框图

图 7.31　辅配电器一次配电框图

7.6.4.3　火工品驱动控制

火工品输入电压为 32~38V。帆板火工品有 8 个,其中每翼帆板火工品有 4 个,火工品切割器点火器采用钝感型;每路火工品具有 2 个桥丝,每个桥丝额定电流 ≥5A,桥丝状态检测数量为 16 路;火工品电源状态遥测为 1 路,指令数量为 6 路 (包括直接、间接和有线指令);火工品有短路和防静电保护措施,每个火工品桥丝正端和负端都有接地的防静电泻放电阻 R;两组蓄电池分别对每个火工品的主备桥丝供电,以确保可靠引爆;发射前对火工品有保护功能;起爆前后限流电阻阻值的变化在 0.5% 之内。

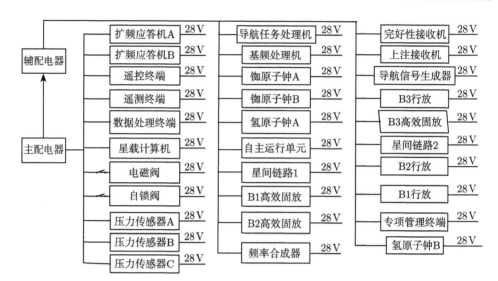

图 7.32　辅母线配电图

7.6.4.4　磁力矩器驱动控制

主配电器实现对磁力矩器 X，磁力矩器 Y，磁力矩器 Z1，磁力矩器 Z2 的输出控制、方向控制及磁力矩器输出遥测，其中磁力矩器的输入电压为 (42±3)V，输入电流不超过 0.1A。各磁力矩器的正向遥测电压为 (1.6±0.2)V，反向遥测电压为 (3.1±0.2)V。

7.6.4.5　推进组件驱动控制

总体电路为推进提供 8 路电磁阀驱动控制电路、2 路自锁阀驱动控制电路及 9 路推进加热器驱动控制电路，推进驱动输入电压为 (28±1)V，加热器输入电压为 (42±3)V。

为实现发射前保护，增加了星表插头进行发射前保护，防止推进系统误动作和短路，同时用于系统相关测试。

7.6.4.6　热控系统驱动控制

提供 12 路 50W 和 52 路 20W 的加热器驱动控制，加热器输入电压为 (42±3)V。通过 8 路继电器将加热电路分为 8 组，每组 8 路，其中 2 组电路可直接通过遥控控制加热，以备在载荷舱低温时，为辅配电器和数据处理终端加热。

7.6.4.7　状态信号设计

1) 星-上面级分离信号设计

在卫星和上面级适配器之间的对称位置安装 2 个型号为 4KX-2A 的行程开关，提供星-上面级的分离信号。行程开关有 4 组触点，将 2 个行程开关设计为并联连接的方式，每个行程开关的 4 对常开触点采用两串两并的连接方式。当星–上面级未分离时，行程开关处于压紧状态，两个行程开关均处于闭合状态，星载计算机此时接收的信号为低电平状态；一旦卫星与上面级分离，两个行程开关同时处于松开状态，则对应行程开关的常开触点就会恢复为常开状态，星载计算机采集的星–上面级分离信号则变为高电平状态。为了整星的可靠性，星载计算机的分离状态可以通过测控上注设置，如图 7.33 所示。

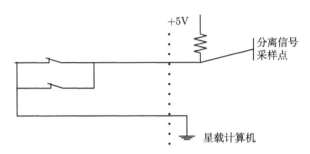

图 7.33　压紧状态时星–上面级分离信号原理图

2) 帆板展开状态设计

卫星太阳帆板有 $+Y$、$-Y$ 两翼，帆板是否完全展开需要分别检测外板与中板铰链、中板与内板铰链、内板与连接架、连接架与卫星星体 4 个位置铰链的微动开关。设计提供了 2 个帆板展开信号的遥测资源。星载计算机内部 A 机、B 机各连接了 1 个 20kΩ 的分压电阻，经并联后与帆板展开状态信号连接。

如图 7.34 所示，设计中将 4 个位置的微动开关分别与 4 个不同阻值的电阻并联，再串联连接至星载计算机遥测信号，电阻从内到外分别为 1.3kΩ、3.3kΩ、7.5kΩ和 20kΩ，微动开关连接常开触点作为帆板各个位置的展开信号。

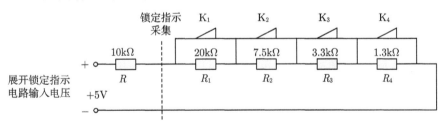

图 7.34　帆板展开状态信号设计

7.6.4.8　卫星接地与搭接 [45]

为了实现整星等电势设计，在结构板上设接地桩，作为卫星的基准地。

(1) 单机通过电连接器将结构地引出，通过电缆网与接地桩连接。机壳与接地桩之间的接地电阻小于 10mΩ；

(2) 一次电源回线和辅母线回线不共用，各挡电源回线 (带有圆形接线片的电缆) 用螺钉连接至接地桩；

(3) 全部结构件间具有良好的搭接。结构件与接地桩的搭接电阻小于 10mΩ；

(4) 热控多层的接地，星上全部热控多层按规定的工艺就近与卫星结构搭接，搭接面必须清除表面的氧化膜层、油污等高阻抗物质，多层组件接地点与卫星基准地之间的直流电阻不大于 1Ω；

(5) 整星接地，试验时卫星基准地与大地连接，搭接电阻小于 1Ω。

7.6.4.9 电缆设计与布线

卫星低频电缆网的设计与布线是否合理对整星的电磁兼容性是极为重要的。从降低电磁干扰出发对电缆网设计提出了相应的要求，在具体的实现过程中由于单机插座数量、电缆网重量等因素的限制，设计应该满足以下几方面的要求：

(1) 电源供电线采用供电、回流双线绞合输出，各挡电源的供电地线不共用；

(2) 火工品采用双绞屏蔽电缆线；

(3) 系统或单机间的信号连线成对输送，不用电源地线代替信号地线；

(4) 为减小长线传输损耗，异步传输信号采用双绞线；

(5) 电缆设计不把结构地用作回流载体，信号导线屏蔽层用作回流线。

7.7 卫星常用控制驱动等专项电路

7.7.1 磁力矩器、电机等需要正反向控制的功率驱动电路

该电路可用于需要正反向功率驱动控制的场合，如磁力矩控制、电机控制等。此类驱动控制实施时需要注意电流从正向变换为反向时要有 "空闲" 时隙，否则容易由于变化的过渡过程烧毁功率管。

该电路可在开关模式工作，也可以通过在输入端加载 PWM 信号改变驱动电流。

如图 7.35 所示，由三极管 Q_5、Q_{11}、Q_6 和 Q_{10} 构成桥式驱动电路，完成控制对象 (磁力矩器) 的双向驱动，电路有两个控制输入端口，一个为加载功率控制端，一个为电流方向控制端。设计中控制对象 (磁力矩器) 可等效为电阻和电感串联模型，因此还需要设计电感泄放回路；泄放回路主要由二极管 D_3、D_4、D_7、D_8 和三极管 Q_2、Q_3 构成。控制对象 (磁力矩器) 输出遥测电路主要由三极管 Q_{17}、Q_{18} 和电阻组成，单路遥测可以表示控制对象 (磁力矩器) 不同输出方向的工作状态。

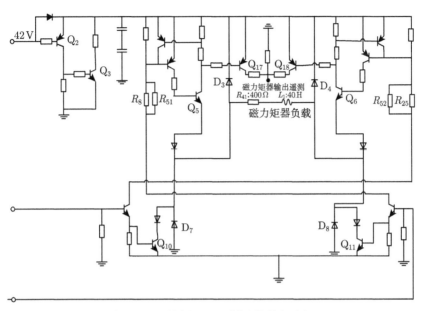

图 7.35 磁力矩器驱动与遥测原理图

7.7.2 加热器驱动控制电路

加热器驱动控制电路如图 7.36 所示。

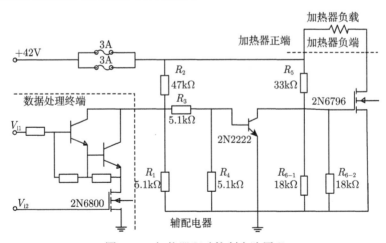

图 7.36 加热器驱动控制电路原理

7.7.3 SADA 驱动及与帆板的电缆连接

如图 7.37 所示,此处要注意的是接插件伪双点双线的问题,+Y 帆板和 −Y 帆板的输出通常通过滑环采用双点传输到星内,通常的做法是,+Y 输出端通过双点连接电源控制器的一个接插件 X14，−Y 输出通过双点连接电源控制器的另一个接插件 X15，虽然采用双点避免了单点接触不良的问题，但当一个接插件松动时，卫星将损失一半的能源，导致整星失效。有效的做法是 +Y 和 −Y 侧的 SADA 一个接点单点组合接一个连接器 X14，另一个接点单点组合接另一个连接器 X15。

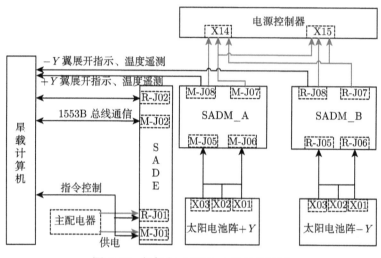

图 7.37　帆板与 SADA 电缆连接框图

7.7.4　火工品驱动及电源状态遥测电路

卫星帆板火工品的安全、可靠起爆是整星任务成功的前提，因此此类驱动控制电路的设计尤为重要。火工品驱动电路如图 7.38 所示，为了增加可靠性，可以采用两组蓄电池组分开供电的方式分别对火工品桥丝进行供电。火工品电源状态遥测电路如图 7.39 所示，该电路只有在火工品电源正线和回线都接通的状态下，才有遥测输出。

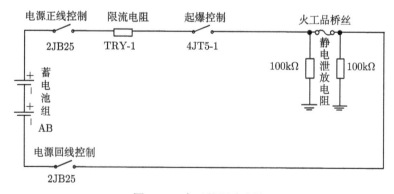

图 7.38　火工品驱动电路

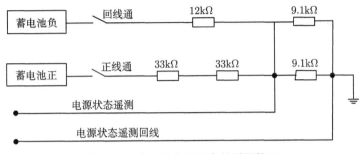

图 7.39 火工品电源状态的遥测接口

此外，需重点考虑以下事项：

(1) 控制电路的可靠性设计。

每路火工品具有 2 个桥丝 (桥丝 A、桥丝 B)，每个桥丝额定电流 ⩾5A，指令执行有效时间不低于 80ms。对帆板火工品需采用 3 级控制，第 1、3 级采用磁保持继电器控制火工品正线和回线通断，第 2 级采用电磁继电器控制火工品起爆。

(2) 控制电路的安全性设计。

为了提高火工品控制电路的安全性，采取多级开关控制，即在火工品起爆指令发出前，应先有火工品母线加电、火工品母线回线加电两条指令开关，这样可以避免单一指令误发出时造成火工品装置误起爆。

(3) 短路保护设计。

为了保护火工品供电电源，在火工品的每一个起爆回路中都串联一个限流电阻。限流电阻能承受瞬时大功率冲击，在有效工作时间设计载流下，能够保持阻值稳定；若长时间施加设计载流，限流电阻应能呈现开路失效模式 (类似于保险丝)，即在火工品起爆电压允许范围内，火工品装置在规定的电流范围内 (每根桥丝起爆电流为 5A) 起爆，超过此范围，限流电阻便迅速熔断，以保护火工品供电电源，可消除火工品起爆后，熔断的桥丝与壳体搭接产生短路等不利影响。

(4) 静电防护设计。

为火工品装置设计静电泄放电路。每个火工品的正端都需通过一个电阻连接壳地，公共负端也分别通过几个电阻并联连接壳地，可预防静电超过桥丝耐压指标造成的桥丝击穿失效或桥丝误爆。

7.7.5 星表保护插头设计

火工品保护插头和推进组件保护插头的设计如图 7.40 和图 7.41 所示，以确保在发射前的任何场合都不会出现安全问题。在地面测试时，安装射前保护插头。射前保护插头将桥丝两端连接，同时在配电器端将桥丝的供电断开。在运输或测试过程中，无论是否发送指令，都不会引爆火工品，确保了火工品发射前的安全性。在发射区，临发射前将射前保护插头拔下，更换为发射插头。发射插头将桥丝的两端断开，同时配电器对桥丝进行供电连接，该状态与卫星的最终飞行状态一致。

同样，在推进组件设计中，也需要通过增加星表插头进行发射前保护。

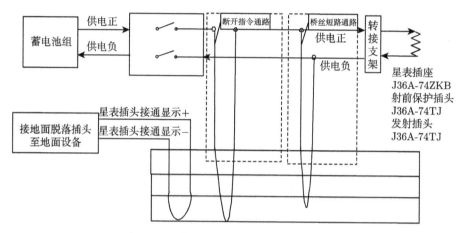

图 7.40　火工品星表保护插头设计框图

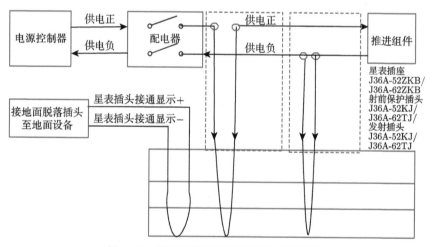

图 7.41　推进组件星表保护插头设计框图

7.7.6　辅母线转换电路

主电路拓扑设计采用 Superbuck 结构，保证了模块的高转换效率以及输入和输出电流的连续性；最大输出功率为 200W，同时具有过流、过压保护功能。电路包括功率转换电路、过流保护电路、辅助电源、遥控遥测接口等功能电路，如图 7.42

所示。其设计过程如下。

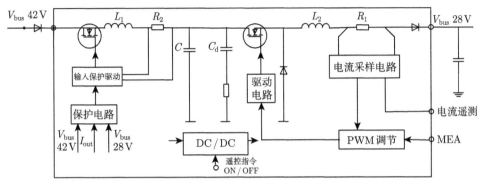

图 7.42　辅母线模块设计原理图

7.7.6.1　主功率转换电路设计

如图 7.43 所示，主功率转换电路采用 Superbuck 降压型功率拓扑，通过脉宽调制技术完成电流的调节，电路工作频率约为 100kHz。

由于 Superbuck 降压电路包含两个滤波电感，因此该拓扑结构又被称为双电感降压器，其优势如下：

(1) L_1 为输入电感，与电容 C 组成了 Superbuck 电路的输入滤波组件，使得降压器输入电流连续；

(2) L_2 为续流电感，在回路中与电容 C 串联，利用了电感电流不能突变的特性，使电流在电容 C 的充放电过程中没有较大的峰值。

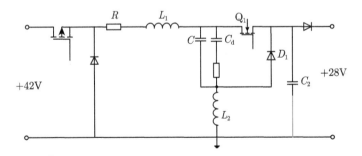

图 7.43　Superbuck 功率变换电路原理图

开关 Q_1 以 PWM 的工作方式调节 L_1 的输入电流，保证输入功率满足负载要求，确保 28V 输出电压稳定；电感 L_2 在 Q_1 关断时提供必要的续流电流，保证电路输入和输出电流在开关调整周期内连续，减小了母线的反射纹波和辅母线输出的电压纹波。

7.7.6.2 恒压恒流控制电路

如图 7.44 所示，通过 MEA 比较输出电压和基准电压，输出 VVEA 信号。恒流环控制电路接收 VVEA 控制信号，通过与电流采样电路的输出信号对比，形成 VCEA 信号。最终 VCEA 信号和 100kHz 的锯齿波信号叠加后生成具有一定占空比的方波信号来实现电路的控制。

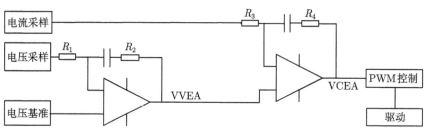

图 7.44 控制电路原理图

7.7.6.3 电流采样和驱动电路

电流采样和驱动电路如图 7.45 和图 7.46 所示。该电路结构简单，采样精度较高，可以有效地从高共模信号中提取有效信号。图中 R_1 为功率电流采样电阻，其将采集到的电流信号转化为电压信号。

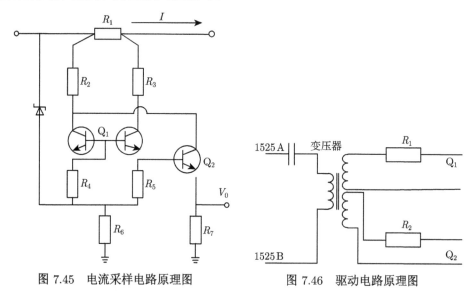

图 7.45 电流采样电路原理图   图 7.46 驱动电路原理图

7.7.6.4 过流保护电路

如图 7.47 所示，当控制电路或 Super buck 功率单元的 MOSFET 出现失效时，输入至输出的通路会出现不受控的电流，过流保护电路将切断降压功率变换器的输入开关，此时输入至输出脱离。过流保护电路一经触发即成锁定状态，电路复位需加电断电控制完成。过流保护电路包括电流取样电路和电流比较电路，当故障出现，输出电流超出最大额定电流的 1.4 倍 (10A) 时，过流保护信号将触发电流比较电路，并造成比较电路输出状态翻转。

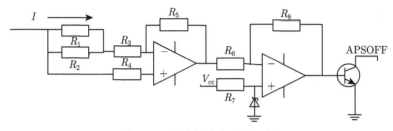

图 7.47 过流保护电路原理图

7.7.7 推进驱动控制设计

推进电磁阀驱动控制电路和自锁阀驱动控制电路如图 7.48 和图 7.49 所示。

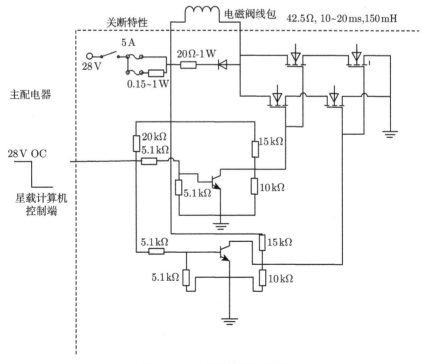

图 7.48 电磁阀控制电路图

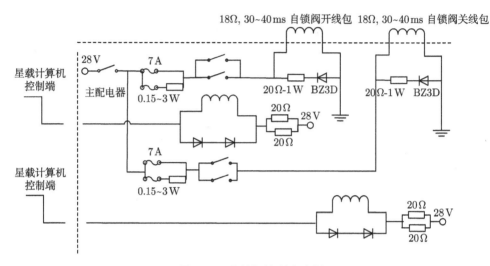

图 7.49　自锁阀控制电路图

为了防止推进电磁阀或自锁阀的误动作和短路,同时用于相关测试,需通过增加星表插头措施对其进行发射前保护。由于电磁阀和自锁阀采用二次电源,为避免电路短路造成二次母线电压被拉低,在每一个电路的二次电源输入端采取串接熔断器的过流保护措施,与此同时,为提高熔断器的可靠性,在此处将两个熔断器并联应用,并在其中之一串接电阻器,串接电阻器的功率不低于 $I^2 R_s$(R_s 为串入电阻器的电阻值)。

7.7.8　反作用轮力矩控制

如图 7.50 所示,由于反作用轮驱动电路输出的是模拟量,不能用于 OC 门开路线或实现主份和备份的连接,因此在此将主份 A 机和备份 B 机的输出设计成加法器的形式,不工作的单元通过继电器触点接地,使之输出的 0 和另一个工作的单元做加法。此处需注意的是不能将两路输出通过继电器触点开断的办法实施控制,原因是流经触点的电流不足,不能保证触点闭合时控制力矩信号通过。

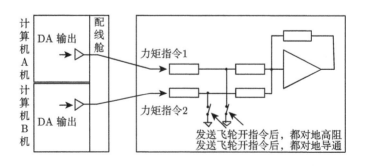

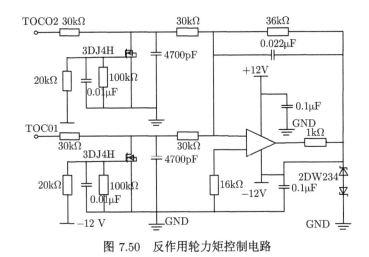

图 7.50 反作用轮力矩控制电路

7.8 常用接口参考电路

7.8.1 供电相关接口电路

7.8.1.1 熔断器——电源保护电路

熔断器通常作为一次电源短路保护,但不能用作过载保护,二次电源 DC/DC 输出已有过流保护,故二次电源输出端一般不采用熔断器做短路保护。28V 电源可采用管状熔断器或厚膜工艺熔断器;管状熔断器禁止在真空环境 36V 以上使用,厚膜工艺熔断器可以在 36V 以上使用;100V 电源可采用厚膜工艺熔断器;熔断器允许,当电流不够时,两只同批次、同规格的厚膜工艺熔断器并联使用。熔断器电路,应采用冗余设计,如图 7.51 所示。为确保上天前熔断器处于正常状态,应设置检测点。

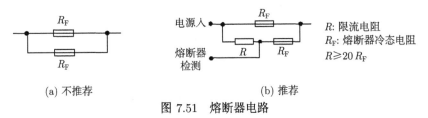

图 7.51 熔断器电路

7.8.1.2 一次电源侧滤波电容电路

如图 7.52 所示,采用两只相同规格电容串联,防止电容击穿造成一次电源电路短路故障发生。每只电容直流工作电压应大于电源电压的 2 倍。

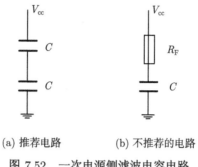

(a) 推荐电路　　　　　　(b) 不推荐的电路

图 7.52　一次电源侧滤波电容电路

7.8.1.3　抑制一次电源开机浪涌电流电路

对于功率较小的负载，可在一次电源电路串联电阻；对于功率较大的负载，需采取软启动电路，如图 7.53 所示，阻容值可根据情况调整。软启动电路的负载是 EMI 滤波器、DC/DC 变换器时，要注意防止 DC/DC 变换器欠压自激，造成 DC/DC 损坏。

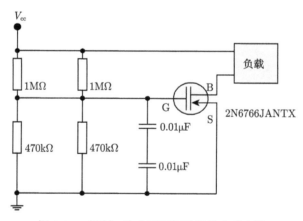

图 7.53　抑制一次电源开机浪涌软启动电路

EMI 滤波器通常是共模滤波器与差模滤波器串联组成的，滤波电容容量为微法级大小，是造成开机浪涌电流大的主要因素。软启动电路通过积分电路控制 MOS 管栅压，使其导通电流逐渐加大直至全导通 (2N6766 全导通时，电阻为 85mΩ)。软启动时间过长时，会造成 DC/DC 欠压自激，使 DC/DC 内部整流肖特基二极管 (SBD) 过压烧毁。

在调试软启动电路时，EMI 滤波器不要接 DC/DC，用固定电阻负载替代，开机控制浪涌在指标上限内即可，此时持续时间 200μs 左右，以防止开机自激。

7.8.1.4 供电接口电路

如图 7.54 所示，图中将输入端并联电阻改为图 7.51 中的熔断器就变为带熔断器的供电接口电路。

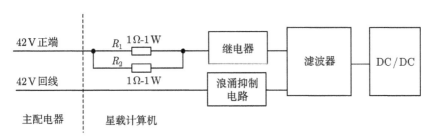

图 7.54 不带熔断器的供电接口电路

7.8.2 指令输出接口电路

7.8.2.1 具有电平转换功能的电平指令输出电路

如图 7.55 所示，可用于反作用轮转向控制、SADA 控制等。

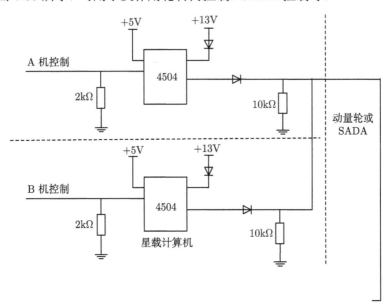

图 7.55 具有电平转换功能的电平指令输出电路

7.8.2.2 28V OC 指令输出 (正脉冲) 接口电路

如图 7.56 所示，通常需采用 P 型 MOS 管。

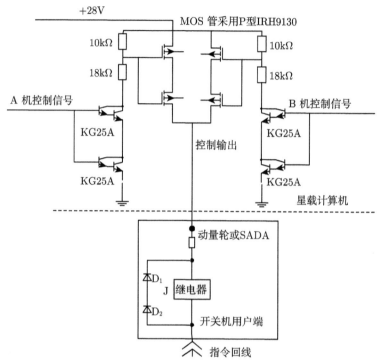

图 7.56　28V 正脉冲有效 OC 指令输出电

7.8.2.3　28V OC 指令输出 (负脉冲有效) 接口电路

如图 7.57 所示, 图 7.57(b) 中的 MOS 管的目的是防止主份失效时备份也不起作用。

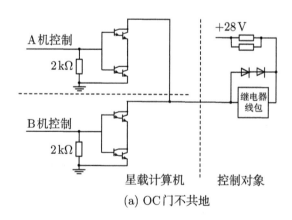

(a) OC 门不共地

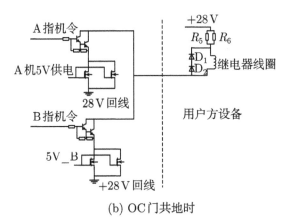

(b) OC门共地时

图 7.57 28V OC 指令输出 (负脉冲有效) 接口电路

7.8.3 指令接收接口电路

7.8.3.1 继电器负载指令接口电路

继电器推荐消反电动势电路, 如图 7.58 所示。

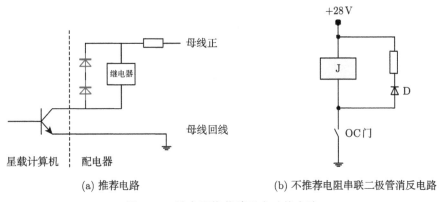

(a) 推荐电路   (b) 不推荐电阻串联二极管消反电路

图 7.58 继电器推荐消反电动势电路

使用继电器负载应注意:

(1) 两条以上指令执行一个动作时, 可采用指令线直接并联使用;

(2) 由一条指令驱动同一型号的 2 个继电器, 可直接并联, 但不得超过 OC 门最大负载电流;

(3) 继电器不可与门电路并联使用, 防止误动作和断电的反电动势影响;

(4) 不能采用触点并联来提高触点负载电流, 由于两触点动作存在 0.1~0.2ms 时间差, 先接通触点处于超应力条件下切换;

(5) 不能采用触点并联方式提高可靠性, 并联会降低断开的可靠性;

(6) 触点电流大小要适应, 当触点电流小于 10mA 时, 会造成无法击穿触点表面膜电阻, 接通失效;

(7) 不允许开机时接通电源, 关机时切换到地, 以免造成在关机瞬间, 设备内电容通过触点放电, 引起触点过电流和对系统产生干扰;

(8) 继电器外壳原则上要求接地 (机壳);

(9) 100V 高压与低压不同时使用同一个继电器;

(10) 线圈驱动电流大于 180mA 的继电器可利用小型电磁继电器触点驱动, 或另加辅助驱动电路。

7.8.3.2　高低电平指令接口设计

加热器、电磁阀、自锁阀、磁力矩器控制等遥控输入指令为高低电平形式的电平指令, 即指令输出低电平表示加热器、电磁阀、自锁阀、磁力矩器开始工作, 高电平 (5V) 表示加热器、电磁阀、自锁阀、磁力矩器停止工作。控制执行电路可采用 N 沟道 MOS 场效应管 2N6798, 由于 2N6798 的 GS 电压为 10V 时 DS 导通, 需要使用三极管 2N2222 驱动场效应管 2N6798, 对应的接口电路如图 7.59 所示。

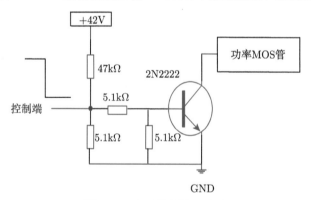

图 7.59　电平控制接口电路

7.8.3.3　门电路负载指令接口电路

门电路负载应加积分电路吸收长线上干扰尖脉冲, 以施密特触发器整形后输出。积分时间建议为 1ms。

若脉冲前沿不能延时, 则不能采用积分电路, 可通过降低 OC 门上拉电阻, 提高抗干扰能力。建议上拉电阻为 1kΩ。

7.8.3.4　磁力矩器驱动控制指令接口电路

磁力矩器驱动控制指令接口电路如图 7.60 所示, 包括磁力矩器方向控制和输出控制。二极管网络构成控制逻辑,当磁力矩器输出控制为低电平时,驱动电路不接受方向控制指令,驱动电路无输出;当磁力矩器输出控制为高电平时,驱动电路依照方向控制指令要求输出,高电平定义为正方向,低电平定义为负方向。

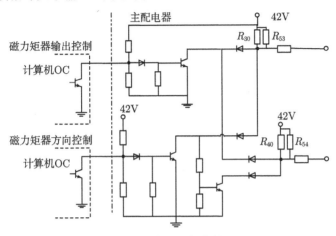

图 7.60 磁力矩器指令接口图

7.8.4 模拟量遥测接口电路

7.8.4.1 分压式遥测输出接口

一次、二次正电源遥测输出等接口电路可采用电阻分压的方式,电路如图 7.61 所示。图 7.61(a) 左侧分压电阻为分压式输出接口,属于遥测电压输出方的电路接口;右侧为信号采集侧的接口。信号采集侧接口也可采用如图 7.61(b) 所示的电路。

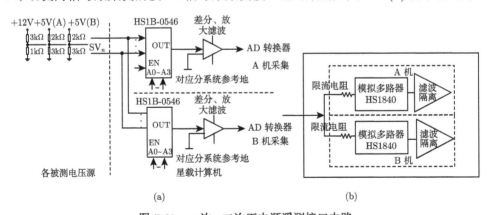

图 7.61 一次、二次正电源遥测接口电路

使用分压式模拟量遥测应注意:

(1) 遥测电压一般控制在 3.5~4.5V 范围内,不允许超过 5.0V;

(2) 遥测输出阻抗 $\leqslant 3\mathrm{k}\Omega$；

(3) 遥测输出口能承受 $\pm 12\mathrm{V}$，内阻为 $2\,\mathrm{k}\Omega$ 的反向电压；

(4) 被遥测设备未加电时，遥测输出口对地不得悬空，应有放电电阻，以衰减长线上干扰电压，防止遥测数据误判；

(5) 测量周期变化信号时，应将被测信号频率降低，满足 $f_{遥测} \geqslant 3f_{信号}$，以确保被测信号在一个周期内至少遥测采样 3 次。

若测量随机突发信号，则应将被测信号展宽到 3 倍遥测周期以上，即信号宽度 $\geqslant 3T_{遥测}$，以确保至少遥测采样到这个随机突发信号 3 次。

7.8.4.2　测温接口电路

1) 精测温电路

精测温电路如图 7.62 所示，图 7.62(a) 的电路需采集电阻和二极管间的电压对二极管压降的不确定性进行补偿，所以一个温度量需要占用两路模拟量遥测通道。

2) 采用热敏电阻的粗测温接口电路

温度遥测可采用 $10\mathrm{k}\Omega$ 或 $5.6\mathrm{k}\Omega$、精度为 $\pm 5‰$ 精密电阻和热敏电阻串联的方式，电路如图 7.63(a) 所示。高精度温度测量不能采用此电路。

如图 7.63(b) 所示，采用运放输出端时，应加放电电阻 $R_1(R_1 \geqslant 50\mathrm{k}\Omega)$ 和双向箝位，目的是防止输出口加正负电压和保证不输出负信号及高于 $+5\mathrm{V}$ 的信号。若采用 $+5\mathrm{V}$ 的单电源运放可取消 R_2。

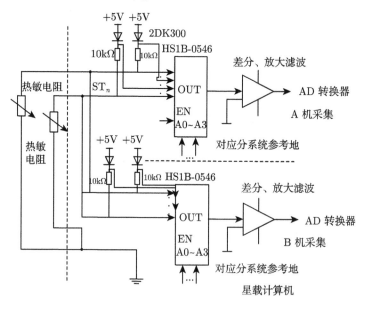

(a)

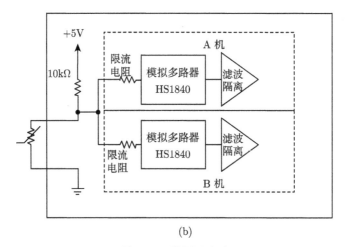

(b)

图 7.62 精测温电路

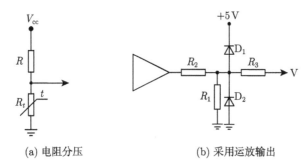

(a) 电阻分压   (b) 采用运放输出

图 7.63 采用热敏电阻的粗测温接口电路

7.8.4.3 电流遥测

1) 采用电阻作为电流传感器

如图 7.64 所示,在电路中串联一个低阻值电阻,通过获取该电阻两端的电压,经过运算放大器放大输出。MAXIM 公司 MAX471 和 MAX472 是采用该原理的电流传感器芯片。其优点为体积小,无须外电源;缺点是电源地与遥测地共地,产品是工业级塑封器件。

2) 采用霍尔效应器件作为电流传感器

南京中旭电子科技有限公司生产多种霍尔电流互感器,优点为额定电流大,测量电流品种较多,被测电源地与遥测地隔离;缺点为体积较大。

3) 微电流采集接口

如图 7.65 所示,可用于模拟太阳敏感器等微电流输出采集。

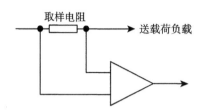

图 7.64   采用电阻作为电流传感器

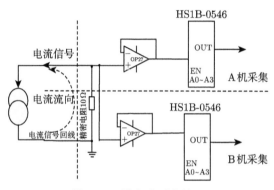

图 7.65   微电流采集接口

7.8.4.4   机械触点开关遥测接口电路

1) 继电器触点控制接口

如图 7.66 所示电路可用于星间分离脱落信号采集，也可用于其他机械触点开关遥测接口电路。

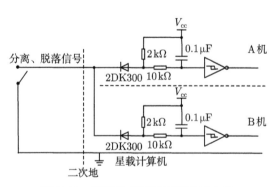

图 7.66   机械触点开关遥测接口电路

2) 继电器触点遥测接口

如图 7.67 所示电路可用于判断加电状态。

图 7.67 继电器触点遥测接口

7.8.4.5 电压量遥测通道复用

1) 备份设备为冷备份时, 主份设备与备份设备共用一路遥测接口电路

互为备份的设备电源遥测电路可采用如图 7.68(a) 所示的遥测接口电路, 该电路备份设备不加电时不会影响开机设备的电源信号遥测。

2) 多个参数用一路遥测接口电路

多个参数用一路遥测的接口电路如图 7.68(b) 所示, 根据多路遥测利用克希霍夫定律 (达维南定律), 选用不同的 R_0、R_1、R_2 和 R_3, 在各个电源电压 $V_i(i = 1, 2, 3)$ 不同的状态组合情况下, 可以得到不同的输出电压 V 的值。

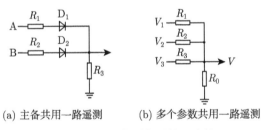

(a) 主备共用一路遥测   (b) 多个参数共用一路遥测

图 7.68 遥测信道复用接口电路

7.8.5 双向通信接口

7.8.5.1 1553B 总线接口设计

1553B 总线是高可靠卫星优选的低速总线。1553B 总线是 MIL-STD-1553 总线的简称, 其中 B 即 BUS, 是美国 20 世纪 70 年代公布的串行多路数据总线标准。

如图 7.69 所示, 它有三种终端类型: 总线控制器 (BC)、远程终端 (RT) 和总线监视器 (BM), 是集中控制分布式处理系统。

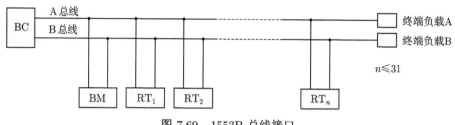

图 7.69　1553B 总线接口

传输介质为屏蔽双绞线，总线传输速率 1Mbit·s^{-1}。终端负载最多为 31 个。终端和电缆间采用变压器耦合，并确保终端短路失效，不会导致串行数据总线失效。总线采取冗余结构，当一路总线发生故障时，不会影响另一路总线的正常工作。因此，1553B 在信道系统中可靠性较高，但数据率低、价格较昂贵是其主要缺点。

对 +5V 电源，1553B 协议芯片为 BU61585(可做 BC) 和 BU65170(可做 RT)，变压器为 B3226。

对 +3.3V 电源，1553B 协议芯片为 BU-64843F8-110K(可做 BC) 和 BU-64743F8-110K(可做 RT)，变压器为 LVB-4103。

电连接器采用 DK-621-0939-4S/R 和 DK-621-0940-4S/P。

电缆采用 RAYCHEM 公司型号 10612-24-9 屏蔽双绞线，配套齐全。

1553B 总线虽然可靠，但如果使用不当，经常会出现问题，此处以 BU65170 等芯片为例总结了 1553B 芯片的用法及其在使用过程中需要注意的几个问题，仅供参考。

1) 读写时序要注意的问题

BU65170 通过共享的 RAM 和通信双方的 CPU 进行数据通信，由于 RAM 总线共线存在竞争的情况，因此读写时序要求较复杂，使用不当，经常会出现类似误码等错误数据，BU65170 使用过程中出现的许多问题与此有关。

1553B 芯片 BU65170 系统原理如图 7.70 所示。

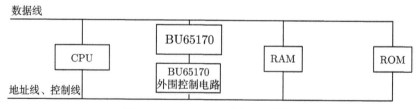

图 7.70　BU65170 系统原理框图

BU65170 的外围控制电路如图 7.71 所示。

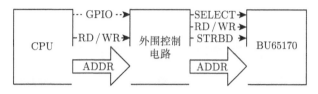

图 7.71 BU65170 的外围控制电路

其中 GPIO (通用型输入输出) 是常见的一种 BU65170 的片选方式，但不一定是必须的，可以通过其他方式进行类似的操作。

BU65170 典型的读操作时序如图 7.72 所示。

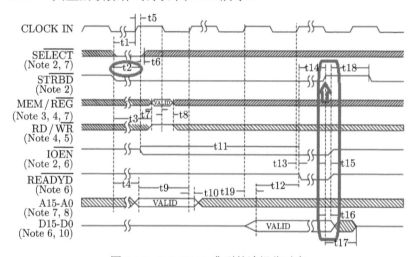

图 7.72 BU65170 典型的读操作时序

在 BU65170 使用中要注意以下几点。

(1) 如果采用 ZERO WAIT 模式，STRBD 选通有效到数据有效之间最大延时达 2.8μs(16MHz) 或 3.7μs(12MHz)，因此可能存在时序不满足要求的情况，会导致总线数据错误：

① 如果通过 BU65170 的 READY 信号和 CPU 的 ACK 信号进行握手通信，需要保证握手时序的正确性；

② 如果没有通过 BU65170 的 READY 信号和 CPU 的 ACK 信号进行握手通信，需要确保在最恶劣的情况下，总线数据采集的延时周期应当足够。

(2) STRBD 信号一般是通过 CPU 单独控制或经过组合逻辑产生的，如果 STRBD 在读写操作完成后没有及时清除，将可能导致数据总线冲突，严重时会烧毁芯片，要确保以下两点：

① STRBD 能在系统意外复位、软件意外中断或跑飞等复杂情况下，确保及时清除，特别是通过 GPIO 或组合逻辑锁存单独控制的电路；

② STRBD 在正常读写操作完成之后要及时清除,不能有 "拖泥带水" 的现象,影响数据总线。

2) 软件操作要注意的问题

为了适应 BU65170 的读写时序,CPU 一般需要通过几条命令完成一次读写操作。在这个过程中,如果被意外打断,将可能产生严重的错误。下面以 8bit、ZERO WAIT 为例进行分析。假设的软件构架如下:

```
// 主程序
main()
{
...
    while ( 1 )
    {
    ...
    ReadRTRam ();    // 读BU65170的内存
        ...
    }
}


// 中断处理程序
isr()
{
...
DoSomeWork();
}
word ReadRTRam( addr )
{
DisableInterrupt();          // 关中断, 防止读BU65170内存被打断
SetGPIO();                   // 选通BU65170的片选
dummy = (byte)*addr;         // ZERO WAIT的模式需要空读一次
high = (byte)*addr;          // 读高字节
low = (byte)*(addr+1);       // 读低字节
ResetGPIO();                 // 释放BU65170的片选
EnableInterrupt();           // 重新使能中断
return (high << 8) | low;
}
```

在此，ReadRTRam 是一个经常被调用的程序，也是 BU65170 不允许被中断的操作，应注意以下几点：

(1) 如果没有设计 DisableInterrupt/EnableInterrupt，要核查这些操作是否有被 isr() 程序中断并导致数据总线冲突的可能 (考虑中断嵌套或进程调度等因素)；

(2) 如果设计了 DisableInterrupt/EnableInterrupt，要核查是否有些 DisableInterrupt/EnableInterrupt 未正常配对使用或被嵌套使用的情况；

(3) 核查内存的使用情况，尤其是堆栈区，防止内存越界导致总线冲突；

(4) 核查 GPIO 是否在任何情况下可以正常配对开关。

3) 芯片供电问题

为了防止器件发生单粒子锁定，通常会在器件的供电端增加限流电阻，但由于器件 BU65170 在工作期间的电流变化较大，如果限流电阻值不合理将产生一些安全隐患。

系统供电通常如图 7.73 所示。

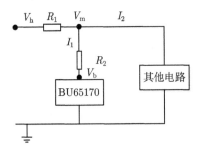

图 7.73　1553B 芯片供电问题

图中 V_h 为设备的供电电压；V_m 为看门狗监测电压；V_b 为 BU65170 的供电电压，根据手册；I_1 为 BU65170 的工作电流；I_2 为其他部分电路的电流。器件的主要参数如图 7.74 所示。从图中可以看出，BU61585/61580/65170S3 和 BU61585/61580/65170S6 的供电电压、逻辑部分和收发器部分不相同。

POWER SUPPLY REQUIREMENTS					Current Drain (Total Hybrid)			
Voltages/Tolerances					■ BU-65170/61580X1			
■ BU-65170/61580/61585X1					• +5V (Logic, Ch. A, Ch. B)	95	190	mA
					• -15V (Ch. A, Ch. B)			
• +5V (Logic)	4.5	5.0	5.5	V	• Idle	30	60	mA
• +5V (Ch. A, Ch. B)	4.5	5.0	5.5	V	• 25% Transmitter Duty Cycle	68	108	mA
• -15V (Ch. A, Ch. B)	-15.75	-15.0	-14.25	V	• 50% Transmitter Duty Cycle	105	160	mA
■ BU-65170/61580/61585X2					• 100% Transmitter Duty Cycle	180	255	mA
					■ BU-65170/61580X2			
• +5V (Logic)	4.5	5.0	5.5	V	• +5V (Logic, Ch. A, Ch. B)	95	190	mA
• +5V (Ch. A, Ch. B)	4.5	5.0	5.5	V	• -12V (Ch. A, Ch. B)			
• -12V (Ch. A, Ch. B)	-12.6	-12.0	-11.4	V	• Idle	30	60	mA
■ BU-65170/61580/61585X3,					• 25% Transmitter Duty Cycle	80	120	mA
BU-65170/61580/61585X6					• 50% Transmitter Duty Cycle	130	185	mA
					• 100% Transmitter Duty Cycle	230	305	mA
					■ BU-65170/61580/61585X3, BU-65170/61580/61585X6			
					• +5V (Logic, Ch. A, Ch. B)			
• +5V (Logic)	4.5	5.0	5.5	V	• Idle	116	160	mA
• +5V (Ch. A, Ch. B)	4.75	5.0	5.25	V	• 25% Transmitter Duty Cycle	222	265	mA
					• 50% Transmitter Duty Cycle	328	370	mA
					• 100% Transmitter Duty Cycle	540	580	mA

图 7.74　BU65170 器件的主要参数

为了防止单粒子锁定导致器件损伤, 一般会给 +5V Logic 的供电端接入限流电阻。虽然器件的动态电流可达到 500mA, 但逻辑部分的电流基本不变, 不超过 50mA(实测静态约 20mA), 如果接入 5Ω 的限流电阻, 则压降最大为 250mV(实测静态约 90mV)。为了兼顾逻辑电源和模拟电源, 一般取输入电源电压为 5.25V。对于模拟电源, 由于其动态电流较大, 一般不串接限流电阻。

需要注意的是, 在串入单粒子锁定保护电阻时, 一般为了防止工作电压不够, 需要提高输入电源电压。大部分 5V 器件的电压范围为 4.5~5.5V, 但是 DDC 1553B 芯片的 +5V 收发器电源范围为 4.25~5.25V, 当输入电压超过 5.25V 时, 存在风险。

对于图 7.73 所示电路, 需要注意的问题是:

(1) 核查 R_1 和 R_2 值的选取是否合理, 特别是在总线电流变化较大的情况下确保模拟电压符合 4.75~5.25V 的要求;

(2) 核查 V_m 监测电压值是否合理, 与 BU65170 的工作电压限制是否匹配。

4) 抗静电和深层充电设计

近年的研究结果表明, 凡是单粒子翻转能够引起的异常, 都可通过深层充电产生同样的效果。对于存储器, 单粒子锁定一般导致单 bit 的异常, 如果保护不到位, 长时间过流可导致更大的损伤。而深层充电的静电放电可直接导致较大区域的损伤。特别是, 如果设备在研制过程中防静电不力, 发射前已经损伤, 则可导致寿命缩短。因此, 1553B 芯片表面覆铜处于悬浮状态时需做接地处理。

5) 变压器设置的设置问题

如图 7.75 所示, BU65170 的外部变压器接口有明确要求, 需要核查并实测电路的接口电压值, 从图中可以看出, +5V 供电的芯片, 隔离器的匝数比在 5、7 脚为 1:1.79; 在 4、8 管脚, 匝数比为 1:2.5。图 7.76 是错误的连接方式, 芯片作为 RT 时将隔离器连接到 4、8 管脚; 图 7.77 在将隔离器与耦合器之间串接了 55Ω 的电阻, 也是错误的连接。

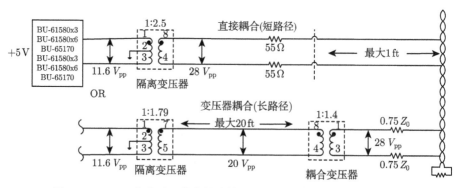

图 7.75 DDC 芯片手册推荐的直接耦合及间接耦合变压器连接关系

1ft=3.048×10^{-1}m

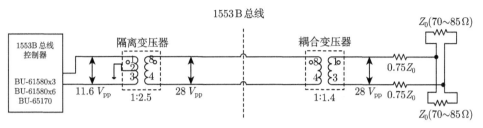

图 7.76 1553B 协议芯片到总线的错误连接方式 1

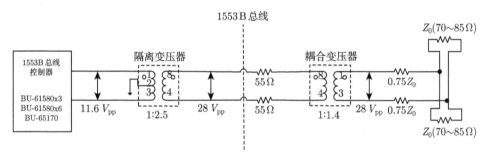

图 7.77 1553B 协议芯片到总线的错误连接方式 2

7.8.5.2 RS-422 接口

RS-422 发送器驱动能力很强,可允许在相同的传输线上连接多个接收节点,最多可接收 10 个节点,但当航天器使用时,考虑到故障隔离,尽量采用一个发送器对应一个接收器。在选择多发多收时,要选择断电处于高阻状态的芯片。例如,冷备份时就要求断电高阻。

当接收端冷备时,422 接口电路如图 7.78 所示;当接收端热备时,422 接口电路如图 7.79 所示。

7.8.5.3 中速低电压差分信号 (LVDS) 及秒脉冲接口

发送接收芯片可选 TI 公司的 SN55LVDS31W 和 SN55LVDS32W,传输介质为 50Ω 同轴电缆、SMA(small A type) 接插件,供电电压 5~3.3V,传输速率 400Mbit·s^{-1},如图 7.80 所示。

7.8.5.4 高速 LVDS 接口

如图 7.81 所示,可采用 TI 公司的 TLK 2711 芯片,速率可达 2.7Gbit·s^{-1}。传输电缆为 50Ω 同轴电缆,接插件为 SMA 同轴插头。

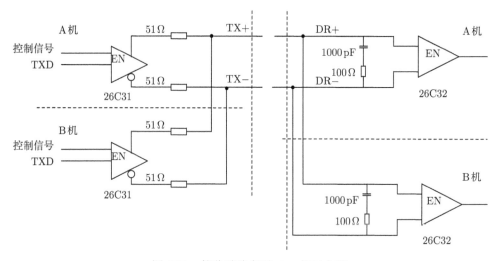

图 7.78　接收端冷备时 422 接口电路

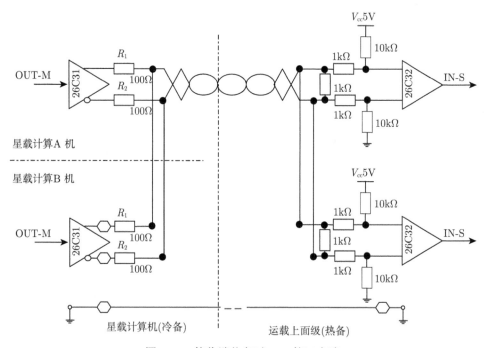

图 7.79　接收端热备时 422 接口电路

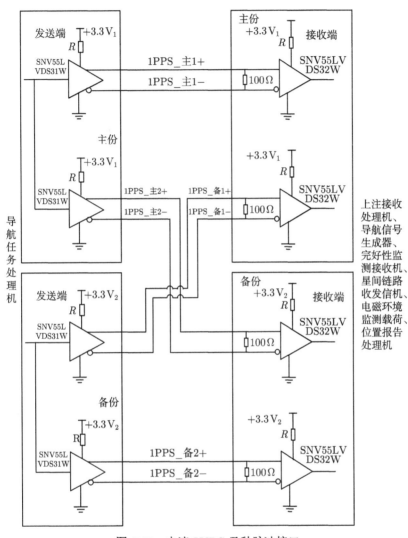

图 7.80 中速 LVDS 及秒脉冲接口

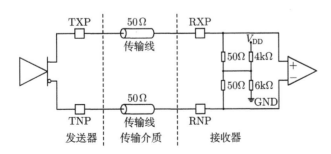

图 7.81 高速 LVDS 及秒脉冲接口

7.8.6 DC/DC 使用注意事项

(1) DC/DC 应在输入允许范围内工作, 欠压和过压都可能造成 DC/DC 损坏。

(2) DC/DC 本身已做了降额设计。

(3) 原则上不允许 DC/DC 输出并联和串联使用。

(4) 在系统用多个 DC/DC 模块时, 由于它们之间工作频率的差异, 可能产生低频差拍噪声 (小于 10kHz), 一般很难滤除, 有时会干扰敏感设备工作, 为此, 需要采用多个 DC/DC 变换器同步运行。例如, Interpoint 公司主从同步, 如图 7.82 所示。

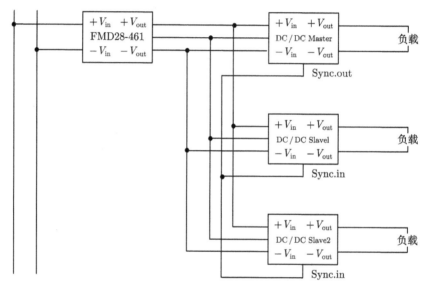

图 7.82 输入 EMI 滤波器与模块的连接 (主从同步)

若同步输出与输入共用一个端口, 则只需将同步端并联。

采用同步信号虽然改善了输出噪声, 但是如果输出同步信号的 (主)DC/DC 故障, 那么其他 (从) 的 DC/DC 也不能正常工作, 必须权衡利弊。

(5) 禁止端使用, 当禁止端不用时, 应处于悬空状态, 不必做特殊处理。当使用禁止端时, 应注意加禁止端的电压处于高电平 (悬空) 或低电平 (与地短路)。可用晶体管实现开关控制。若用继电器开关需加积分电路, 消除触点抖动的影响。

(6) DC/DC 和 EMI 机壳处理, DC/DC 的机壳与机箱相连, 将加大共模噪声, 若与机箱用导热绝缘垫通过电容与一、二次地连接, 并在二次输出时添加共模滤波器, 可减小共模噪声。

Interpoint 建议的低噪声滤波器电路如图 7.83 和图 7.84 所示。

对电源噪声无较高要求, 可以将 DC/DC 的壳与机箱相连; EMI 滤波器的壳也与机箱相连。

(7) DC/DC 调整端连接的电阻，发热功率较大，应注意电阻功率降额；

(8) 尽量选择一、二次隔离，有欠压、过压保护的 DC/DC。

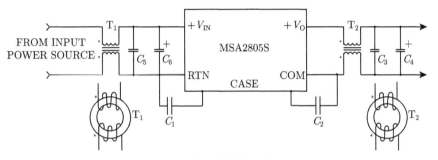

图 7.83　低噪声滤波器电路 1

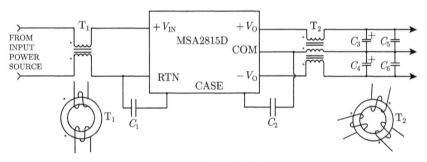

图 7.84　低噪声滤波器电路 2

第 2 篇

基于创新和目标驱动的卫星系统工程方法及实践

第8章　基于创新和目标驱动的卫星系统工程方法

8.1　概　　述

在研制北斗全球系统导航卫星的过程中，遇到了很多技术瓶颈，必须大量采用新技术，处理新技术和风险的关系，提升长寿命产品的持续先进性等。面对诸多问题，借鉴国内外卫星研制和系统工程的研究成果[46-53]，结合中国航天发展几十年的经验，为适应卫星技术和研制规模空前发展的现状，对卫星系统工程的几个问题进行了思考、探索和实践。基于此项工作，一个全新的团队，在较短的时间内，实现了高性能、高效率、低成本、高功能密度的北斗全球系统导航卫星的研制。

在研制过程中，基于创新和目标驱动，围绕工程目标来重新梳理过程；通过创新思维解决制约系统的核心关键技术；通过长板理论和在轨赋能解决在新技术不断涌现的情况下长寿命卫星系统持续的先进性问题；通过底线思维确保卫星在任何情况下都能存活，并完成使命，保证卫星工作的可靠性；通过薄弱环节识别和强化试验尽早暴露风险；通过试验的覆盖性、充分性、有效性化解风险。研制的十余颗导航卫星已在轨工作数年，印证了上述工程方法的可行性，并取得了较好的效果。

如图 8.1 所示，本章 8.2 节在技术层面系统介绍基于创新的系统工程方法。

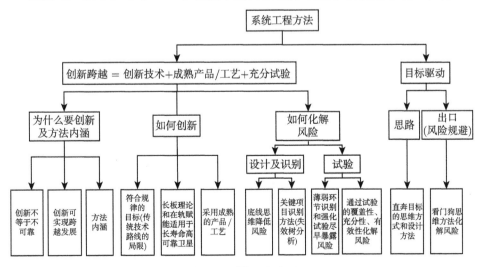

图 8.1　系统工程方法

8.2.1 节介绍为什么创新和基于创新的系统工程方法的内涵；8.2.2～ 8.2.4 节介绍如何创新；8.2.5~8.2.8 节介绍在创新增大了系统风险的情况下，如何化解风险。8.3 节介绍基于目标驱动的系统工程方法，即如何把主要精力用于该做的事以及如何化解风险。

8.2　基于创新的卫星系统工程方法

8.2.1　创新与目标和风险的关系以及方法的内涵

8.2.1.1　创新不等于不可靠

按照传统的理念，系统中新技术超过 30%就认为存在很大的风险，甚至是不能接受的。通过实践可知，创新不等于不可靠，适应发展规律的，特别是地面已经有产品或技术基础只是没有用于空间的新技术，长期来看一定可以提高系统可靠性。

虽然保成功至关重要，但由于工程目标是研制有长期竞争力的卫星，因此在导航卫星研制过程中甘愿冒一定风险，也要坚持采用一系列新技术。事实证明，创新没有产生问题，创新恰恰解决了导航卫星长期以来难以解决的难题，例如，在导航卫星上，采用很多创新技术解决了信号质量、小型化、低成本、高可靠、连续性完好等问题，大胆地使用创新技术是导航卫星突破技术瓶颈和提升先进性的重要途径。在充分论证和地面充分测试的前提下，大胆采用新技术事实上提高了卫星的可靠性，这是导航卫星成功的重要因素。具体如下：

(1) 采用单独星敏感器定姿技术解决了红外地球敏感器和陀螺长寿命的技术瓶颈，简化了卫星飞行模式和配置，同时解决了地影区太阳敏感器无法确定偏航姿态影响导航精度的问题。

(2) 采用 Ka 相控阵星间链路技术解决了星间通信和时间同步问题，同时解决了地面测控覆盖的问题。

(3) 时频无缝切换技术解决了时频系统在运行过程中原子钟跳动等导致的导航信号无法连续的问题，它是保证导航信号连续性的基础。卫星在轨测试表明，在主备钟切换过程中时频信号精度可达到 20ps。

(4) 氮化镓大功率高效固态放大器输出功率达到 120W，此大功率放大技术由于信号带内一致性好，提升了导航信号质量。

(5) 软件可重构技术解决了卫星在轨出现软件故障无法修复而导致的卫星不可用，该技术提高了卫星在轨赋能和修复能力。

(6) 采用一台测控数传一体机就完成了整星的遥测遥控数传任务，完成了原来需要八台设备共同完成的功能。可见通过顶层优化，大幅度减少了单机数量，从根本上解决了卫星的小型化、轻量化、低成本问题。

(7) 卫星具备自主管理和故障诊断功能,减轻了地面测控和在轨管理的压力,并保证了卫星的安全可靠。

8.2.1.2 通过创新实现跨越发展

改革开放 40 年来,中国取得了举世瞩目的成就,通过改革开放,引进了新的技术、管理、人才,建立了现代工业体系,以及质量体系标准,这个阶段建立了现代企业的技术和管理基础。事业发展和进步靠的是工程文化和匠人精神。解决了怎么干的问题,在技术上更多的是学习、模仿、跟踪,"照葫芦画瓢"的过程。

说到匠人精神,通常率先想到的是日本和德国,"匠人"热爱本职工作,从小做到大,做到精尖,从专业做到一流,但其本质是师傅带徒弟的文化,徒弟只要跟着大师级师傅认真学,不用过多地问为什么,坚持数年之后就会变成"匠人",将工作做到极致,做出"精品"。

第二次世界大战后的日本,凭借聪明才智和匠人精神,成功地从战败国一跃成为亚洲首富,其崛起和日本制造业的贡献密不可分,直到今天,日本世界 500 强的企业也以制造业为主,其成功经验是产业政策、精益求精的制造理念以及拥有匠人精神的雇员。

但是,匠人文化导致日本"有些人可以 20 年待在同一个岗位上,每日只干同一件事而不会多问"。日本制造、德国制造在工作上精益求精,对产品质量追求极致,这本来是件好事,但在全球化竞争的时代,竞争的焦点已经不限于更加优化的工艺能力,更需要颠覆式创新。富士、索尼、松下,这些曾经创造神话的品牌,昔日风光已经不再,已经被华为、中兴、高铁等中国品牌替代或超越。

华为手机在欧洲及非洲的占有率超过了日本所有手机生产商总和,从一个默默无闻的品牌,到家喻户晓,再到畅销世界。华为不单单把目标聚焦在手机个别性能指标上,而是为了改善和方便用户不断创新,把握行业的最新科技成果和发展规律,满足并创造需求,才取得了跨越式的进步。国内的很多制造业实现了从中国制造到中国创造,实现了从跟踪到超越的过程,建立起了中国的自主品牌。

匠人文化本质上就是航天系统中的工程文化,翻译成质量术语就是规范文化,它要求的是把我们几十年的航天经验总结成规范,把产品定型,只要按照规范做,就可以保证产品的质量,使卫星成功,这也是载人航天、北斗及探月工程快速发展的法宝之一。

但日本和德国的例子告诉我们,不持续创新,"本"都守不住。而北斗系统面临着四大导航系统在国际舞台上的同台竞技,特别对于中科院导航团队,在技术基础、知识积累、规范都比较薄弱的条件下,要建立世界一流的导航系统,只有通过创新,包括理念创新、观念创新和技术创新,才有望取得跨越式发展的成果。实现从跟踪到追赶,再到超越。

作者团队突破了新技术不能超过 30%、进口产品更可靠等传统观念的阻碍；采用功能链设计理念 (详见第 2 章)；在元器件、工艺、产品比国外同行基础薄弱的现实条件下，大胆进行了理念方面、观念方面和技术方面的创新。正是采用创新的 Ka 相控阵测量型星间链路技术、高效固放的功率放大技术、国际首创的双频氢原子钟等技术，我们的北斗系统的性能才能比肩、超越 GPS，成为世界一流的导航系统。

8.2.1.3　基于创新的系统工程方法的内涵

吸取日本和德国老品牌衰落的教训，借鉴华为等中国品牌及中国几十年航天积累的经验，作者团队不以欧美航天和国内航天权威的目标为导向，而以客观事物发展的本质需求、客户的体验以及生产出具有竞争力的创新技术产品为目标；采用成熟的工艺/产品，定型思维来实现创新的技术；通过失效树分析方法等在设计初期识别关键环节和突破方向；产品成形后通过强化试验和充分的地面试验暴露风险；通过底线思维化解风险，保证创新产品即使没有通过长期的在轨考核也能够完成预期的使命任务。

为此作者团队提出的基于创新的系统工程方法的内涵为：通过靠谱的符合客观规律的创新技术，采用成熟的工艺/产品，加上充分的地面试验，取得跨越式发展。

8.2.2　创新目标的选择方法和途径以及传统技术途径的局限

目前科研项目的传统做法是，调研国内外的发展情况，找出和欧美的差距，确定关键技术，之后攻关，攻关完成之后，我们就缩短了和欧美的差距。在改革开放初期，这种做法是有效的，也发挥了积极的作用。但我们设想，如果欧美的技术方向或技术路线选错了，我们就会走同样的弯路，另外，沿着对方的路走，永远只是追赶，无法实现技术上的跨越。

举个照相机领域的例子，当年日本、德国、美国的相机非常好，特别是柯达胶片、富士胶片是我们比不上的。如果我们以柯达、富士的胶片作为追赶的目标，很难在短期内追上，但仔细想一下就会知道，照相机的本质是将物体成像，胶片只是获取成像的手段之一。华为的手机并没有选择胶片的技术途径，而是用数码相机解决成像问题，因此，由于没有选择跟随的技术路径，而实现了超越的技术进步。

在导航卫星研制初期，我们充分调研了国内外的技术发展，按长板理论规划设计，把握客观规律，以用户的本质需求为出发点，充分关注地面成熟的或已经有技术基础但未应用于空间领域的技术，瞄准产品的本质需求，选择符合客观规律的技术途径、攻关方向和目标，不走别人走过的、可行的但没必要走的路，获得了好的结果。

在导航卫星的研制中,初期高效固放的选择、星间链路方案的选择以及在轨赋能技术的应用都属于国际首次,遇到的阻力实际上不是技术问题,而是思想观念问题,受"连美国人都没有,上天不可能行"等传统观念的束缚。由于采用了 Ka 星间链路,不但实现了所有在轨导航卫星的全球测运控,还使得测距精度达到厘米级,大幅度改善了北斗系统的定轨精度;高效固放也获得了远高于行波管的线性、杂散等指标,获得了好的信号播发质量和用户体验。

8.2.3 长板理论和在轨赋能适用于长寿命高可靠卫星

在技术日新月异的今天,对于长寿命产品来说,长板理论更合理。传统系统工程强调短板理论,但当新技术不断涌现时,长板理论往往更有利于产品的快速进步。在系统设计时,虽然有短板,但其他部分均采用长板,虽然当时显得系统不优化,但一旦短板部分实现技术突破,更换一块短板就可以大幅度提升系统总体性能。特别是可以通过创新技术补足短板,这个思想在技术日新月异的今天,对于卫星系统工程尤为重要。

导航卫星的工程目标是研制有长期市场竞争力的卫星,因此在一开始就基于长板理论,选用了高性能部件,并着眼于未来若干年的技术进步。

例如,星上涉及后续可能扩展的计算机都采用龙芯处理器,数据处理、存储以及传输能力大大提高;涉及后续优化、功能扩展、状态变化的软件均设计成可在轨重构的软件,满足未来发展需求;采用单独星敏感器定姿实现姿态测量的控制系统,使得卫星的姿态控制精度达到 0.03°,显然远高于系统要求 0.4°,看似没有必要,但对未来卫星的适应能力是有好处的;RNSS 天线抗微放电的设计余量是按 10dB 考虑的,类似大功率产品的大余量设计提升了产品环境的适应性和可靠性。

长板理论是在硬件层面解决长寿命高可靠产品的持续先进性,但以往的卫星型号,即使达到了设计寿命,卫星的软硬件状态仍然良好,可以使用更长时间。举例来说,在 2020 年北斗三号组网成功后,即使北斗二号卫星的软硬件状态良好,由于信号体制等的差异,也就无法继续应用了。为此,作者团队提出了软件重构和在轨赋能的概念,将信号频率、信号体制设计成可以重构,这样不用发射新的卫星就可以实现卫星产品的升级换代了。虽然技术上可行,但在研制初期也遇到了很大的阻力,"美国人都没有做到的,我们不可能行","这样做系统过于复杂,我们还没有学会走就想跑,行吗?",说到底,还是受卫星发射后只许成功不许失败的观念束缚。在突破这些观念束缚之后,中科院团队对重要的软件,特别是涉及导航任务、信号体制类的软件,在设计上都使其具有重构和在轨赋能的能力。

试验卫星和组网卫星的工程实践表明,具有这种能力后,不但解决了试验卫星工程初期在轨软件单粒子翻转考虑不充分的软件问题,也满足了导航任务不断完善的信号体制发展的需求，同时也消除了产品研制人员对交付产品前软件落焊的恐惧，取得了良好的效果。

8.2.4 采用成熟的工艺／产品是创新产品成功的前提和保证

中国航天成功的经验之一是定型思维及产品化管理方法 [47]。

产品定型包括设计定型和生产定型。系统设计定型是指系统技术设计已臻成熟并最终固化。生产定型是指系统或设备在设计定型后进行试生产，逐渐改进完善制造工艺，以保证批量生产产品的稳定性。设计奠定了可靠性，制造保证了可靠性，使用保持了可靠性。所以，为保证系统或设备的可靠性达到规定指标，必须加强制造工艺的完善和成熟性，完成相应工作称为生产定型。

定型产品是完成设计定型、生产定型的设备，其性能、结构、规格符合设计要求和技术标准，并通过定型鉴定。原则上说，定型产品是不可修改的。

对卫星产品来说，定型产品就是指产品的技术状态固化。在工业基础薄弱，卫星研制经验较少的阶段，卫星定型对于平台的固化和卫星工程的成功起到了决定性作用。

卫星研制走到今天，产业化是一个必经之路，而定型是托起产业化的基石。以汽车行业为例，如果没有定型产品，今天将没有几家公司生产的汽车可以供我们使用。商用卫星的发展更需依托定型产品，缩短研制周期，消减成本。

但是，采用成熟的工艺需强调两点：

(1) 按定型产品的定义，产品定型后原则上是不允许更改的，这就给很多人一个错觉，就是无论如何都不能改，改了就会出现问题。由于航天产品难于在地面进行全任务和时间剖面的验证，加上子样少，技术发展又非常迅速，所以即使定型的产品也会存在缺陷，或有技术进步的余地。产品化定型的劣处是，如果抱着产品化理念不变，会守旧拒新，技术落后，产品被淘汰。

(2) 定型思维、匠人精神以及规范文化都有一个缺陷，即按要求照样做，通常是只知其然，而不知其所以然，这样的规范难于走心，所以即使文件不断增加，仍然避免不了成熟产品出问题。所以这里强调，对于成熟的、定型的工艺和软件等，要做到知其然以及知其所以然，才能充分知晓定型成熟工艺的适用范围和影响域，确保创新的产品能够适宜和适用。

导航团队提出的创新技术，不是为了创新而创新，它必须以确保卫星成功、完成使命为前提，所以，有了创新的技术后，按创新技术生产产品的过程要借鉴中国几十年航天的成功经验，按产品定型思维完成生产、试验、使用等各个环节。因此，采用成熟的工艺是创新产品成功的前提，这里所说的成熟的工艺是广义的"工艺"，包括具体的制造工艺、成熟的产品、算法、元器件、软件、试验方法等。

举个实例，为了规避长寿命高可靠陀螺瓶颈，以及地敏感器进口和国产产品频繁出问题的现状，导航卫星提出了单独星敏感器定姿的算法来替代传统导航用的"红外地球敏感器 + 数字太阳敏感器 + 陀螺"定姿的姿态确定方法，虽然这里定姿技术是新的，但选用有成功经验的星敏感器作为对象，做到了创新的同时，也保障了成功。

同样是星敏感器的例子，其 CPU 电路板以往用的是进口 CPU，在组网卫星阶段全部改为在试验卫星工程阶段验证了的国产龙芯 +flash 架构，改用国产化部件，不但节省了经费，还提高了空间环境的适应能力，实现了在轨赋能。在轨运行结果表明，原有 CPU 每周会发生一次单粒子翻转情况，通过 EDAC 容错手段可以容错；但采用龙芯 CPU 的产品，至今单粒子翻转对外表现为零，所以可以说，国产器部件不等于不可靠，而且由于技术进步，技术上会有更大的优势。

基于上述理念，导航卫星的定型以元器件、组件、软件的状态为产品定型的基础。对平台中结构热功能链的结构和热控产品、控制功能链的敏感器、执行器和推进产品尽可能采用型谱化产品。对于星上的电子学及载荷功能链，包括测控、星务、能源以及总体电路、时频、星间链路等产品，应随着电子技术的发展，在确保成功的前提下与时俱进，不断更改迭代旧的型谱，在满足高可靠的同时实现产品的高性能。

基于上述的想法，对导航卫星来说，技术是新的，但选择实现技术的途径包括产品、电路、工艺、软件、算法等应当是成熟的。2 颗试验卫星以及 10 颗组网卫星的实践表明："创新的技术 + 成熟的工艺/产品" 思路是能够生产出高可靠产品的。

8.2.5 底线思维降低风险

航天卫星工程的一个重要特征是以成败论英雄，确保成功是实现工程目标的绝对前提。因此与采用新技术、长板理论相配套的，还有底线思维。所谓底线思维，就是在任何情况下卫星要"活着"，在任何故障下卫星有出口，确保地面人员有机会处置，使备份发挥作用，进而完成使命，保证卫星工作的可靠性。

在导航卫星的具体设计中采用底线思维的几个实例：

(1) 整星设计唯一安全入口，重大故障，包括能源故障，姿态长时间丢失或严重超差，计算机故障进入；其他一般故障在原来工作模式下恢复或自动切换备份以保证导航任务的连续性和稳定性。

(2) 星载计算机设计最小模式，当计算机重启或切机都无法恢复正常时进入。

(3) 姿轨控所有敏感器数据校验正确后使用，无法判断正常数据不使用，卫星姿态可以短时间不控但不能采用错误数据控制，造成姿态超差。

(4) 天地链路采用多重相互备份，包括测控链路、星间链路、运控上注和下行链路等，任一链路异常都可保证卫星正常测控。

(5) 能源、热控具备自主故障诊断能力，保证在任何故障下系统都可无缝切换，正常工作。

(6) 驱动帆板的 SADA 既可通过计量步进电机步数确定位置，也可通过电位计给出绝对位置，同时有零位传感器。正常情况下通过计量步进电机步数确定位置，精度最高，当驱动线路盒复位或切机时，步进计数位置信息会丢失，可以通过电位计给出绝对位置信息，在此基础上继续由步进电机步数确定位置，如果电位计失效，可以通过运行到零位找到步进计数的零点，再继续后续过程。

(7) 采用氢原子钟作为主钟工作，可以确保时频的长期稳定度和较小的漂移率，由于是新技术，没有飞行验证，所以通过铷原子钟热备加上钟的无缝切换技术作为保底，即使在运行过程中氢原子钟出了问题，也可以无缝切换到铷原子钟工作，确保导航信号连续，满足地面用户信号质量要求。

综上所述，由于从一开始就紧紧抓住了工程总目标，因此导航卫星在确保工程底线的前提下，大胆使用多项新技术，从"长板理论"出发对卫星配置进行前瞻性规划，这些措施使得导航卫星不仅出色地完成了在轨试验任务，同时也保持了技术先进性，为高质量完成组网任务打下了坚实基础。

8.2.6　关键项目识别方法——失效树分析

对于成熟的航天产品，关键项目、关键过程以及薄弱环节识别有很多种方法，但有一个问题是，识别出的关键项目是否全面，有没有漏项等很难把握。为此，作者团队提出了结合"FMEA+FTA"的关键项目识别方法，即"失效树分析方法"，此方法以整星任务失效作为树顶，通过 FTA 分析，找到能够导致整星或任务失效的所有关键要素，予以重点设计，在 2 颗试验卫星和 10 颗组网卫星的研制中取得了很好的效果。

8.2.6.1　任务失效故障树分析

任务失效可归结为卫星平台永久失效或载荷永久失效，如图 8.2 所示。

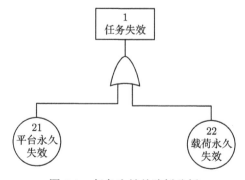

图 8.2　任务失效故障树分析

8.2.6.2 平台永久失效

以下任何一种情况发生, 都将导致卫星平台永久失效, 如图 8.3 所示:

(1) 卫星无上下行数据, 无法实现对卫星的管理, 卫星将失效;

(2) 平台无法提供能源, 卫星将失效;

(3) 如果姿态无法控制, 测控、能源也将难于保证, 卫星将失效;

(4) 由于星务管理失效的直接表现是星载计算机失效, 最终会表现在上下行或姿轨控失效, 即卫星将失效。

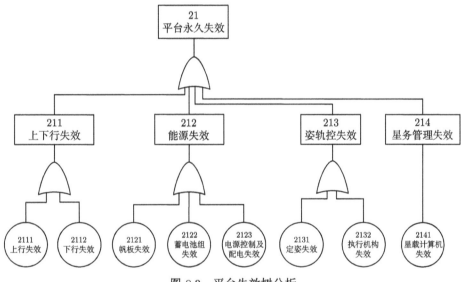

图 8.3 平台失效树分析

1) 上下行功能失效

以往卫星设计中, 只要测控失效, 整星就会失败, 如图 8.4 和图 8.5 所示。在卫星设计初期, 为了达到测控失效不影响整星正常功能的目的, 在常规测控、运控手段基础上, 将运控功能和星间链路功能打通, 既增加了上下行链路中交互备份手段, 使得星间链路不但可以实现境外测运控, 也可以作为测控、运控的备份手段。

由于上下行失效均会导致整星最终失效, 所以在常规测控手段基础上, 在设计上增加了链路级备份手段, 具体来说, 具有上下行能力的链路包括传统非相干扩频通道、数传通道、星间链路通道; 此外, L 上注也有上行能力。所以上行失效需要所有上行通道包括传统非相干扩频通道、数传通道、星间链路通道和 L 上注设备全部失效; 下行失效需要所有下行通道包括传统非相干扩频通道、数传通道和星间链路通道全部失效。

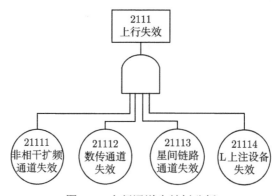

图 8.4   上行通道失效树分析

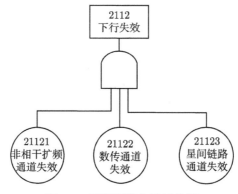

图 8.5   下行通道失效树分析

2) 能源失效

能源失效包括：帆板失效、蓄电池组失效、电源控制及配电失效。

其中帆板失效主要包括帆板展开失败、SADA 失效等。由于帆板展开过程比较成熟，只在卫星发射初期有作用，所以帆板展开这一动作对卫星在轨长期可靠运行无影响。而对高可靠长寿命卫星来讲，主要影响因素为 SADA，应给予关注。

对于均衡电路，即使失效，在硬件上也可以保证整个能源系统正常工作。所以不做重点考虑。而蓄电池组、电源控制及配电直接影响着整星的能源供应，任何一个项目失效均会导致灾难性后果。

对于蓄电池组，主要失效模式为蓄电池组 A 和 B 均开路、蓄电池组 A 和 B 均有两节以上短路、长时间过充以及长时间过放，如图 8.6 所示。

电源控制及配电管理决定着整个电源系统的成败，需重点关注。

电源控制及配电失效会导致供电不足，母线电压偏低；短路故障时会产生母线电流过大。因此，其主要的失效模式判据为母线电压过低或母线电流过大。SADA

故障会表现为帆板输出功率降低,当切换备份故障现象消除时可以确认为是 SADA 故障。所以,在整星安全模式设计时,如果确认能源系统故障且不可自主恢复时,需关闭载荷,尽量靠蓄电池组维持卫星平台能源供应,进入整星安全模式,并等待地面处理。

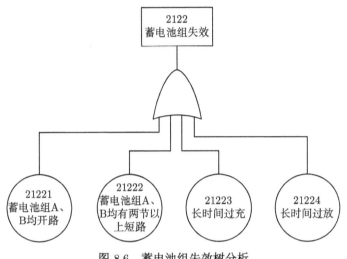

图 8.6 蓄电池组失效树分析

3) 姿轨控功能失效

姿轨控失效模式主要是敏感器定姿失效、执行机构失效;由于控制算法在星载计算机中,所以控制器失效不列在此处。从失效树分析中可得出整星的关重件,并根据实际情况,完成对姿轨控的系统级可靠性设计。

(1) 对于敏感器定姿,失效树如图 8.7 所示。对于高精度长寿命高可靠的陀螺,国内没有相关产品,国外禁运。地球敏感器作为当时中高轨卫星的主用敏感器,无论国内产品还是进口产品在多个型号上都出现了严重问题;而星敏感器从原理上即可实现高精度长寿命,且当时在国内已有较好的研究基础,已具有一定生产能力,并在低轨卫星上有成功应用。在这种情况下,选择"单星敏感器定姿"作为主定姿方案,考虑到杂散光、系统可靠性等多种因素,整星配置三台星敏感器。将星敏感器作为"长板",发挥其精度高、可靠性好等特点,同时技术上有一定的先进性,但产品在高轨应用的成熟度方面稍有欠缺,故采用地敏感器、模拟太敏感器、陀螺作为备份和保底。

(2) 对于执行机构,失效树如图 8.8 所示。反作用轮是正常模式的主用执行机构,卫星任务期间需一直工作,为了保证高可靠性,配置五台反作用轮作为执行机构,四台同时工作实现整星零动量,一台作为冷备;有反作用轮发生故障时,任意三个反作用轮正常都可保证导航任务系统正常工作。此外,用磁力矩器实现反作用轮的卸载,考虑到有一个方向特别重要,使用两个磁力矩器冷备作为执行机构。考虑到推力器也可以实现反作用轮卸载,所以此处没有把磁力矩器失效作为导致整星失效的底事件。对于推进组件,采用两组冷备,确保轨控功能。

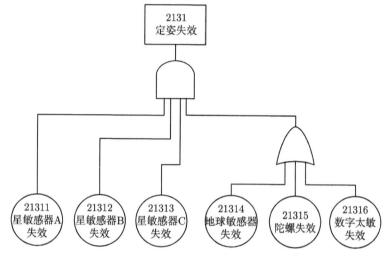

图 8.7   敏感器定姿失效树分析

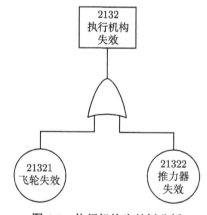

图 8.8   执行机构失效树分析

4) 星务失效

主要考虑星载计算机失效,为了提高可靠性,星载计算机采用了多种模式来保证整星不出现问题,详细的可靠性设计见功能链设计章节。

8.2.6.3   载荷永久失效

载荷系统失效模式主要是时频基准功能失效、信号生成及播发功能失效,如

图 8.9 所示。从失效树分析可得出整星的关重件，并根据实际情况，完成了对载荷系统级可靠性的设计。

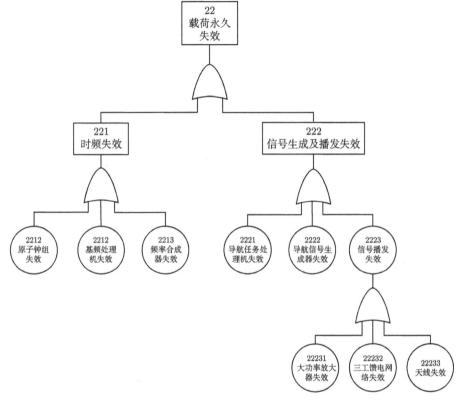

图 8.9 载荷永久失效故障树分析

(1) 对于时频基准功能，原子钟作为导航卫星的"心脏"，是载荷系统的重中之重，通过配备"2 氢原子钟 +2 铷原子钟"方案，1 台工作钟，1 台热备钟，2 台冷备钟，实现了星载钟的多重备份，并通过无缝切换，确保星载钟的可靠性和时频工作的连续性。基准处理机、频率合成器通过抗辐照加固器件选择、开展针对性的软件抗单粒子措施保证运行的可靠性，通过双机冷备份，当出现失效事件时，采取卫星软件自主或地面指令切换冷备单机方式，对卫星可靠性进行保证。

(2) 对于信号生成及播发功能，导航任务处理机、导航信号生成器均通过选择抗辐照加固器件、开展针对性的软件抗单粒子措施保证运行的可靠性，通过双机冷备份，当出现失效事件时，采取卫星软件自主或地面指令切换冷备单机方式，对卫星可靠性进行保证。对于信号播发子系统，采用固放、行放相互备份的方式保证大功率放大器的可靠性。三工馈电网络为单点单机，主功能为将三个频点信号合路并输出给 RNSS 天线阵播发，与大功率放大器一样，均属于大功率器件，在研制阶段需开展微放电、功率耐受等大功率专项强化试验，模拟在轨工作环境与温度进行强化的鉴定件试验，保证覆盖在轨稳定工作的温度、功率频段。对于天线功能，影响任务成功的主要是 RNSS 天线，属于单点设备，必须确保在轨寿命期内天线的可靠性。在地面测试阶段，通过试验的覆盖性、充分性、有效性化解风险，通过加速寿命试验模拟单机使用寿命，通过微放电、功率耐受等单机强化或极限试验暴露天线的耐受温度、功率极限，找到稳定工作平衡点，降低使用风险。这些大功率器件生产过程中需进行严格管控，避免发生多余物、污损的情况导致的单机失效问题，过程设置强制检验点，确保每一步的生产记录可追溯，降低失效风险。应当说，三工馈电网络和 RNSS 天线都为无源设备，所以在设计中只要裕度足够，试验充分，过程控制有效，可靠性是能够得到保证的。

(3) 载荷系统通过识别关重件单机，在可靠性设计中采用了强制检验、备份冗余、专项试验等手段，最后载荷的可靠性预计结果较传统设计显著提高，实践证明，卫星在轨载荷系统表现良好。

8.2.7　薄弱环节识别和强化试验尽早暴露风险

应当强调，新技术不等于不可靠，只是验证不充分，没有飞行经历，因此，通过薄弱环节识别和强化试验等方法尽早暴露风险，具体做法如下。

8.2.7.1　单机强化或极限试验暴露短板

通常的做法是，制定产品的试验条件都以产品在研制生产、试验、运行中经历的环境条件作为依据，进行鉴定级或验收级试验。这些做法对于成熟度比较高，按传统短板设计理念设计的产品无疑是正确的，对于创新性强，或难于验证的创新性项目，通过远强于运行条件的强化试验，或产品寿命极限试验，找到产品的最短板，有针对性地采取措施。

例如，RNSS 天线功率为 60W，通过极限加载试验，通常天线加载到 130W 就会损坏，找到故障点就找到了薄弱环节，通过有针对性地改进设计，最终试验明确天线能承受的功率大于 400W。通过类似的强化试验，可以找到极限寿命，适度回退找到合适的工作点，可以降低风险。

8.2.7.2　通过单机和总体人员共同识别风险及系统级试验识别风险

通常，卫星总体及相关设计人员更多地关注卫星发射过程及正常运行单机的工作要求，容易忽视单机生产、设备集成以及测试全过程任务剖面中可能遇到的风险。例如，铷原子钟在轨要求的控温精度很高，要求工作温度在 −10℃～+15℃，温度稳定性优于 ±0.5℃/15h，所以卫星总体更多地关注温度控制精度问题，忽视了其不工作时的环境因素，在整星真空热试验的过程中整星在抽真空降温的过程中，铷原子钟的温度会低到 −40℃，导致铷玻璃泡断裂。为此，对所有单机可能遇到的问题进行排查,对产品进行全任务剖面分析和试验,并强化整星环节的试验,发现了很多故障隐患,也避免了由于未考虑到地面的恶劣环境,类似单机受损,最终在轨出现故障的问题。

8.2.7.3　设置专项试验

大功率的射频部件对生产过程要求比较严格,即使射频电缆生产过程中有过轻微的弯折,都会对产品的时延特性产生影响。此外,大功率开关、大功率放大器、三工器、馈电网络以及天线等设备在生产、试验过程中出现轻度污损、放气不净等,都会降低耐受功率或存在在轨产生微放电的危险。由于在整星条件下 RNSS 天线阵列无法安装实现无线测试,以往的做法是只做单件产品试验。为暴露可能存在的缺陷,将大功率设备单独组成一个子系统进行专项试验,筛除了具有缺陷的产品。

8.2.7.4　整星热真空老练试验

以往整星老练是在常温下进行的,为了更多地暴露早期缺陷,增加了真空环境下的老练试验,获得了满意的效果。

8.2.8　通过试验的覆盖性、充分性、有效性化解风险

通常姿态确定及控制都通过数学仿真验证算法,通过三轴转台进行半物理仿真试验进一步验证系统的闭环特性。整星集成后,控制类单机难于进行闭环仿真测试,因为敏感器单机的动态输入很难添加,同时执行单机的力或力矩输出无法采集。如图 8.10 所示,在导航卫星控制功能链的研制过程中,建立了全任务剖面进行闭环试验的环境,让控制系统在整星集成的状态下实现闭环,可以检验卫星从发射前直至任务终结的全过程的硬件、软件、工作模式,并强化了整星在真空热试验环境下的闭环测试,充分考核了系统软硬件状态。

采用小型动态模拟器 (包括动态星模、小地模和太模) 为星敏感器、地球敏感器和模拟太阳敏感器提供动态输入,并且小型模拟器可在装星状态直接与星外敏感器单机对接安装。地面综测系统采集星载计算机下发的执行器遥测并转发至动力学仿真机,利用执行器的数学模型将遥测量转换为执行器输出的力和力矩,由此构成了控制系统的仿真闭环。

在整星集成后热试验以及老练测试中均采用了该方法,使得热真空、老练等试验可以模拟真实在轨状态,克服了以往整星状态下只能开环测试、考核部分工况下硬件工作情况的弊端,实现了整星集成状态下全部工况的软硬件全面考核。

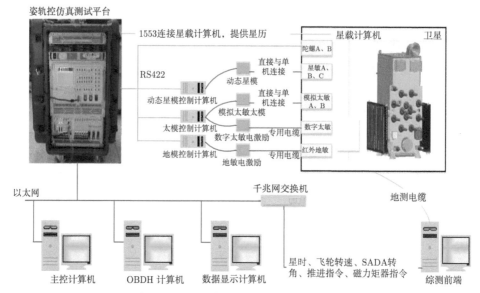

图 8.10　整星集成后仿真测试系统架构

8.3　基于目标驱动的系统工程方法

8.3.1　目标导向的思维方式和设计方法

　　卫星研制是一项复杂的系统工程，相比较于地面系统，除运行环境的特殊性外，还有一个显著的特点是难于维修。为避免卫星因故障而失效，通常设计很多冗余系统，并设计很多故障模式，研制人员的大量精力和关注点都放在了系统出现问题怎么解决方面，所以系统设计的工作模式多、接口复杂、软件量也大，难于实现充分的验证。为此，在系统设计中强调了目标导向的思维方法或设计思路，其要点是，不把过多的精力放在几乎不可能发生的或发生概率很小的事情上，把注意力更多地放在要做的正确的事情上，保证系统工作在指定的环境、条件下，让系统没有机会出错，这样做的效果是系统更简洁，不会出现低级错误。这里强调，把事情直接"做对"让其没有出错的机会比过多地考虑出错后的补救更划算，应当说，简单就是可靠，越简单越不易出现深层次的问题。在这种思路的引导下，测试也更多地关注正常的工作过程，力求测试覆盖到真实的所有任务剖面。和这种思路相配套的是看门狗思维方法和保底思维模式。例如，让 CPU、DSP、FPGA 软件都有重构功能，在软件设计中，力求把正常工作模式中的软件设计得简洁、便于充分测试；同时，为确保卫星的"存活"，软件设计具有重构功能，出现任何软件问题时都可通过软件重构解决。这样一方面可以适应未来体制发展或任务变化的需求，另一方面可以弥补缺陷，更重要的是可以降低软件研发、软件测试、系统验证的工作量和代价。

8.3.2　看门狗思维方法化解风险

看门狗通常用于软件，就是定期地查看芯片内部情况，一旦发生错误就发出狗叫声，也就是向芯片发出复位重启信号，保证系统恢复正常。看门狗命令在程序的中断中拥有最高的优先级，可以防止程序跑飞，也可以防止程序在线运行的时候出现死循环导致死机。

看门狗思维是当程序跑飞时，不关注软件从何处跑飞，而是有一个统一的中断入口。本章 8.3.1 节目标导向的思维方式和设计方法的目的是将主要的经历、人力用到该做的事情上去，对于软件来说就是在软件设计初期把主要精力放在完成任务的正常运行上，尽可能避免软件错误和缺陷，而不是关注出了问题怎么办，这里强调的是软件设计的正确性。但是软件设计有其特殊性，无法完全避免设计缺陷，所以，需要与看门狗思维配套，也就是说，我们考虑问题的方法不是考虑到每一个软件语句跑飞怎么办，而是在跑飞后有一个统一的入口，这样，既可以把主要精力配置到主任务，又可以用很小的工作量化解风险。

在导航卫星中整星的安全模式设置、星载计算机最小模式软件以及不配置应急计算机等都是出于底线思维和看门狗思维化解风险的有效实例。

8.4　小　　　　结

卫星系统工程不是静态的，也绝不应落入教条或者形式，而应该根据时代特点不断地修正。在卫星研制的实践中，作者采用功能链设计理念，简化了系统结构，在小型廉价的同时，提高了系统固有可靠性。此外，作者紧紧围绕工程目标，不被短期得失影响，在确保底线的前提下，最大限度地利用技术进步，使得导航卫星在高质量的同时，持续保持技术的先进性。实践证明，采用的新技术都成功了，没有因为采用新技术出现问题，而且解决了传统技术一直无法解决的瓶颈问题。相关设计和方法在工程应用和其他卫星设计上也具有很好的参考价值。

第9章　高可靠性实现

9.1　概　　述

可靠性是衡量产品在不加任何维护条件下发生故障难易程度的指标，它是产品的一种固有属性。对于不可维修系统，可靠性为在规定条件下和规定时间内用概率来度量完成规定功能 (任务) 的能力。

可靠性总是相对一定任务、一定条件、一定任务时间而言的，例如，根据卫星在发射段和运行段规定的任务不同，而分为发射上升段可靠性和稳定运行段可靠性。执行任务的时间不同，可靠性也随之不同，任务时间越长，可靠性越低。例如，卫星任务时间比导弹长得多，因此要实现卫星长任务时间、高可靠性要求，困难相对更大。

从系统角度来讲，卫星可靠性分配是用户根据使用需求，经与承制方协商后，在研制总要求中提出的。为了实现系统的可靠性分配目标，需要从顶层规划可靠性设计工作。可靠性预计是产品还在设计阶段就要自下而上推算出来的产品可能达到的可靠性水平，以便对各种设计方案进行比较，或者通过预计来发现系统薄弱环节，加以改进。一般情况下可靠性预计值高于分配值。

设计一颗高可靠长寿命的卫星，首先要考虑的问题是如何设计可以提升其固有可靠性，比如 "电子学架构如何设计" "活动部件如何保证可靠性" "空间环境如何应对" 等，本章将围绕 "提升固有可靠性" 的观点，重点论述系统级的可靠性设计方法，以及可靠性控制、试验、管理等内容。

从卫星设计角度来讲，为了提升产品固有可靠性，要从总体上贯彻功能链设计思想，优化系统资源配置，保证用户体验，从多方面完成可靠性设计和分析，与此同时，在生产过程中的可靠性控制及专项试验也要充分关注。

可靠性管理工作涉及产品从设计、试验、定型生产、贮存、使用直到寿命终止的全过程。本章重点关注导航卫星在轨运行阶段的高可靠性设计和实现问题。

9.2　系统级可靠性、长寿命设计

本书不涉及一些基本的可靠性分析与设计工作，如可靠性预计、热设计、力学设计、电磁兼容设计、裕度设计等，这些方面的内容另有专门材料阐述，也可参考功能链设计的各个章节。本章讨论的是卫星除了完成它要达到的功能、性能要求进行的设计外, 为使其在运行环境下能长期高可靠工作, 在设计方面还必须要考虑的问题。

根据 "长板理论适用于长寿命高可靠卫星" "底线思维降低风险" 的系统工程方法, 采用了 "聚焦关键项目, 重点设计" 的可靠性分析方法, 制定了系统级可靠性设计的准则, 主要包括以下方面:

(1) 卫星可在极限条件下生存;

(2) 卫星可适应太空恶劣环境;

(3) 系统级关键重要项目的识别及冗余设计;

(4) 卫星可实现在轨软件升级;

(5) 影响卫星寿命的关键因素及措施。

根据以上准则, 在工程研制阶段完成了整星的安全模式、抗空间辐射、系统级冗余备份、软件在轨升级等系统级可靠性设计。这些设计方面的内容包括但不限于以下方面。

9.2.1 整星安全模式设计

9.2.1.1 概述

导航卫星属于长寿命高可靠的业务卫星, 采用了很多新技术, 为保证系统可靠性, 也采用了系统级以及设备级的备份。此外, 由于系统规模大, 系统复杂, CPU、DSP 和 FPGA 软件多具有重构能力。备份以及软件重构有一个前提, 就是至少保证卫星 "活着" 才能有办法。在以往的航天型号中, 多次出现了备份还没有起作用卫星就失效的情况, 为此我们设计了整星安全模式, 这就是前面讲过的底线思维, 所谓底线思维, 就是在任何情况下卫星要 "活着", 在任何故障下卫星有出口, 确保地面人员有机会处置, 进而完成使命, 保证卫星工作的可靠性。

为此整星设计了一个唯一的安全入口, 当卫星出现重大故障, 如能源故障、姿态长时间丢失或严重超差等时, 由计算机自动诊断并进入, 确保整星的可靠安全。

9.2.1.2 整星安全模式定义及工作状态

整星安全模式是卫星的一种工作状态, 它是卫星姿态最稳定、能源最充足、消耗能源最少、维持卫星运行功耗最低的工作模式。其目的是确保卫星能够存活且能够维持到地面人员处置。

对于导航卫星来说, 处于整星安全模式时, 卫星载荷功能链的设备要全部关机, 以节省能源消耗; 姿控执行机构反作用轮和磁力矩器处于关闭状态, 一方面是为了省电, 更重要的是避免大电流驱动这些执行机构产生预想不到的结果; 帆板驱动机构控制太阳帆板指向星体 $-Z$ 向并锁定, 整星姿态控制转入太阳捕获模式, 通过推力器控制星体 $-Z$ 轴 (即帆板法线轴) 对日指向使帆板对日, 卫星捕获到太阳后采用推力器控制卫星绕 Z_b 轴起旋，起旋角速度为 $-0.5(°)\cdot s^{-1}$，起旋后自主进入慢自旋稳定，期间执行器不再工作，卫星处于被动稳定状态；此处，对日定向可以得到充足的能源，慢自旋可以保证卫星在不受控制的条件下具有确定的姿态，推力器控制只需消耗少量推进剂，不需要花费大量的能源；测控下行遥测速率工作在 $2\text{Kbit}\cdot s^{-1}$ 模式下。

整星安全模式在卫星需要长时间对日或卫星发生故障完成太阳捕获后进入，用于入轨初期的轨道漂移段或卫星在轨故障排除和故障恢复。在该模式下，卫星被动稳定，系统安全可靠。在需要转入正常工作模式前或故障恢复后，由地面指令控制卫星退出整星安全模式。

9.2.1.3　整星安全模式入口条件

进入整星安全模式具体条件如图 9.1 所示。

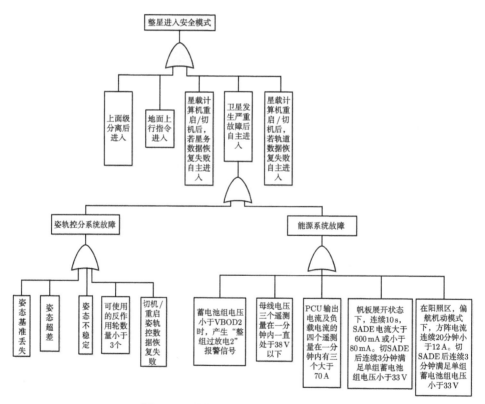

图 9.1　卫星进入整星安全模式示意图

整星安全模式入口条件，通过 8.2.6 节的关键项目识别方法，即失效树分析得到。具体为，在出现如下五种情况之一时，卫星即进入整星安全模式。

1) 与上面级分离后进入

为避免主动段和滑行段对单机误动作，卫星与上面级分离后进入。星上收到星箭分离指令后自主进入整星安全模式。

2) 地面上行指令进入

在卫星能源不足，需要长时间对日、上载软件、故障排除或其他需要卫星工作在安全模式时，可通过地面指令使卫星进入整星安全模式。

3) 星载计算机重启/切机后，若数据恢复失败自主进入

星载计算机重启/切机后，星务管理模块从数据存储区/数据处理终端恢复数据失败时，首先判断帆板展开状态，通过"帆板展开状态"标志，判断帆板展开状态，若帆板已展开，则星务软件设置星箭分离标志为分离，卫星自主进入整星安全模式。

4) 星载计算机重启/切机后，若轨道数据恢复失败自主进入

星载计算机重启/切机后，星务管理模块从数据存储区/数据处理终端恢复轨道数据失败时，卫星自主进入整星安全模式。

5) 卫星发生严重故障后自主进入

主要包括姿轨控系统故障和能源系统故障，其中任何一种情况发生都会导致卫星进入整星安全模式。

a. 姿轨控系统故障

当姿轨控系统出现严重故障导致整星无法恢复到当前姿态时，进入整星安全模式。包括姿态基准丢失、姿态超差、姿态不稳定、反作用轮故障以及重启/切机数据恢复失败故障。

(1) 姿态基准丢失：姿态敏感器数据无效且无备份可用敏感器定姿。

(2) 姿态超差：卫星姿态长时间偏离目标值，导致卫星无法提供正常姿态以满足能源、测控和载荷要求。

(3) 姿态不稳定：在卫星从一个姿态向另一个姿态转换的过程中，姿态长时间无法稳定，所以系统无法切换到稳定的工作模式。

(4) 反作用轮故障：反作用轮发生故障，且没有可重构反作用轮进行控制，导致系统姿态不稳定。

(5) 星载计算机重启/切机后姿轨控数据恢复失败。

b. 能源系统故障

当能源系统出现严重故障，影响整星能源供应时，整星进入安全模式，主要故障包括蓄电池组过放电、母线电压过低、母线电流过大以及驱动线路盒故障且切换备份无效。

9.2.1.4 进入整星安全模式工作过程

进入整星安全模式工作过程为：载荷功能链设备关机，蓄电池组进入无均衡充放电工作模式，帆板驱动机构控制太阳帆板指向星体 $-Z$ 向并锁定。

姿轨控磁力矩器关机，同时进行判断，如果推力器使用状态为有效状态，发太阳捕获模式指令，开始使用推力器和使用陀螺，整星姿态控制转入太阳捕获模式，通过推力器控制星体 $-Z$ 轴对日指向使帆板对日，卫星捕获到太阳后采用推力器控制卫星绕 Z_b 轴起旋，起旋角速度为 $-0.5(°)\cdot s^{-1}$，起旋后自主进入自旋稳定，确保整星能源供给，自旋稳定期间执行器不工作，卫星处于被动稳定状态；如果推力器使用状态为无效，发对日定向指令，更换控制模式指令，使用陀螺，通过反作用轮控制星体 $-Z$ 轴对日指向使帆板对日。

进入安全模式 5min 后，测控下行遥测速率从 32Kbit$\cdot s^{-1}$ 模式切换为 2Kbit$\cdot s^{-1}$ 模式。

9.2.2 空间环境防护设计

空间辐射环境包括辐射带高能粒子等对导航卫星的影响，涉及卫星的总剂量防护、抗单粒子防护及抗静电防护等。

空间环境效应及防护措施参见图 9.2 和表 9.1。

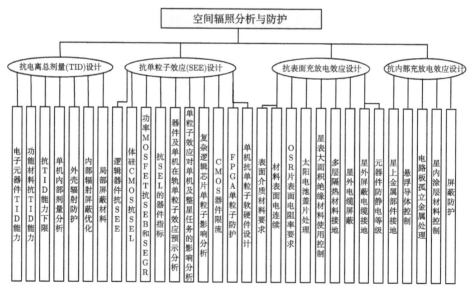

图 9.2 空间环境效应及防护措施

在导航卫星轨道上，卫星高度达到 20000km，倾角达到 55°，会穿越外辐射带，因此会遭遇到很强的高能电子辐射环境，同时在此高度上，地磁场的屏蔽作用较弱，来自星际空间的银河宇宙线和质子事件期间的太阳质子都会对在轨卫星构成一定威胁。

表 9.1 空间环境防护措施

空间效应		防护措施
辐照总剂量		(1) 单机布局考虑; (2) 加钽片
单粒子	锁定	(1) 选用对锁定不敏感或阈值较高的器件; (2) 器件电源输入端设计限流电阻，避免在器件锁定时产生过大电流，对器件造成损坏; (3) CMOS 器件输入端串接大电阻，不用的输入管脚接固定电平; (4) 电源转换模块有限流保护设计。当电源负载电路产生较大电流，超过电源模块所能承受的功率时，电源启动保护电路，关断输出，破坏器件发生锁定的必需条件，避免对器件造成损坏
	翻转	(1) FPGA 程序中对重要参数采取三取二表决算法; (2) 星上设计整机加断电指令，当单机工作异常发送整机断电再加电指令使其恢复正常工作; (3) 从任务角度出发，构建全流程、全系统的容错保障措施，贯彻"分清主次，重点保障"的设计原则，有效地兼顾系统可靠性、设计成本和研制计划
静电		(1) 避免静电积累，孤立导体等接地; (2) 适应性设计：避免静电放电时产生误动作，指令脉宽大于 500μs; (3) 为了防止高能粒子内带电效应导致电荷积累过多，PCB 板设计采用大面积覆铜设计; (4) 4 层以上的 PCB 板，设置专门的电源层和地线层; (5) CMOS 器件大面积接地，使感应电荷有通畅的泄放通道; (6) 对易受静电放电影响的电路，包括 FPGA、PROM，都放在靠近电路中心的区域，这样其他电路可以为它们提供一定的屏蔽作用
接地		(1) 继电器机壳通过 $100k\Omega$ 电阻与地连接，将继电器在运行中产生的感应电荷泄放到地; (2) 设备外壳应良好接地，设备机壳等与卫星结构之间的搭接电阻小于 $10m\Omega$，一旦发生了静电放电，电流可以尽快从旁路入地，不会直接侵入内部电路。同时将周围设备放电时形成的 EMI 导入卫星地，不会影响设备内部电路正常工作; (3) 设备外壳厚度最小为 3mm，能够有效地屏蔽和阻挡引发内带电的高能粒子，减少内带电效应的发生; (4) 数字信号 CMOS 输入端加接地电阻保护;其他单机到本设备的数字信号 CMOS 输入接口串接保护电阻;未使用的输入端一律通过电阻接地; (5) 对金属外壳的器件均进行了相应的处理，保证无孤立导体出现

对总剂量和单粒子效应，高轨、低轨卫星的工程师都很重视，但是对于高轨卫星来讲，静电放电效应经常会被轻视，从目前在轨发生的故障分析，高轨卫星的静电放电效应很严重，而且在地面很难通过故障复现来验证，所以采取了一系列设计措施和生产控制措施来降低静电放电发生的概率。

本节针对导航卫星所处轨道空间辐射环境的总剂量效应、单粒子效应、表面和深层充放电效应,介绍相关的总剂量防护、单粒子防护以及抗静电和静电放电防护设计。

9.2.2.1 总剂量防护

导航卫星的抗总剂量防护设计从元器件和原材料选用以及系统设计两个方面进行,整星级防护措施主要依靠卫星布局来减少关键单机敏感元部件的影响,参见结构热功能链设计相关章节。对元器件和原材料通过选用或加固满足总剂量要求,具体要求如下:

对于辐射不敏感器件,如电阻、电容、电感等以及抗辐照总剂量大于等于 100krad(Si) 的元器件可以直接使用;对于抗辐射总剂量大于等于 50krad(Si) 但小于 100krad(Si) 的元器件,如果有充分数据证明每一批次的抗辐射总剂量性能稳定,则可以使用,但需要加固;对于抗辐射总剂量大于等于 20krad(Si) 但小于 50krad(Si) 的元器件,如果选用,必须论证辐射不会影响电路的正常工作,使用中需进行抗辐射加固。

如果依据飞行经验选用电子元器件,须确保元器件在相同应用条件下的实际辐射剂量可满足要求。

对没有或无法确定抗电离总剂量能力的元器件和功能材料应该通过辐照试验予以测定,辐照试验标准参照 GJB 5422—2005《军用电子元器件 γ 射线累积剂量效应测量方法》执行;有机材料电离总剂量辐照试验应考虑地面环境中空气的影响,确保试验的有效性。对辐射指标不能满足要求的元器件必须采取相应的加固措施。

根据整星的元器件选用结果、各单机布局进行分析,对于总辐照防护余量 RDM 未达到 2.5 的元器件进行局部加固防护以及单机布局优化。

9.2.2.2 单粒子防护

针对单粒子效应防护的薄弱环节,在器件选用和系统设计两个层面开展防护。

导航卫星在软件故障、受空间环境影响带来的数据异常、单机重启或复位条件下的工作状态恢复等方面均进行了相应的恢复机制设计,针对单粒子防护主要包括冗余设计和容错设计,详见本章 9.3 节。

9.2.2.3 抗静电和静电放电防护

由于导航卫星轨道电磁环境恶劣,高能粒子内带电效应使星内设备易累积静电电荷,应防止电荷累积过多产生放电,导致星内设备状态异常。静电放电可通过直接传导、电容耦合和电感耦合三种方式进入电子学单机电子线路,引起电路损坏。

针对电缆网和火工品供电回路进行防护。在电缆网布线设计中,卫星各个结构舱板上设置专用静电泄放通路,在电缆网安装工艺卡中明确静电防护要求,按要求完成电缆网安装和记录;为防止静电放电导致火工品误动作,在所有火工品的正端都通过一个电阻接壳地，公共负端分别通过四个电阻并联接壳地，防止静电在任何情况下超过桥丝 (桥带) 耐压指标造成其击穿失效或误爆。

对卫星电子学单机严格按以下要求进行设计和实施：

(1) 为避免孤立导体静电积累，需要将其进行接地处理，特别要关注芯片覆铜的接地问题。

(2) 适应性设计：避免静电放电时产生误动作，指令脉宽大于 500μs。

(3) PCB 板均采用大面积覆铜设计，4 层以上的 PCB 板，设置专门的电源层和地线层。

(4) 单机产品中的金属外壳元器件，采用引脚接地或外壳引线等方式进行处理，确保无孤立导体出现。

(5) 建立完善的屏蔽防护结构，通过卫星舱板、单机机壳、模块腔壁等实现对电子线路的多层防护，并将金属屏蔽壳体接地处理，使屏蔽腔体保持等电势。

(6) 在卫星设计建造规范中，规定低频单机的机壳地和内部电路二次地之间电阻不得低于 1MΩ，实现产品单机内部电路与单机机壳之间保持足够高的绝缘电阻，防止过大放电电流经由机壳流入内部电路；在验收过程中，进行该指标的测试和复核。

(7) 元器件空置管脚、接插件空点处理。对每台电子学单机的内部元器件/接插件空置状态的管脚采取相应的处理措施，包括通过软件配置为接地、通过上/下拉电阻接至电源或地以及直接接地等。

9.2.3 系统级冗余设计

很显然，对于冗余备份设计，由于受到各种条件限制，所有设备或模块都冗余是不现实的，但是通过关键项目识别与分析，找出影响可靠性的关键环节，有针对性地采取冗余措施，既提升了固有可靠性，又有效地节省了资源。

利用第 8 章 8.2.6 节的失效树分析方法，为保障系统的高可靠性，卫星必须保证上下行、正常供电、姿轨控以及星务正常运行。为此，采取了下列系统性冗余设计措施，来保证整星的高可靠性。

9.2.3.1 上下行的系统性设计

在以往卫星设计中，只要测控失效，整星就会失败。在导航卫星设计中，为了达到测控失效不影响整星正常功能的目的，在常规测控、运控手段基础上，将运控功能和星间链路功能打通，即增加了上下行链路中交互备份手段，大大提升了整星上下行的可靠性。具体来说，有如下两个方面：

上行通道包括传统非相干扩频通道上行、应急测控一体机通道上行、星间链路通道上行以及 L 上注通道上行。

下行通道包括传统非相干扩频通道下行、应急测控一体机通道下行以及星间链路通道下行。

9.2.3.2 姿轨控功能冗余设计

姿轨控是实现导航任务的前提，为适应导航卫星高可靠及高可用的任务要求，控制功能链通过系统设计及冗余备份提高单机可靠性，姿轨控设计可靠性指标达到 0.987。具体措施为如下：

(1) 除了反作用轮外，系统中没有活动部件单机，地球敏感器采用静态红外地球敏感器，陀螺采用光纤陀螺，以提高单机可靠性。

(2) 采用单独星敏感器定姿，单独星敏感器可以完成卫星各个模式定姿，相比组合定姿模式 (陀螺 + 地敏感器 + 数字太敏) 大大提高了系统的可靠性。

(3) 在系统级设计上，采用异构备份，且单机也采用备份，具体冗余设计措施如下：推力器采用 2 组，其中 1 组冷备；反作用轮 5 个，任意 3 个组合可保证系统正常工作；星敏感器 3 台，任意 1 个工作可以定姿；采用陀螺 + 太敏 + 红外地球敏感器作为定姿异构备份。

(4) 软件设计上参数可以注入，解决单机极性异常、安装异常、参数设计不合理等缺陷，在软件异常时可以进行软件上注。

(5) 在工作模式设计上设计最小安全模式，保证系统在出现异常或重大事故时进入，最小安全模式采用最简单最可靠的设计，卫星被动稳定工作，可以在该模式下恢复卫星正常运行，提高系统可靠性。

9.2.3.3 能源系统

对于能源系统来说，电源控制器比较成熟、可靠，三结砷化镓太阳电池片具有良好的抗辐照能力，关键是蓄电池组的可靠性，措施如下：

(1) 蓄电池组设计：单体电池的额定容量为 20A·h，单体电池设计的初始容量达到了 22A·h，电池容量冗余为 10%；电池组采用 9:8 备份设计，电池组在出现 1 只单体电池失效的情况下，仍能满足卫星功率需求。

(2) 蓄电池组使用：结构热功能链根据地影区和光照区的工作状态，设置不同的工作温度，有利于长寿命和高可靠性。此外，在系统层面，考虑到在轨运行的可靠性，通过飞行程序控制避免在轨出现蓄电池过充、过放等情况。

9.2.3.4 星载计算机高可靠性设计

1) 硬件冗余设计

星载计算机采用完全冷备设计，遥控遥测电路、供配电电路均采用双点双线或多点多线设计。

2) 软件可靠性设计

星务管理是星载计算机软件管理和调度的核心，因此是保证星务软件安全和可靠的重点，具体措施如下：

(1) 具有内存纠检错功能；

(2) 在软件跑飞及死循环情况下，具有自我恢复功能；

(3) 关键信息冗余存储并校验；

(4) 具有地址越界等的检查功能；

(5) 防止访问超时功能；

(6) 具有代码重构功能；

(7) 发生复位或切机情况时，能够保证系统状态平稳过渡。

3) 软件可靠性措施

(1) 在软件的空闲进程中对内存循环进行读操作，以发现单粒子错误并进行内存的纠检错。

(2) 星务管理模块对其他软件模块的管理都设定了软件看门狗，每个周期对其他软件喂狗，若某进程故障不能清狗，星务软件检测到后则进行处理。

(3) 设计了软件最小模式，即当正常模式出现故障时，软件可以进入最小模式，保证卫星和地面通信畅通、卫星姿态基本稳定，以便进行故障分析和定位，必要时进行软件重构。

(4) 当软件执行存储区拷贝等内存移动动作时，对不确定长度的操作进行长度保护。

(5) 当对硬件端口进行访问时，设置超时等待，超过一定时间跳出，避免硬件端口错误造成软件死机等。

(6) 当对硬件端口进行访问时，能够对硬件端口的异常状态进行判断，并在端口异常时，重新初始化端口。

(7) 具有代码重构功能，支持进程级别的代码重构，为弥补软件缺陷、设计不足或为后续的在轨赋能服务。

(8) 为保证系统在发生复位和 A 机、B 机切换时系统状态的保持和连续，系统将在复位或切机后保持系统状态连续的软件状态量或数据进行备份。

(9) 系统具有硬件看门狗保护功能，看门狗一次狗咬产生 NMI 中断，多次狗咬产生切机信号，启用备份机作为主控机。

9.2.4 长寿命设计

随着我国航天技术的发展，卫星寿命要求也在不断提高。低轨卫星设计寿命一般为 2~3 年，高轨卫星设计寿命一般为 8~12 年。很多人错误地理解长寿命等于高可靠性，原因是原来的电子元器件技术水平较低，质量较差，经常出故障，一般卫星的故障都是由元器件和软件的故障引起的，所以很容易把可靠性和寿命等同起来。应该说，可靠性属于偶然型故障，而寿命属于耗损型故障范畴。

9.2.4.1　长寿命设计思路

从可靠性的定义来说，可靠性应针对所有导致"不能完成规定功能"的故障开展工作，但卫星可靠性工作项目主要针对偶然故障，缺乏对耗损型故障的分析和验证。而长寿命设计就是针对耗损型的单机或项目进行设计规划，比如，考虑到燃料喷完了就不能用了；热控涂层经过长时间辐照，功能会失效；氢原子钟带的氢没有了，单机就会失效等。长寿命的问题只要在设计初期，考虑到充分的设计裕度，一般就不存在额外再采取措施的问题。

参见图 9.3 和表 9.2，在卫星设计阶段，从卫星的控制、能源、热控、载荷方面，考虑到所有可能引起耗损的单机或项目，对这些项目/单机逐一进行寿命参数和影响因素分析，对其进行长寿命设计。

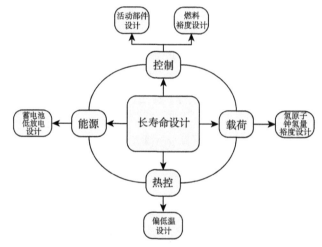

图 9.3　长寿命设计思路

表 9.2　典型的卫星限寿项目/单机

	限寿单机/项目	寿命参数	部分寿命影响因素
1	反作用轮	偏置状态下的工作时间	供油方式、润滑特性、轴承疲劳寿命
2	SADA	工作时间	固体润滑性能
3	推力器	脉冲次数或稳定工作次数	推力剂
4	电子元器件	温度	偏低温设计
5	热控涂层	材料特性	紫外和辐照
6	蓄电池组	充放电循环次数	放电深度
7	氢原子钟	工作时间	充氢量

9.2.4.2　长寿命设计方案

在卫星的长寿命设计中，重点关注了卫星的活动部件、耗散型单机等对卫星寿命有重大影响的因素，其中导航卫星中的活动部件主要有反作用轮、SADA 等，这些部件长期运行的可靠性是影响整星性能和寿命的主要因素；而耗散型的影响因素主要包括推进剂、热控涂层、锂离子蓄电池组、氢原子钟等。

(1) 活动部件是可靠性的薄弱环节，其可靠性难于保证，所以总体的策略是尽量少用这类单机或部件，为此设计中整星只用了两类活动部件，一类是反作用轮，一类是 SADA。在方案上，采用配备多个反作用轮的冗余备份手段，针对反作用轮饱和的问题，采用磁卸载方案。

(2) 为了提高推进剂的设计裕度，在轨道控制和姿态控制阶段，均按燃料消耗最多情况预估，在此基础上再预留 20% 燃料的余量。同时，在初始轨道设计上，利用上面级将卫星入轨远地点抬高 1000kg，卫星西漂，进入定点轨道位置附近降低轨道，从而节省卫星燃料。在卫星的姿态控制方面，反作用轮的卸载优先选择磁卸载的控制方式，尽量避免喷气控制的使用，一方面降低对导航业务的影响，另一方面减少推进剂的使用量，延长卫星的使用寿命。

例如，北斗三号试验卫星首发星设计寿命为 10 年，按照燃料消耗最多的情况预估消耗量为 22.19kg，考虑到发动机推力误差为 ±5%，则卫星实际需要的燃料为 23.36kg，燃料预留至少 20% 余量，则卫星需携带燃料 28.032kg。而贮箱挤出效率按工程实际情况取 95%，则卫星燃料至少为 29.51kg，考虑现有贮箱型谱，选择 50L 表面张力贮箱，燃料实际携带 38.5kg。

(3) 热控材料类型有多种，这些材料在空间环境中会受到辐射的影响，受影响最大的是星外材料。材料在受到辐射影响后，材料对太阳辐射的吸收率会上升，卫星表面温度也会升高，时间越长，辐射影响越严重。所以在长寿命设计中，选用了性能退化较轻的材料。

为了更有效地延长星内电子元器件乃至单机的寿命，热控采取偏低温设计。电子元器件的寿命，与工作温度有密切关系。对于大多数元器件而言，工作温度越高，元器件的寿命越低，因此卫星采用偏低温设计。一方面可以合理地增加卫星的散热面，增强散热能力，从而降低卫星温度；另一方面可采用退化率低的热控涂层，减小卫星温度在寿命末期的升高幅度。同时，通过合理地调整单机布局，均化热流密度，使用热管等热控材料提高整星温度的均匀性。

(4) 为了满足导航卫星储能电源能量密度高的需求，提高有效载荷的运行能力，蓄电池组采用大容量、低放电的深度设计。通过采取控制电极的涂布厚度，合理设计电池的装配比，减少电极膨胀压力等手段，显著降低电池容量的衰降速率，提高单体电池的工作寿命。同时严格控制单体电池生产和检测的一致性，以确保电池组单体电池的一致性，从而提高整个电池组的比容量，在相同负载情况下，放电深度就会随之降低，从而提高了电池的寿命。一般中高轨卫星可以做到 80% 的放电深度，而导航卫星设计控制的放电深度为 35%~50%，提高了设计裕度，有利于蓄电池组的循环寿命。

例如, 锂离子蓄电池组在北斗三号试验卫星首发星上, 采用的是 20A·h 单体电池作为储能基本单元, 比能量为 120W·h·kg^{-1}, 最长地影时间最大放电深度 36%, 充放电过程中电池电压平稳, 单体之间最大压差约 10mV, 一致性良好。运行四年尚不需要均衡, 电池电压、单体电池性能稳定。

(5) 载荷功能链的氢原子钟是时间基准的核心单机, 氢源为被动型星载氢原子钟提供氢气, 目前采用的方案是利用铜镍合金储存氢气, 再释放氢气, 相对于传统的氢瓶, 利用铜镍合金储存氢气具有体积小、重量轻、出氢纯、压力小、无须减压阀以及不易漏气等优点。为了满足振动以及长寿命的要求, 设计的氢源需要坚固、抗震、耐压, 同时保证被动型星载氢原子钟正常工作所需要的放氢量。氢瓶最大充气量为 0.5kg, 可正常工作至少 20 年, 满足卫星 10 年工作寿命要求。

9.3 导航卫星软件可靠性与安全性设计

软件可靠性是在特定的条件下, 在一定时间间隔内系统完成其规定功能的概率。软件安全性是 "软件运行不引起系统事故的能力"。对于导航卫星, 软件的可靠性是考核软件是否满足用户需求的一个重要因素。软件可靠性设计不仅局限于程序设计和实现, 而且与软件整个研制过程密切相关。为提高卫星软件的可靠性和安全性, 在整个软件生存周期均需开展可靠性和安全性设计、分析和验证工作。在系统需求分析和定义期间, 卫星总体明确了软件可靠性和安全性要求, 确定了软件的安全性关键等级以及软件的可靠性指标; 在软件分析和设计阶段, 软件人员制定了可靠性和安全性设计措施和测试计划。

针对导航卫星, 除常规措施外, 重点关注了单粒子防护设计以及软件重构和信号重构 [54-60]。

9.3.1 单粒子防护设计

针对软件的可靠性及安全性, 从系统级、功能链级、单机级均需要进行设计并采取相应措施。导航卫星受轨道高度影响, 软件可靠性设计需要特殊考虑并关注单粒子防护问题。在抗辐照加固器件的基础上, 采取了有针对性的软件抗单粒子措施, 要点如下。

9.3.1.1 硬件措施

(1) 使用抗辐照加固芯片;

(2) 在代码容量允许条件下, 采用反熔丝 FPGA 替代 SRAM 型 FPGA;

(3) 使用的 CPU 和 DSP 芯片和外置存储器 (RAM 和 FLASH) 具备 EDAC 或 ECC 功能；

(4) 双机冷备份，出现单粒子锁定时，软件自主或地面指令切换备份单机。

9.3.1.2　软件措施

软件可靠性措施主要关注软件代码的存储、软件运行数据的保护两方面，具体措施概括如下。

(1) 当单机切机时，可将系统级关键参数恢复，保证业务连续性。

(2) 涉及星地、星间接口的软件、A/B 级 CPU 软件均具备可重构功能。

(3) 代码存储的可靠性：

① 存储在 PROM 中，PROM 为不可擦除器件，代码不会发生单粒子翻转；

② 存储在 FLASH/EEPROM 中，必须具有检错、纠错机制，例如，可以利用 PROM 擦除或写入，也可以使用多片相互校验和重构，原则上不允许用单片 EEPROM 和 FLASH 装载程序；

③ 存储在 SRAM 中的 CPU 或 DSP 软件，采用 EDAC 校验设计，存储在 SRAM 中的 FPGA 软件，须采用三模冗余加定时刷新的措施。

(4) 数据运行的可靠性：

① CPU 和 DSP 软件运行过程中的重要数据采取 EDAC 方法，对没有 EDAC 功能的芯片可以考虑三模冗余加定时刷新方法；

② RAM 型 FPGA 软件或数据采取三模冗余加定时刷新的方法。

(5) 可重构软件代码存储 2 份以上，启动加载时具备校验功能。

(6) CPU、DSP 和 FPGA 软件提供复位或加断电软指令；针对 FPGA 有限状态机的设计，所有未用状态均应转换至初始态。

(7) 软件采用看门狗设计，内部所有 DSP 和 CPU 软件均需设置看门狗，在软件出现异常或死机时可自动恢复。

(8) DSP、DA 寄存器采用定时写入机制，对配置寄存器内容进行定时写入，保证寄存器内容的正确性。

(9) 单粒子锁定导致的过流是影响工程任务的重要故障之一，如不采用适当的防护措施，可能会造成毁坏性危害。为此需采取措施进行限流和及时断电。

对于刷新周期，采用 10 倍以上单粒子翻转速率进行刷新，即刷新频率比翻转速率要高一个量级。

综上所述，软件的 EDAC 以及三模冗余加定时刷新机制可以有效地抗单粒子。虽然三模冗余带来了可靠性的提高，但是也会使模块的速度降低 (有的甚至低到原来的 80%)、占用资源和功率增加 (为 3.2~3.5 倍)。所以可以根据资源的实际情况，选择对全部程序进行三模冗余设计，或只对关键变量进行三模冗余设计。

在 FPGA 资源紧张的条件下，部分三模冗余设计的目标是将单粒子翻转造成设备功能中断的影响降到最小。部分三模冗余设计可按如下优先级考虑：

(1) 将 BRAM 中的常数和触发器中的计数器、状态机、状态锁存器进行三模冗余设计；

(2) 将重要的控制模块、时钟分配模块和输入输出接口模块进行三模冗余设计；

(3) 将必要的触发器和 BRAM 进行三模冗余设计。

9.3.2　软件重构和信号重构

软件是在轨卫星中出问题最多的环节，在以往的卫星设计中，软件发生故障后不可修复，出问题后不受控，在备份还来不及使用的情况下，可能整星已经失效了。尽管大部分软件问题可以通过软件复位或让设备断电再加电消除，但会影响设备工作的连续性，对导航卫星来说就会产生信号中断。特别是对于中高轨环境，辐照环境恶劣，发生单粒子以及静电放电产生的翻转是难于避免的，而单粒子翻转在地面测试中是难于模拟或无法覆盖的，因此软件成为导航卫星最薄弱的环节之一，尽管地面采取了很多防护措施，但也难免有遗漏，这就要求软件有在轨修复能力。此外，导航卫星是长寿命卫星，如第 8 章 8.2.3 节所述，我们采用长板理论来规划我们的设计，用创新补足短板，从硬件角度来提高长寿命高可靠产品的持续先进性。但卫星发射之后，通常其功能就无法更改了，为解决不用发射新的卫星就可以实现产品升级换代问题，作者提出了在轨赋能的理念，将导航信号频率、信号体制通过软件上注来改变，这样就实现了卫星的在轨赋能，可以使卫星能够适用于未来导航信号体制的发展。这样，通过软件重构和在轨赋能，一方面解决了在轨软件存在缺陷无法修复的问题，另一方面也解决了导航卫星系统更新换代的问题。

为适应软件重构和在轨赋能，从软件可靠性设计角度必须要做到两方面：一个是卫星存在一种最小生存模式的入口，另一个是软件可赋能。

第一，如果卫星出现了严重的故障，为了避免备份还没来得及起作用就失效的情况，在可靠性设计中，星务软件设计了最小模式，整星设计了安全模式，在出现故障后，整星可以进入安全模式，之后排除、修复故障，使卫星具有再次进入正常模式的机会。具体设计详见第 7 章 "电子学功能链设计" 以及第 9 章中的 "整星安全模式设计"。

第二，具备在轨重构能力，以往导航卫星几乎不具备软件在轨重构功能，这就导致了卫星在发生软件故障时可能会丧失部分功能，随着全球卫星导航系统的加速发展与建设，为支持在轨卫星的体制和接口优化需求，同时满足各阶段发射卫星功能的兼容性，提出重要软件特别是决定载荷信号体制类软件必须具有在轨赋能能力。

本书重点列举通用的在轨重构要求和方法作为设计参考，涉及包括 CPU、DSP

和 FPGA 软件在内的导航卫星星上软件产品。由于新器件层出不穷，技术发展日新月异，软件重构方法也多种多样，因此不强制要求软件重构的实现方法，各软件研制方可根据自身情况，在保障重构过程可靠、安全的基础上采取适宜的方案。

9.3.2.1 软件在轨重构基本要求

软件重构是指卫星已经入轨后，为了改正软件错误或满足新的需求而修改软件的过程。一般满足以下条件的软件配置项需具备重构功能：

(1) 软件关键等级为 A 级的 CPU 软件；

(2) 涉及星地、星间接口变化的软件；

(3) 后续功能及性能要求可能变化的软件；

(4) 卫星总体特殊要求的软件。

满足以下条件的软件不需具备重构功能：

(1) 软件产品状态已完全固化、在轨充分验证，并经卫星总师批准；

(2) 应用软件的 BOOT 引导程序以及固化在 PROM 上的软件；

(3) 反熔丝 FPGA 软件。

9.3.2.2 重构软件设计要求

对可在轨维护的软件，应重点关注如下内容：

(1) 可在轨维护软件的研制工作应从系统分析与设计阶段开始，贯穿于系统研制与运行的整个周期；

(2) 除软件在轨修复需求外，还应重点关注软件功能升级、调整、完善等需求，因此在软件需求分析阶段，应考虑软件和硬件资源分配；

(3) 上注软件可划分为注入参数、注入局部代码、注入模块程序和注入完整程序；

(4) 进行模块化设计，可分段注入，在运行前可做天地校验；

(5) 要有充分的容错手段，避免出现误认为程序注入正确但实际存在错误操作，重启之后死机无法恢复的情况。

9.4 整星关键项目识别及措施

在导航卫星设计初期，为了设计出高可靠的产品，面临着一系列问题，例如，当时现有的国产化元器件质量普遍不高，如何在这种情况下设计出高可靠的产品？在成本、重量、功耗的多重约束下，如何做关键部位的冗余备份？众多新技术没有得到充分的在轨验证，如何保证其可靠性并应用于卫星中？等等。

所有这些问题的解决办法只有一个，就是"抓重点"，只有知道"重点"在哪里，才能给予充分关注，重点设计，权衡全局。然而传统的关键项目识别方法主要针对已经设计好的单机或系统，但对于当时的导航卫星来说，没有已有的、可参考的经验，亟须研究一种结合现实情况的识别方法来找到最核心的关键项目，为此，"FTA＋FMEA" 结合的失效树分析方法应运而生，具体方法参见第 8 章 8.2.6 节。实践证明，在试验卫星工程阶段，经过失效树分析方法，对关键项目进行重点设计后，北斗三号首发试验卫星重量只有 847.6kg，小卫星实现了大卫星的能力。从而证明了失效树分析方法的有效性。这种方法也可以推广应用到很多其他工程中，读者可以研究采纳，本节将介绍确定的重要单机的冗余措施以及整星和功能链级关键项目。

卫星重要单机备份或冗余设计情况如表 9.3 所示。

表 9.3 重要单机的冗余设计

序号	名称	数量	冗余容错设计
1	星载计算机	1	内部主备设计，双机冷备，软件可重构
2	主/辅配电器	2	继电器触点冗余使用，火工品控制器直接指令、间接指令冗余，每个压紧点采用两个起爆桥丝
3	电缆网	1	电缆网供电、指令及重要信号输入输出采用双点双绞或多点多线连接
4	锂离子蓄电池组	2	每组 9 个单体，9:8 备份设计，允许一个单体电池失效
5	电源控制器	1	MEA 电路三取二；S3R 电路 10:9 备份设计；6 个电池充放电模块 (BCR、BDR)，对应南北电池组，热备份；遥测遥控模块主备设计
6	太阳电池阵	2	10 个分阵允许一路失效
7	星敏感器	3	3 取 1 冗余，互为备份，1 个即可定姿
8	模拟式太阳敏感器	2	主用方向通道备份
9	反作用轮	5	5 取 3 冗余设计 (正常 4 个反作用轮工作，1 个冷备)
10	推进组件	1	8 个 5N 推力器，组成两路分支，在各个控制方向均有推力器备份，推力器分 2 组冷备
11	帆板驱动机构	2	电机双绕组冗余设计，电刷冗余设计
12	帆板驱动线路盒	2	内部冷备设计
13	帆板展开锁定机构	2	太阳电池阵每翼总共有 4 条回转轴线，同一回转轴线上配置了 2 个扭矩相同、互相独立的展开锁定机构，以此提高展开可靠性
14	上注接收处理机	1	DC/DC 模块、基带模块、前端组件、变频通道均有备份
15	导航任务处理机	1	内部冷备设计，软件可重构
16	导航信号生成器	1	主要模块，包括时钟模块、本振组件、中频信号生成器、变频组件冷备设计，软件可重构
17	B1～B3 行放	1	行放与固态功放互备
18	B1～B3 固态功放	1	
19	原子钟组	4	2 氢原子钟 +2 铷原子钟
20	基频处理机	1	内部冷备设计
21	频率合成器	1	内部冷备设计
22	星间链路	2	冷备设计，软件可重构

整星和功能链级的关键项目及措施如表 9.4 所示。

表 9.4 整星和功能链级的关键项目清单

序号	关重件名称	对卫星特性影响	对单机特性要求	主要控制内容及措施	备注
1	星载计算机	卫星姿控、热控、测控、电源等由计算机统一管理，出现问题后导致任务失败	满足单机各项性能和可靠性指标，包括软件可靠性	(1) 作为卫星重要件进行严格控制； (2) 功能上采取备份、冗余设计措施； (3) 加强元器件选用控制； (4) 加强制造过程控制和检验，特别是电装检验，印制板焊点做到 100% 的质量检查； (5) 严格地面测试和验收； (6) 加强分机主备份电路的切换测试和环境试验； (7) 软件具有重构能力	重要件
2	帆板驱动机构	影响寿命，卫星整星能源不足，任务失败	满足设备各项性能和可靠性指标	(1) 将其设置为整星关键项目； (2) 设置强制检验点加强控制； (3) 设计保证力矩安全系数大于 2； (4) 轴承活动部件进行跑合和筛选； (5) 加工装配尺寸不能超差，装配过程多余物控制和检查； (6) 所有紧固件固封和装配采取过程控制措施； (7) 对关键工序进行记录	关键件
3	锂离子蓄电池组	单机失效后会造成星载设备供电异常，导致整星平台失效	满足设备各项性能和可靠性指标	(1) 作为卫星重要件进行严格控制； (2) 功能上采取备份、冗余设计措施； (3) 严格单体电池生产过程质量控制，强化自检、互检、专检和验收； (4) 强化单体电池筛选过程； (5) 确立电池组绝缘性为关键检验点，保证电池壳体与电池组结构件之间的绝缘电阻大于 100MΩ	重要件
4	电源控制器	影响寿命，卫星整星能源不足，任务失败	满足单机各项性能和可靠性指标	(1) 作为卫星重要件进行严格控制； (2) 严格地面测试试验； (3) 工艺设计上强化绝缘设计，对关键工序进行记录； (4) 功能上采取备份、冗余设计措施； (5) 选用高质量等级元器件，满足长寿命的要求； (6) 加强制造过程控制和检验，特别是电装检验，多余物检查，PCB 三防处理，印制板焊点做到 100% 的质量检查	重要件

续表

序号	关重件名称	对卫星特性影响	对单机特性要求	主要控制内容及措施	备注
5	星敏感器	主定姿敏感器，影响定姿精度，直接影响导航精度	满足单机各项性能和可靠性指标	(1) 将其列为关键件进行严格控制； (2) 设置关键检验点； (3) 加强元器件选用控制； (4) 加强制造过程控制和检验，特别是电装检验，印制板焊点做到 100% 的质量检查； (5) 严格地面测试和验收	关键件
6	反作用轮	影响姿控精度，不能满足导航要求	满足单机各项性能和可靠性指标	(1) 作为卫星重要件进行严格控制； (2) 轴承活动部件进行跑合和筛选； (3) 装配过程进行过程控制； (4) 对关键工序记录； (5) 严格地面测试试验	重要件
7	推进组件	用于卫星轨控，出现故障卫星不能定点在要求范围内，不能完成导航任务	满足精度指标和可靠性指标	(1) 作为重要件进行严格控制； (2) 功能上采取备份、冗余设计措施； (3) 加强重要工艺控制； (4) 严格地面测试和验收以及检漏	重要件
8	导航任务处理机	单机失效后将导致 B1~B3 频点功能失效	满足单机各项性能和可靠性指标	(1) 功能上采取备份、冗余设计措施； (2) 加强元器件选用控制； (3) 加强制造过程控制和检验，特别是电装检验，印制板焊点做到 100% 的质量检查； (4) 严格地面测试和验收； (5) 加强分机主备份电路的切换测试和环境试验； (6) 软件具有重构能力	重要件
9	导航信号生成器	单机失效后将导致 B1~B3 频点功能失效	满足单机各项性能和可靠性指标	(1) 作为卫星重要件进行严格控制； (2) 功能上采取备份、冗余设计措施； (3) 加强元器件选用控制； (4) 加强制造过程控制和检验，特别是电装检验，印制板焊点做到 100% 的质量检查； (5) 严格地面测试和验收； (6) 加强分机主备份电路的切换测试和环境试验； (7) 软件具有重构能力	重要件

续表

序号	关重件名称	对卫星特性影响	对单机特性要求	主要控制内容及措施	备注
10	高效固放	影响导航信号播发质量，甚至影响直发任务失败	满足单机各项性能和可靠性指标	(1) 加强元器件选用控制； (2) 加强制造过程控制和检验，特别是电装检验，印制板焊点做到 100% 的质量检查； (3) 严格地面测试和验收及专项试验； (4) 加强分机环境试验； (5) 关注测试过程中特性微弱变化和风险剔除	重要件
11	星间链路	单机失效后将导致 Ka 频点功能失效		(1) 功能上采取备份、冗余设计措施； (2) 加强元器件选用控制； (3) 加强制造过程控制和检验，特别是电装检验，印制板焊点做到 100% 的质量检查； (4) 严格地面测试和验收； (5) 加强分机主备份电路的切换测试和环境试验； (6) 软件具有重构能力	关键件

9.5 生产过程可靠性控制

产品设计完成后，固有可靠性随之确定，它的实现与维持依赖于生产过程的控制，生产过程可靠性控制就是最大程度地排除各种不可靠因素，并避免这些因素引起产品可靠性降低。为此，需在正样产品生产过程中 "关注细节"，按照计划展开各项专项复查，如主、辅配电器电路专项复查、火工品电路复查等，本书挑选了对导航卫星有代表性的复查项目进行说明。

9.5.1 孤立导体复查

高轨卫星中集成电路芯片覆铜 (孤立导体) 未做接地处理，会存在静电放电隐患。为此，在正样生产阶段，对单机电路板上集成电路芯片存在的覆铜 (孤立导体) 接地情况进行了全面复查，具体要求如下：

(1) 对于电路板上的集成电路芯片，若覆铜和管脚间无电气连接，则不论覆铜面积多大，均须接地处理；

(2) 在正样单机交付验收时必须提交所有孤立导体接地测试记录，并有相应的照片备查。

推荐的接地方法如下：

(1) 对于如图 9.4 所示的情况, 可直接用细导线焊接, 用 GD414 对走线加固后接地。

图 9.4   芯片孤立导体接地

(2) 对于如图 9.5 所示的情况, 先将导线一端焊接至一小金属片上, 再将该金属片用导电胶与覆铜粘接, 最后用 GD414 点封粘接后的金属片, 导线分段用 GD414点胶后将导线另一端接地。

图 9.5   芯片孤立导体接地

9.5.2   大功率产品平面间隙复查

卫星载荷有大量大功率无源器件, 且多数为卫星关键单机, 承载着导航的重要功能, 这些大功率器件的生产过程对工艺要求很高, 处理不好容易存在放电隐患,如某型大功率隔离器在真空反向功率耐受试验中出现打火故障, 经查, 发现该产品填充介质存在平面间隙 (图 9.6), 可能存在低气压放电的隐患。

图 9.6   平面间隙图片

为此, 为保证大功率器件的工艺可靠性, 在正样产品研制过程中, 对大功率无源器件的填充介质是否存在放电间隙的隐患 (即是否存在平面界面或平面间隙) 须进行全面的复查。

9.5.3 空置管脚接地检查

集成电路空置管脚处置完善与否,直接影响到卫星在轨运行状态。因此,在正样产品生产过程中,须对所有元器件(电阻、电容、电感和二极管等仅有 2 个引脚的器件除外)管脚(包括空置、非空置)的连接状态进行全面复查和整理,并说明未处置空置管脚的原因。

对集成电路空置管脚的一般处理原则如下:

(1) 空置管脚为 NC(not connected) 的进行接地处理;

(2) 空置管脚为输入的进行接地处理;

(3) 空置管脚为输出的不处理;

(4) 空置管脚为其他的,根据芯片具体情况进行处理。

9.6 关键单机可靠性专项试验

空间电子、电工等设备是各类卫星的主要组成部分,其性能要求高,采用新技术、新工艺、新器件、新材料等是常见的选择,在可靠性和寿命上面临着极大的挑战。尽管设计人员在设计阶段会考虑许多影响可靠性和寿命的因素,但空间环境因素以及产品运行工况复杂,不通过试验验证很难对不确定因素进行准确把握和有效防范。尤其对导航卫星这种多批次研制、生产的卫星来说,装星产品要具有高度一致性、高的可靠性和抗空间环境能力。

在 GJB 450A—2004《装备可靠性工作通用要求》中工作项目 400 系列对可靠性试验规定了以下五个工作项目:

(1) 环境应力筛选 (401 工作项目);

(2) 可靠性研制试验 (402 工作项目);

(3) 可靠性增长试验 (403 工作项目);

(4) 可靠性鉴定试验 (404 工作项目);

(5) 可靠性验收试验 (405 工作项目)。

传统的可靠性试验包括力学试验、热试验、老练试验,详见第 11 章,本节只讨论通过故障树和 FMEA 等分析识别出来的关重单机的专项试验。

无论哪种可靠性试验,都需要有相关的物理失效模型来作为支撑。可靠性验证方法国内外研究得比较多,有许多成熟的方法,如整机的加速寿命试验方法尤为常用。这种方法以物质失效模型为基础,对于空间电子产品,失效热应力是主要的影响因素,一般采用温度应力加速试验进行可靠性鉴定和应力筛选。电子学类产品的加速寿命试验一般直接采用基于阿仑尼乌斯 (Arrhenius) 模型的加速寿命试验进行寿命评估;而对于大功率无源产品,则稍微复杂,本节将详细论述。

9.6.1 电子学类单机加速寿命试验

对于电子产品的加速寿命试验,主要是以温度为应力,采用基于阿仑尼乌斯模型的加速寿命试验进行寿命评估。

作者团队根据模型选取了相关的试验参数,对关键器部件制定了相关的试验方案。

9.6.2 大功率无源单机加速寿命试验

导航卫星星载较多为大功率无源产品,这类产品不是电子学产品,不适用于阿仑尼乌斯等模型,属于焊点失效类的产品,其可靠性模型主要包括寿命分布和疲劳寿命模型。本节进行具体分析,选取适用的加速寿命试验模型。

9.6.2.1 模型研究

对于高可靠、长寿命产品,退化试验中得到的性能退化数据是在产品未发生失效的情况下获得的。通过退化建模和统计推断的方法外推得到产品寿命的相关信息,并以此作为判断此批产品是否通过验证的依据。在基于退化数据的寿命验证试验中,当试验进行到某一阶段的时候,基于退化模型外推试验截尾时间点,得到试验截尾时间点的可靠性指标值,以此作为产品是否通过验证的判定标准。由试验进行到某一阶段产品的退化情况,预测试验结束时产品的退化情况,必然会存在预测的误差,从而给使用方和生产方带来一定的风险。对基于退化数据的寿命验证试验,如何合理地定量描述这种试验时间的外推风险是需要重点考虑的问题。

为了能够利用加速寿命 (退化) 试验中搜集到的产品寿命信息,实现外推产品在正常应力条件下的寿命特征的目的,必须建立产品寿命特征 (p 分位寿命或退化率等总体特征) 与加速应力水平之间的物理化学关系,即加速模型,也称加速方程。

加速因子是加速寿命 (退化) 试验中的一个重要参数,工程实际中常常用到它。其定义为:若令某产品在正常应力水平 S_0 的寿命分布函数为 $F_0(t)$,$t_{p,0}$ 为其 p 分位寿命,即 $F_0(t_{p,0}) = p$。且令该产品在加速应力水平 S_i 下的寿命分布函数为 $F_i(t)$,$t_{p,i}$ 为其 p 分位寿命,即 $F_i(t_{p,i}) = p$,则两个 p 分位寿命之比 $AF_i = t_{p,0}/t_{p,i}$ 称为加速应力水平 S_i 对正常应力水平 S_0 的加速因子,简称加速因子或加速系数。

由加速因子以及加速模型的定义可以看出,加速因子与加速模型相关。当正常应力水平固定时,加速因子随着加速应力水平的增大而增大。为了达到 “加速” 的效果,加速因子通常都大于 1。

加速模型按实现方法可以分为三类,即物理加速模型、经验加速模型和统计加速模型,如图 9.7 所示。

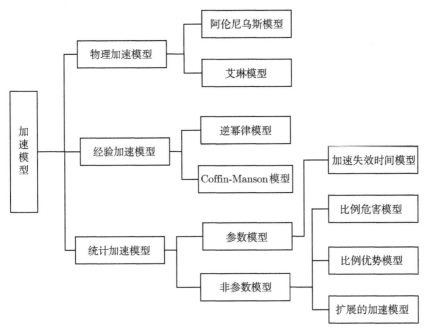

图 9.7 加速模型分类

以卫星上的无源单机三工馈电网络为例，由于这样的产品不是电子学单机，不适用于阿伦尼乌斯等模型；对三工馈电网络这类焊点失效类的单机，其可靠性模型主要包括寿命分布和疲劳寿命模型。焊点疲劳类失效模式在同一循环载荷条件下失效时间的随机性通常采用 Weibull 分布和对数正态分布来进行描述。焊点材料的疲劳寿命模型用来描述焊点的疲劳寿命与其载荷环境之间的关系，是焊点疲劳类失效模式可靠性模型的重点研究工作。焊点材料常用的疲劳寿命模型包括：基于应力的疲劳寿命模型、基于应变的疲劳寿命模型、基于相对位移的疲劳寿命模型、基于累积损伤的焊点疲劳寿命模型以及基于温度循环参数的疲劳寿命模型。

目前已经对焊点材料的疲劳寿命模型开展了广泛而深入的研究，并取得了大量的研究成果。但是，由于焊点材料在温度循环载荷条件下会受到蠕变和应力松弛现象的影响，所以准确预测焊点的疲劳寿命十分困难，因此，焊点疲劳寿命模型的相关研究工作还需要进一步发展和完善，以得到在不同温度循环载荷条件下的焊点材料疲劳寿命的数字模型。

三工馈电网络是应用于星载环境的大功率无源微波产品。该产品的特点是在轨工作中，振动等力学应力可忽略不计，产品工作主要受温度应力和电应力影响。电应力的影响主要有热耗温升和场强击穿。其中场强击穿主要是短时效应，对焊点的长期疲劳寿命贡献不大。为此主要考虑温度应力的影响，选择适用于预测焊点材料，在温度循环条件下，受蠕变和应力松弛效应影响的寿命模型。

　　温度循环加速试验属于变应力试验范畴。变应力试验中的试验应力随加载时间连续变化，使得变应力试验的实施和试验数据的统计分析过程都比较复杂。目前对于变应力加速试验统计方法的研究较少，我们参照电子设备热疲劳失效的加速温度循环试验，主要关注温度变化范围、极限温度、温变率等参数对焊点疲劳寿命的影响。

　　将试验温度以循环的方式进行加载，可以使电子设备中的焊点受到循环应力载荷的作用，从而能够激发电子设备中的焊点疲劳类失效模式。通过对温度循环的高温保温时间、低温保温时间、温度变化范围等参数进行合理的设计，不仅可以快速地激发电子设备中的元器件类失效模式，而且能够高效地激发电子设备中的焊点疲劳类失效模式，从而可以对具有元器件类失效模式和焊点疲劳类失效模式的电子设备在温度环境中的可靠性进行有效地评估。

　　Norris 和 Landzberg 在 Coffin-Manson 模型基础上，假设塑性应变范围和温度范围呈线性比例关系，并进一步考虑最大温度和循环频率的影响，提出新的焊点疲劳寿命预测模型：Norris-Landzberg(N-L) 模型。Norris-Landzberg 模型直接将温度循环的参数与材料的疲劳寿命建立联系，而不需要对材料在温度循环中所产生的应力和应变进行计算。根据材料在温度循环试验中的疲劳失效数据可以对模型参数进行估计。根据模型参数的估计值可以进一步计算出材料在不同温度循环载荷条件下的疲劳寿命。因此，N-L 模型 [61] 非常适合于三工馈电网络焊点疲劳寿命预测。其表达式为

$$N(f, \Delta T, T_{\max}) = \frac{1}{f^m} \frac{\delta}{(\Delta T)^n} \exp\left(\frac{E_a}{kT_{\max}}\right)$$

式中，δ——材料常数；

　　　f——温度循环的频率；

　　　ΔT——温度循环变换范围；

　　　$T_{\max}$——温度循环的最大温度；

　　　E_a——激活能；

　　　k——玻尔兹曼常量。

　　根据 N-L 模型，可以进一步得到焊点在不同温度循环中疲劳寿命的加速因子。

$$A_F = \frac{N_2(f, \Delta T, T_{\max})}{N_1(f, \Delta T, T_{\max})} = \left(\frac{f_1}{f_2}\right)^m \left(\frac{\Delta T_1}{\Delta T_2}\right)^n \exp\left(\frac{E_a}{k}\left(\frac{1}{T_{\max 2}} - \frac{1}{T_{\max 1}}\right)\right)$$

　　由于 N-L 模型便于应用在工程实践中，多名学者陆续将该模型应用于不同类型的焊点在温度循环条件下疲劳寿命的预测中，表 9.5 为其中部分研究成果所给出的模型参数估计值。

表 9.5　N-L 模型参数

研究人员	m	n	E_a/k	备注
Norris[61]	0.33	1.9	1414	Sn-Pb
Pan[62]	0.136	2.65	2185	Sn-Ag-Cu
Vasudevan[63]	0.33	1.9	1414	无 Pb
Dauksher[64]	0.25	1.75	1600	

将 N-L 模型应用于锡铅焊点，采用 Norris 模型参数的估计值为

$$m = 0.33, \quad n = 1.9, \quad E_a/k = 1414$$

我们也选用此模型用于三工馈电网络、大功率开关、隔离器等大功率微波部组件的专项寿命评估试验。其寿命评估流程如图 9.8 所示。

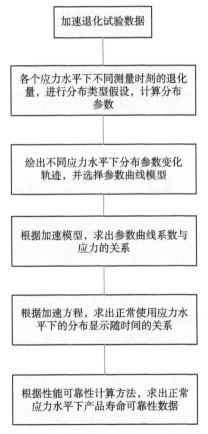

图 9.8　寿命评估流程

9.6.2.2　三工馈电网络的专项试验情况

三工馈电网络按照上述模型制定的方案开展了加速退化试验。加速退化试验

持续时间为 1000h，试验过程中每隔 12h 加载功率，加载时间为 12h。由于三工馈电网络为大功率无源微波器件，当加载功率时，焊点将会有显著的温升，通过间歇加载功率的方法，可以对焊点施加温度循环载荷。参见图 9.9 三工馈电网络热分布仿真，仿真显示在安装面为 75℃ 的条件下，加载额定功率时焊点温升为 34℃。同时，仿真显示外连接器外壳温升约 13℃，这与三工馈电网络组件级正样高低温循环试验时。测温点数据一致，所以仿真具有较高的准确性。

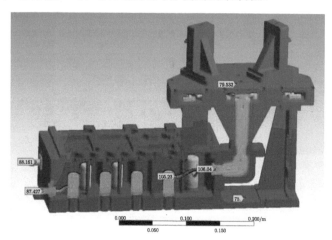

图 9.9　三工馈电网络热分布仿真

考虑仿真误差，保守取高温温升为 31℃；当不加载功率时，12h 的间隔时间足够产品的焊点温度恢复到试验的环境温度 75℃。因此，

$$\Delta T_1 = 31℃, \quad T_{\max 1} = 273K + 75K + 31K = 379K, \quad f_1 = \frac{1}{24}h^{-1}$$

三工馈电网络在轨条件下的温度变化数据如图 9.10 所示，可以看到三工馈电网络在轨温度具有明显的周期性，周期约为 14h，实测最高温度为 13.05℃，最低温度为 9.85℃。由于三工馈电网络是恒定功率工作，可以假设焊点相对测温点在温度变化时温升相同，温升仿真结果为 31℃，因此，

$$\Delta T_2 = 13.05℃ - 9.85℃ = 3.2℃, \quad T_{\max 2} = 273K + 13.05K + 31K \approx 317K, \quad f_2 = \frac{1}{14}h^{-1}$$

由此可以得到试验的加速因子：

$$
\begin{aligned}
A_{\mathrm{F}} &= \frac{N_2(f, \Delta T, T_{\max})}{N_1(f, \Delta T, T_{\max})} = \left(\frac{f_1}{f_2}\right)^m \left(\frac{\Delta T_1}{\Delta T_2}\right)^n \exp\left(\frac{E_{\mathrm{a}}}{k}\left(\frac{1}{T_{\max 2}} - \frac{1}{T_{\max 1}}\right)\right) \\
&= \left(\frac{14}{24}\right)^{0.33} \left(\frac{31}{3.2}\right)^{1.9} \exp\left(1414\left(\frac{1}{317} - \frac{1}{379}\right)\right) = 129.85
\end{aligned}
$$

根据试验时间为 1000h，可以得到三工馈电网络寿命大于 129850h，试验等效产品无故障在轨工作 14.8 年，寿命满足在轨工作 10 年的指标要求。

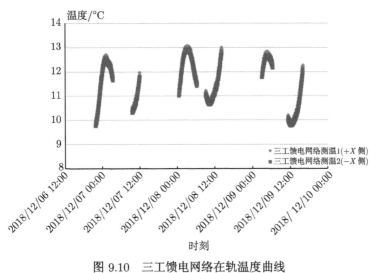

图 9.10 三工馈电网络在轨温度曲线

9.7 可靠性管理

9.7.1 不同阶段工作内容

不同阶段可靠性工作内容参见表 9.6 和表 9.7。

表 9.6 管理类可靠性工作内容及计划

名称	内容	进度节点	完成标志	正样阶段			考核要求
				整星	功能链	单机	
制定可靠性规范文件	随着工程研制的进行,可靠性规范会有所调整,总体负责对可靠性规范性文件进行修订和更新	研制阶段前期	可靠性规范文件制定完成、入库、下发	√	○	○	评审通过
可靠性工作计划	卫星总体制定可靠性工作计划,下发各承研单位		完成可靠性工作计划表	√	√	√	
可靠性培训	卫星总体提出要求,安排相关技术人员及其管理人员进行相关的可靠性培训		培训完成并且完成培训心得	√	√	√	
对转承制方和供货方的监控	对转承制方和供货方的监控,根据实际情况,对外协单位进行监督		按时间节点安排对承研方进行产品交付后的可靠性评审	√	√	√	
产品成熟度评价	正样单机经过了验收级测试以及随整星的试验,成熟度实现提升		总体组织实施星上正样单机产品的成熟度第二方以及第三方评价	√	√	○	

注:√ 表示"研制工作中已经开展";○ 表示"根据系统特点,状态选做"。

表 9.7　工程类可靠性工作内容及计划

名称	内容	进度节点	完成标志	考核要求 正样阶段			评审通过
				整星	功能链	单机	
可靠性分析 / 可靠性指标落实情况	中断分析：主要包括轨道保持平均间隔时间、其他短期计划中断平均间隔时间、下行信号短期计划非计划中断平均间隔时间以及恢复时间、接收上注信息的短期计划中断平均间隔时间和恢复时间，以及完好性风险指标的设计和分析	研制阶段前期	完成指标的分析，与工程总体提出的要求进行复核	√	√	√	评审通过
	根据工程总体提出的可靠度指标对功能链进行指标分配		完成各功能链可靠度指标分配	√	√	—	
可靠性建模	整星、各功能链的可靠性建模		完成各功能链可靠性建模，进而完成整星的可靠性建模	√	√	√	
可靠性预计	整星、各功能链的可靠性预计		完成各功能链可靠性预计，进而形成整星的可靠性预计报告	√	√	√	
FMEA	整星、功能链的 FMEA 的分析		完成整星 FMEA、各功能链 FMEA 分析报告	√	√	○	
FTA	整星、功能链的 FTA 的分析		完成整星 FTA 分析报告、各功能链 FTA 分析报告	√	○	○	
潜通分析	电源配置、接口电路和具有控制功能的系统的潜通分析		在整星及各功能链可靠性安全性设计报告中涵盖	√	√	√	
关键项目(部件)清单	各个功能链要列出关键项目(部件)清单，并提出关键项目(部件)的控制要求和管理办法，特别是外购件和外协件的质量控制和可靠性管理，在正样评审之前要提交关键项目(部件)控制和管理文件，最后整理出整星的关键部件以及关键项目清单		形成功能链可靠性关键项目清单，针对关键项目(部件)提出有针对性的设计目清单及相应措施，进而形成整星的关键项目清单以及相应的控制要求和措施	√	√	—	

续表

名称	名称	内容	进度节点	完成标志	正样阶段 整星	正样阶段 功能链	正样阶段 单机	考核要求 评审通过
可靠性分析	卫星自主健康管理	通过卫星平台、载荷的自主健康管理设计,提出一种基于模型的自主故障管理方法,最终应用于卫星,实现卫星在机星上故障在线诊断功能	研制阶段中期	完成整星的自主故障诊断功能,实现卫星在机的自主健康管理	*	√	—	评审通过
可靠性分析	最坏情况分析	通过整星故障模式分析,找到整星的最坏情况,在设计阶段,做好规避措施相应的控制措施	研制阶段中期	需在整星及各功能链可靠性、安全性设计或总结报告中涵盖	*	○	○	
整星可靠性设计	完成力学环境设计、热设计、元器件降额设计、电磁兼容设计、静电放电控制设计	元器件总结报告中要有具体看有正样总结报告的试验结果	复(研制阶段中期)	需在整星及各功能链可靠性、安全性设计或总结报告中涵盖	√	√	√	
整星可靠性设计	抗辐照设计	①元器件方面:根据总体的元器件抗辐照要求,核对符合要求的元器件抗辐照加固情况;②整星方面:通过单机布局以及抗辐照设计要求,复核整星抗辐照水平、优化设计	研制阶段中期	完成元器件选用报告以及整星抗辐照设计报告	*	√	√	
整星可靠性设计	元器件选用控制	统计各个单机中用到的元器件的序号、名称、质量等级水平,做元器件的申报、订货和筛选工作	研制阶段中期	需在质量报告或可靠性报告中涵盖	√	√	√	
整星可靠性设计	冗余设计	星上软硬件的冗余设计,要根据可靠性指标进一步分析冗余设计有效性,避免因相同的设计缺陷,主备份均出现故障造成冗余设计失效	研制阶段中期	各功能链统计需要进行冗余设计的单机,并提交总体设计方案,汇总总体	√	—	—	
可靠性试验验证	环境应力筛选	元器件的环境应力筛选	研制阶段后期	需在元器件选用报告中涵盖	—	—	√	
可靠性试验验证	可靠性验收试验	部分大功率单机,如三工馈电网络、大功率开关等,需要进行微放电试验以及功率耐受试验,总体根据试验条件以及要求进行相关试验	研制阶段后期	完成相关单机的微放电试验以及功率耐受试验,并形成相应的试验总结报告	—	—	*	
可靠性试验验证	可靠性专项试验	结合工程总体系统特点,完成关键单机的可靠性专项试验	研制阶段后期	按计划完成试验,并形成相应的试验总结报告	—	—	*	

注:√ 表示"研制工作中已经开展";
* 表示"研制工作中需要开展,尚未做";
— 表示"不需要做";
○ 表示"根据系统特点,状态选做"。

　　在方案论证与设计阶段，要了解用户对型号的使用需求，明确型号寿命剖面与任务剖面，在规定的型号研制经费与研制周期约束下，结合型号的复杂性、环境条件的严酷性、技术水平的现实可行性等特点进行系统顶层策划工作，主要是制定型号可靠性 (包括维修性、保障性、安全性) 大纲和工作计划。在可靠性大纲和工作计划的指导下，根据用户规定的型号可靠性总指标，按照型号各组成部分的复杂性、环境条件的严酷性、经费与周期的局限性等差异给予不等权分配，为型号各组成部分可靠性设计提供量化的标准。

　　在工程研制阶段，根据组成型号的各单机类型 (电子、机电、机械等) 分别制定可靠性设计准则，以指导各类产品具体的可靠性设计工作。运用 FMEA 与 FTA 以及失效树分析等技术，分析各类产品可能存在的薄弱环节，采取防范措施，从而确保产品的固有可靠性。生产过程中的可靠性控制主要是设计符合性控制、工艺可靠性控制、环境应力筛选，从而实现并维持产品设计的固有可靠性。通过各个研制阶段的可靠性增长试验，进一步暴露薄弱环节，采取针对性措施，从而使产品可靠性获得增长，最后达到用户要求的可靠性目标值；通过可靠性验证试验，验证产品可靠性是否达到各阶段预定的要求值。工程研制阶段结束时可靠性验证试验就是可靠性鉴定试验。

　　在不同的研制阶段，可靠性工作重点不同，在实际工作中，可根据型号任务适当裁剪和补充相关要求，防止生搬硬套或千篇一律，应使可靠性验证工作反映出型号的具体特点与限制条件，具备可操作性和可检查性。

9.7.2　管理的策略

9.7.2.1　与工程紧密结合

　　可靠性工作与产品全寿命周期具体的工程活动密不可分，贯穿方案的论证、设计、试制、试验、生产、使用等过程。

9.7.2.2　集中统一管理

　　为提高效率、加强协调和确保可靠性工作有效开展，必须进行统一集中的管理，包括制定统一的政策与规章、执行统一的标准和规范，以及建立统一的管理机构等。

9.7.2.3　强化责任落实

　　以用户要求为目标策划系统的可靠性工作计划，并按产品功能级别逐级向下分解。同时，为全面协调、发挥整体效益，首先应落实领导的职责，其次要明确产品寿命周期各阶段可靠性工作的责任主体及各岗位职责。

9.7.2.4 可控制和考核

可靠性目标必须量化才能在产品科研过程中得以控制和考核，量化指标不仅仅是产品可靠性指标 (概率)，还可以是决定产品可靠性的关键性能参数、关键尺寸参数、关键工艺参数等，对于无法用一般可靠性评估方法来确定可靠性指标的长寿命、极小子样产品，掌握这些关键参数与产品可靠性的关系并对其进行控制是及时避免隐患、降低研制风险的重要手段。

9.7.2.5 加强信息沟通

航天产品科研成本高、风险大，加强信息的收集和利用，可使产品在研制过程中少走弯路，少出其他产品研制或使用过程中发生过的同类错误，降低风险和成本。同时，可为产品改进设计、提高可靠性提供依据。

9.7.2.6 重视人员建设

人是影响产品全寿命周期各个环节可靠性的最重要因素，必须加强人员的可靠性培训和管理，充分发挥人的作用。

9.7.2.7 加强基础建设

基础薄弱将制约可靠性水平的整体发展，可靠性管理必须将可靠性设施设备、工具、方法的配置与建立，纳入产品科研单位的基础建设计划中加以实施。

9.7.3 实现的途径

可靠性管理是通过计划、组织、监督、控制来实现的。

(1) 依据企业或单位的可靠性顶层要求和用户对产品具体的可靠性要求，制定型号的可靠性大纲及工作计划，规定工作项目、实施要求、进度、职责，明确可靠性工作与其他研制工作的关系，将可靠性大纲及工作计划纳入型号研制流程，并体现在企业或单位的质量体系文件中，下一级产品的可靠性计划是对上一级产品可靠性计划的分解，各级产品的可靠性计划必须确保型号可靠性目标的实现。

(2) 指定可靠性工作的总负责人、管理机构、可靠性工作人员，形成工作体系，明确岗位职责和具体的工作目标。对各类人员进行培训、考核，使他们能胜任所承担的职责，完成规定的任务。

(3) 利用报告、检查、评审、鉴定、认证等活动，及时取得信息，监督可靠性计划中各项工作的开展情况。同时，利用转承制合同、订购合同、现场监造、参加评审和产品验收等方法，对转承制方和供应商进行监督。

(4) 通过制定或选用各种标准、规范、指南，建立实施程序，指导和控制各项可靠性工作开展。设立一系列检查、控制点，使产品的研制、生产、使用过程均处于受控状态。建立闭环系统，及时反馈、分析和评价产品的可靠性状况，制定改进措施并对其有效性进行监控。

9.8   小   结

导航卫星的可靠性工作始终与卫星研制工程紧密结合，通过功能链理念和相关的可靠性设计及验证工作，提高卫星系统的固有可靠性和使用可靠性。针对薄弱环节进行关键项目识别和管理，并采取相关保证措施，提高装星各设备的固有可靠性；针对空间环境的防护设计，使卫星在恶劣空间条件下，软、硬件保持较高的鲁棒性和强壮性，保证卫星设备的使用可靠性。为评估关键单机的可靠性，针对不同类型的设备，采取不同的加速模型进行寿命评估试验，科学地量化设备的可靠性和预期寿命。

第10章　自主运行及高可用性实现

10.1　概　　述

导航服务的连续性、可用性，是系统提供可靠、稳定、连续服务能力的重要指标，是指在满足精度条件下的服务可用性、连续性和完好性。连续性和可用性是卫星导航系统的特殊属性，与系统的生命安全应用密切相关，二者属于传统的任务可靠性范畴。连续性和可用性不仅与用户端使用的环境和条件有关，还与空间段星座性能、单星可靠性以及控制段导航业务运行控制、卫星运行管理能力密切相关。要建成一流的卫星导航系统、提供一流的系统服务，卫星系统、地面运控系统、测控系统除了要满足常规的功能、性能指标要求外，还必须满足连续性和可用性提出的相关要求。针对导航卫星，连续性和可用性的定义如下：

(1) 连续性：是指在一段时间内，在初始时刻满足精度与完好性指标要求的条件下，在该段时间内持续满足定位精度和完好性指标要求的概率。

(2) 可用性：是指在一段时间内，系统提供的 RNSS 服务满足精度指标与完好性指标要求的时间百分比，这个百分比也称为可用度。可用性通常特指精度可用性。

连续性需求分析过程如图 10.1 所示。

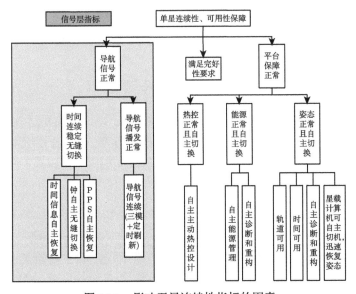

图 10.1　影响卫星连续性指标的因素

对整星而言，信号的连续、可用需要下行链路具有很高的故障诊断、隔离和恢复能力以及在轨重构能力。对信号层的可用性、连续性指标继续分解，除满足完好性要求外，主要与导航信号的正常播发和平台的保障有关。其中，保证导航信号正常是保证单星连续性的直接因素，其他是影响连续性的间接因素。据此分析与连续性有关的单机如表 10.1 所示。

表 10.1 影响导航信号连续性的星载设备统计

序号	单机名称	情况说明
1	加热器和热敏电阻	主要是与原子钟有关的加热回路
2 3	蓄电池组 电源控制器	能源正常包括关键单机锂离子电池组以及电源控制器
4 5 6 7 8 9 10	SADA 数字太阳敏感器 红外地球敏感器 模拟太敏 陀螺 星敏感器 反作用轮	姿态正常包括 SADA、星敏感器和反作用轮等关键单机正常工作
11	导航任务处理机	双机备份
12	导航信号生成器	影响下行导航信号连续性
13	B1 发射机 B2 发射机 B3 发射机	影响下行导航信号连续性
14 15 16	原子钟 基频处理机 频率合成器	主要可以实现时间信息自主恢复、钟自主无缝切换以及 PPS 自主恢复等

为保证导航信号播发的连续可用性和卫星平台运行的连续性，导航卫星进行了平台自主运行及载荷自主导航能力设计。

10.2 卫星自主运行设计

导航卫星自主运行的主要含义为在卫星不依赖于地面测控和运控支持条件下，卫星可以自主运行，完成导航任务，即连续播发导航电文，满足自主运行期间导航精度的要求。自主运行包括自主导航和平台自主运行两个方面，以及一个支撑保障。

10.2.1 自主导航

卫星自主运行期间，首先应能够正常、连续地向用户播发正确的导航信号，即保持自主导航的功能，这是卫星自主运行的核心内容。由于没有地面运控系统的支持，卫星必须利用星间测距值和地面辅助信息，进行卫星自主定轨及时间同步，并利用正常模式下地面注入的辅助数据，完成导航星历参数的更新，将更新的星历发送到卫星导航任务处理机，转化为下行导航信号并播发。

10.2.2 平台自主运行

卫星平台为载荷提供正常的姿态指向、能源供应以及适宜的热环境等服务,在没有地面测控系统支持的情况下,平台的自主运行是卫星自主导航实现的基础。载荷天线的指向要求卫星保持稳定对地的姿态;为保证定姿要求,需要卫星具有轨道预报能力,这是因为轨道数据精度会影响星上计算太阳矢量和星敏感器定姿精度,进而间接影响姿态控制。为保证对载荷的能源供应,电源系统应能够自主完成分流调节、充放电调节、全日照区和地影区的蓄电池状态管理等,保持母线电压的稳定;SADA 的自主控制管理能够保证太阳电池阵指向太阳和最大效率的光电转换,从而为载荷乃至整星提供充足的能源;载荷单机,尤其是原子钟需要正常、稳定的热环境,主要由热控加热器的自主控制实现。另外,载荷时频系统的无缝切换也需要卫星自主完成。

10.2.3 自主诊断恢复

卫星自主诊断恢复的能力也是卫星自主运行实现的重要因素。卫星在正常模式下的自主诊断恢复功能的目的是实现故障的迅速隔离和恢复,提高导航卫星的可用性、连续性,在卫星自主运行期间显得尤为重要。卫星自主诊断恢复技术可以保证在卫星脱离地面控制的情况下,完成对自身健康状况的监测、故障修复或者隔离,并更新完好性标志,相当于由卫星自身实现地面运控、测控功能。

通过自上而下的分析,要保证卫星的自主导航和自主运行能力,系统各功能单元需要具备如图 10.2 所示的功能和条件。

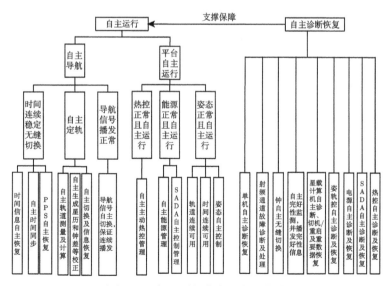

图 10.2 保证系统自主运行的条件

根据自主运行及自主诊断恢复应具备的功能，分解到各功能单元和单机的功能要求如表 10.2 所示。

表 10.2　满足自主运行的功能单元和单机功能

自主运行需求	涉及功能单元	涉及单机	具备功能
热控正常且自主运行	热控	温度传感器、加热器、星载计算机、数据处理终端	(1) 星上自主动热控设计； (2) 单机具备高可靠性； (3) 温度传感器和加热器具备自主诊断和重构能力； (4) 热控重要数据保存，保证星载计算机切机、重启后自主恢复工作，不影响卫星热控
能源正常且自主运行	电源、结构与机构	SADA、电源控制器、蓄电池组、星载计算机	(1) 自主充放电管理； (2) 单机具备高可靠性； (3) 单机具备自主诊断和重构能力； (4) 单机重构后自主恢复工作，不影响卫星能源供应
姿态正常且自主运行	姿轨控	敏感器 (星敏感器、陀螺、模拟太敏、红外地球敏感器、数字太阳敏感器)、反作用轮、星载计算机	(1) 自主定轨，保证轨道连续可用； (2) 星上时间连续可用； (3) 单机具备高可靠性； (4) 单机具备自主诊断和重构能力，重构后定姿模式自主切换； (5) 单机重构后迅速恢复工作模式，保证对地姿态； (6) 重要数据存储，保证星载计算机切机或重启后恢复状态，保证卫星仍处于正常模式
时间连续稳定无缝切换	载荷	原子钟组、基频处理机、频率合成器，导航任务处理机	(1) 单机具备高可靠性； (2) 单机具备自主诊断和重构能力； (3) 单机重构后自主恢复工作，时间正确、稳定； (4) PPS 自主恢复； (5) 时间信息自主恢复； (6) 星历在切机后自主恢复
导航信号播发正常	载荷	导航任务处理机、导航信号生成器、B1、B2、B3 发射机，完好性监测，三工馈电网络、天线	(1) 单机具备高可靠性； (2) 单机具备自主诊断和重构能力； (3) 单机重构后自主恢复工作，不影响导航任务； (4) 自主完好性监测，并播发完好性信息； (5) 自主选择播发星历来源，进行完好性监测
自主定轨	自主运行单元和星间链路	自主运行单元、星间链路、导航任务处理机	(1) 自主定轨，生成星历和钟差校正； (2) 单机具备高可靠性； (3) 单机具备自主诊断和重构能力； (4) 单机重构后自主恢复工作，保证自主导航任务正常，定轨精度满足要求

10.3 平台自主运行

卫星在正常模式和自主运行模式下，自主运行功能如表 10.3 所示。

表 10.3 正常模式下卫星的自主控制功能

自主运行功能	正常模式状态	自主运行模式状态	自主控制要求	自主控制方法	常规地面操作
能源自主管理	常设	常设	自主充放电，稳定母线	光照期，S3R 自主调节电池阵功率；BCR 自主对蓄电池组补充电量；地影期，蓄电池组通过 BDR 输出功率	无
蓄电池组充放电状态自主设置	使能	使能	星上自主控制，无须地面操作	根据星务 "进出地影标志"，提前 3 天自主设置	通过地面指令设置蓄电池组全日照区和地影区充电工况与充电挡位
SADA 自主控制管理	使能	使能	自主控制，保证 SADA 对日精度	按照卫星工作模式，进行 SADA 模式自主的切换	SADA 工作模式包括归零、保持、巡航和增量模式等，工作模式切换依靠地面进行控制
平台轨道外推	使能	使能	自主运行期间不进行注入轨道，且保证姿态精度	由上注的测控轨道或来自导航任务处理机的导航星历外推。地面控制时，默认测控轨道，可切换为导航星历；自主控制时，默认导航星历，可自主切换到测控轨道	地面测控注入一组轨道，星上进行轨道外推，然后利用轨道确定卫星姿态，通常 3 周注入一次
平台时间保持 (PPS 校时)	使能	使能	自主期间无须校时，保证时间精度	通过载荷 PPS 对平台进行守时	地面测控在星地时差大于一定时间后进行校时
姿态自主控制	常设	常设	自主运行期间自主对单机操作，保证单机安全性和单机精度	星上单机互相校验 (根据星上配置敏感器，入轨标定好安装精度后，无须标定；单机加电后都可正常工作，在轨期间不受太阳影响)	敏感器管理包括标定或单机的开关机等
加热器自主开关管理	使能	使能	星上自主控制，无须地面操作	根据温度传感器采集结果，自主开启和关闭加热器	通过地面操作加热器开关
载荷时间和电文更新	禁止	使能	星上自主控制，无须地面操作	自主运行期间，载荷播发自主运行单元计算的导航电文，期间时频系统不进行调频调相能满足需求，原子钟故障时，载荷能实现自主无缝切换	运控系统定期注入导航电文

10.3.1　自主热控管理

卫星在正常模式和自主运行模式下,热控自主运行方案主要包括以下三方面。

(1) 主动加热器采用星上软件自主控制方式。整星有 54 路自主控制方式的加热器 (其中, 46 路进行开关控制, 8 路进行精温控制),自主控制加热器比例达到 85% 以上, 10 路加热器采用开环控制方式 (异常情况或单机加电初期使用)。加热器自主控制包括以下两种方式。

① 开关控制:当相关温度遥测数据低于 "加热器开" 温度阈值时,主份加热器或备份加热器开启,温度升高;当温度遥测数据高于 "加热器关" 温度阈值时,加热器关闭,逻辑控制如图 10.3 所示。

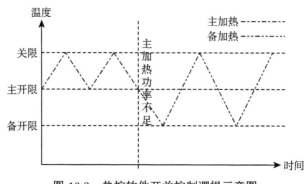

图 10.3　热控软件开关控制逻辑示意图

② 精温控制:通过精温控制算法控制加热器的开关时间 (占空比),实现对原子钟安装板的精确温度控制。控制器由星载计算机内热控软件模块实现,执行器为加热器,反馈信号为相应的热敏电阻温度值,如图 10.4 所示。

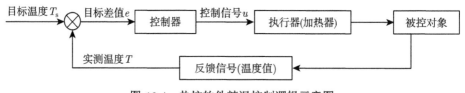

图 10.4　热控软件精温控制逻辑示意图

(2) 蓄电池组光照区和地影区的自主热控管理:蓄电池组在全光照区和地影区的控温目标值不同,热控软件模块根据星务提供的进出地影区标志,在进入地影区前自主将蓄电池组加热器控温阈值 (主加热开限、备加热开限、加热关限) 提高;在进入全光照区前将控温阈值降低。从而实现对蓄电池组不同时期差异化热控的自主管理,全寿命期间无须地面干预。

(3) 自主运行功能的管理。在卫星全寿命期间 (正常模式和自主运行模式),热控加热器的控制均由卫星自主完成,完全不需要地面干预。即使如此,在特殊情况下,16 组主动加热自主运行功能也可由地面指令进行禁止和使能控制。

10.3.2 自主电源管理

电源系统主要由太阳电池阵、锂离子蓄电池组、电源控制器和均衡器四部分组成。卫星根据负载情况对能源系统自主充电和放电,调节母线电压,为卫星提供稳定的一次电源。

卫星在正常运行和自主运行模式下,电源的自主管理方案是相同的。在光照区,电源控制器 S3R 调节太阳电池阵功率以稳定母线,BCR 对蓄电池组补充电量;当太阳电池阵输出功率满足负载但不满足充电要求时,充电调节器调节充电电流以稳定母线;地影区,蓄电池组通过 BDR 输出功率以稳定母线。

卫星在正常模式下,依据星务提供的进出地影标志,在进入地影区的前 3 天自主将蓄电池组状态设置为满充状态,为地影区蓄电池组的正常工作作准备;地影区过后 3 天,自主将蓄电池组设置为搁置状态。

卫星在自主运行模式下,蓄电池组的充放电控制状态与在正常模式下是不同的。在自主运行模式下,星载计算机发送指令 "A 蓄电池组电量计复位" "B 蓄电池组电量计复位",在该工作模式下,电量计不参与任何操作,并同时将蓄电池组设置为满充状态。

10.3.3 SADA 自主控制 [65]

SADA 控制可由地面控制也可以由星上自主控制,默认为自主控制。除非地面干预,否则 SADA 一直处于自主控制模式。SADA 依据卫星的工作模式选择帆板自主控制策略,如表 10.4 所示。

表 10.4 帆板自主控制策略

卫星工作模式	SADA 转动目标角	帆板控制流程
无控、太阳捕获阶段、地球捕获阶段和安全模式	+Y 侧帆板:0° −Y 侧帆板:0°	设置 SADA 工作模式为自动归零;如果自动归零不成功,根据目标角计算偏差角,设置 SADA 工作模式为增量
轨道控制模式	+Y 侧帆板:90° −Y 侧帆板:270°	根据目标角,计算偏差角,设置 SADA 工作模式为增量
稳定对地、偏航机动模式	根据当前轨道系太阳矢量按照卫星稳定目标姿态计算帆板转动目标角	根据目标角,计算偏差角,当偏差角大于 5° 时,设置 SADA 工作模式为增量;当在 3° 以内时,按巡航模式控制

注:按照目前姿轨控定姿方案,无论在地影区还是光照区,都能确定偏航姿态和太阳位置,地影区仍然按照太阳实际位置进行偏航控制。

在稳定对地和偏航期间，无论光照区还是地影区，只要卫星姿态稳定，即可保证帆板控制正常，满足帆板指向精度要求。

10.3.4 平台轨道外推方案 [66]

平台外推轨道精度在 100km 以内即可满足定姿要求。在正常运行时，卫星平台所需轨道通常利用地面测控系统注入的基准点外推得到。当卫星自主运行时，为保证轨道数据的可靠性，卫星除测控轨道外推外，又增加了利用载荷星历外推计算轨道的方法，两种轨道预报方法目前都可以满足自主运行时的姿态控制要求。

10.3.4.1 测控注入轨道外推

目前，星上利用测控注入基准点外推 (前推或后推) 的轨道精度在 5 天 25km 以内，星上设计测控注入轨道一次可以注入 N 组基准点，每组间隔时间根据轨道精度要求确定，在无地面支持的情况下，基准点时间间隔设置为 8 天，星上轨道外推采用与星上时间最近的一组基准点，可前推也可以后推，即利用每组基准点进行前后各 4 天的轨道外推。这样，每次可注入 $8N$ 天轨道，在 $8N$ 天内地面无测控时卫星可自主确定轨道，且满足精度要求。

10.3.4.2 导航星历外推

星载计算机通过 1553B 总线从导航任务处理机读取星历和载荷时间 t (北斗时周内秒计数)，并利用从载荷得到的导航星历进行轨道外推计算。

两种轨道在轨使用和切换方式如下：

(1) 轨道计算方法可设置为自主控制或地面控制，地面控制时按照地面要求选择采用哪种计算方法，默认采用测控轨道，自主控制时默认采用导航星历轨道。

(2) 星上自主控制时，首先从载荷读取星历和北斗时，如果星历无效，则自主切换到使用测控轨道，如果有效，则采用导航星历计算 J2000 位置和速度，并进行校验，如果校验不正确，自主切换到测控轨道。

通过以上策略，可以保证卫星在自主运行期间轨道可用，并具有高可靠性。

10.3.5 平台时间精度保持

平台时间维持精度和健康状态影响星上计算太阳矢量和轨道外推精度，继而影响卫星姿态，从卫星姿态控制和帆板对日精度要求而言，对时间精度要求不高，时间精度在 10.0s 以内即可满足姿态要求。

平台时间系统建立和维持包括其 "时间源"、"时间起点"、"时间间隔" 和 "时间信息"。"时间源" 是指星载计算机的实时时钟单元，"时间起点" 是指星载计算机刚开机时自己维持的开机时刻，即 2006 年 0 时 0 分 0 秒，"时间间隔" 是指星载计算机通过载荷 (其正常工作时) 输入的 1PPS 或自己通过时钟单元 (载荷工作异常时) 来建立的, "时间信息" 是指由测控地面站上注的钟差参数和时间校正的相关信息。

平台时间系统如图 10.5 所示。详细设计见第 7 章 7.4.4 节。

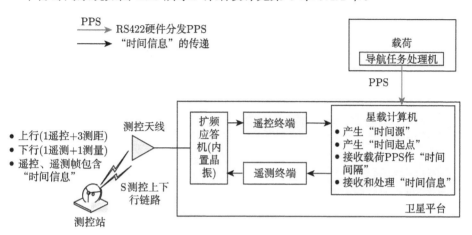

图 10.5 平台时间系统框图

为保证时间系统的可靠性和连续性, 平台系统的 "时间源" 具备独立维持自我时间的能力, 星载计算机拥有独立的时钟单元模块, 星载计算机实时时钟单元模块的工作时钟选用 10MHz 温补晶振, 采用三模冗余设计来防止单粒子翻转事件破坏星上时间, 避免卫星功能紊乱。为保证星上时间具有自守时能力, 星载计算机实时时钟模块只使用内部软复位, 不受硬件复位的影响, 即实时时钟单元不受指令复位、看门狗复位、软件复位的影响, 能够在复位以后提供不间断的准确时间, 换言之, 当星载计算机发生复位后, 不需要地面对星上时间进行干预, 而且正在进行的均匀校时和 PPS 校时都可以继续使用。

星载计算机还根据载荷提供的 PPS 校时脉冲实现对实时时钟单元的时间修正, 确保实时时钟电路的计时精度。PPS 校时脉冲在接口处为正脉冲, 对时基准点是脉冲信号的前沿, 脉冲宽度大于 20μs。时钟单元将当前时间与 PPS 校时脉冲信号对齐, 毫秒值采用四舍五入的方法, 无须软件参与。此时平台的 "时间间隔" 取自载荷的 PPS, 即在正常工作模式下, 平台时间和载荷时间是统一的, 该 PPS 校时功能可以通过寄存器操作取消, 并且可以由软件使能和禁止。

通过 PPS 校时功能, 平台可以维持自己的时间精度。一般来说, 卫星在轨 6个月, 未进行过校时, 星地时间差在 3s 以内。

按照目前平台时间保持策略, 在自主运行期间, 星上时间不通过地面干预即可以维持在很高精度, 满足平台的需求。

10.4　载荷自主运行

卫星实现载荷自主运行即实现自主导航，需具备表 10.5 所列的功能。

表 10.5　自主运行模式下的自主控制功能

自主导航功能项	正常模式状态	自主运行模式状态	自主运行条件	自主运行内容	正常模式操作方法
自主定轨及星历自主生成	禁止	使能	根据"自主运行标志"采用自主生成的星历	利用星间链路测距进行自主定轨，完成时间同步，并生成导航星历	(1) 运控系统精密定轨后，注入导航星历，下行播发；(2) 星上自主生成星历 (后台运行)
载荷自主时间同步	禁止	使能	根据"自主运行标志"采用自主生成的钟差参数	利用星间链路时间同步，修正星钟参数	(1) 地面进行钟差校正，保证时间的精度；(2) 星上自主生成钟差参数 (后台运行)
星间链路上注参数和控制管理	禁止	使能	根据"自主运行标志"，建链规划表和路由表循环使用正常模式下最后一次注入的数据	循环使用最后一次注入的建链规划表和路由表，维持星间测距通信自主运行	地面注入 Ka 自主导航参数和整网历书、钟差、建链表等参数和控制管理相关指令

10.4.1　时频及自主运行时间维持方案

10.4.1.1　载荷时频时间维持方案

导航卫星时频子系统是导航载荷的统一频率源，它产生、保持、校正卫星的基准频率和基准时间，配合地面系统实现与地面基准时钟的时间同步，是系统协同工作的基础。

时频子系统由 4 台星载原子钟 (2 台铷原子钟，2 台氢原子钟)、基频处理机和频率合成器组成。星载原子钟输出的 10MHz 频率是"频率源"；基频处理机产生基准频率，频率合成器经锁相产生的频率输出给导航任务处理机，导航任务处理机接收并进行 AD 转换和分频产生 PPS 秒脉冲信号，同时自动进行秒计数和周计数。

导航卫星载荷时间的管理和维持主要是通过星钟的参数修正和预报、卫星钟调频以及调相实现的。具体实现方式如下：

(1) 在正常模式下，地面运控系统通过 L 链路上下行时间比对，确定卫星钟相对于地面北斗时 (BDT-CS) 的钟差，并利用多项式模型拟合和预报卫星钟差参数，通过 L 上行链路将导航电文注入给卫星并播发给用户进行授时和定位。

(2) 在无地面运控系统支持的自主导航模式下,为满足卫星自主运行的要求,星上自主实现卫星载荷时间的维持和管理。卫星自主运行单元根据星间/星地 Ka 链路观测信息和星间/星地链路数据交换内容,利用星载时钟卡尔曼滤波器进行卫星钟差参数的计算,确定卫星钟相对于自主北斗时 (BDT-SS) 的钟差,自主生成导航电文并通过导航任务处理机播发给用户进行授时和定位。

10.4.1.2 利用星间链路的自主运行时间维持方案 [67]

导航卫星星间链路的工作时间为北斗时,星间链路从导航任务处理机接收北斗时,并转发给自主运行单元,整个自主运行设备工作在北斗时,时间的传输如图 10.6 所示。

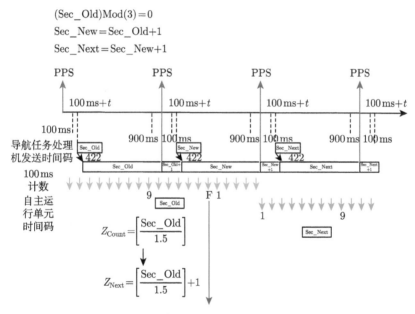

图 10.6 自主运行单元正常时间设计

卫星在自主运行模式下,利用建链控制信息,完成建链目标选择及数据路由,利用星间测距等数据,确定卫星轨道、钟差,同时,按照星历拟合周期生成导航星历,并进行下行播发,全面实现不依赖地面上注导航电文的自主导航。

10.4.2 星间测量数据传输

组网卫星星间链路测量数据每 1.5s 产生一次,测量数据的传输有三种传输机制:自主导航交换数据、境内卫星测量数据传输和境外卫星测量数据传输。

10.4.2.1   自主导航交换数据

根据导航卫星自主运行要求由星间链路完成星间双向测距和自主导航数据交换，交换的数据包括：星间链路测量数据、本星自主导航电文、本星误差协方差矩阵和导航星座定向参数修正量。

10.4.2.2   境内卫星测量数据传输

境内卫星所有星间链路测量数据均通过测控 S 下行遥测链路传输到地面测控站，经测控站分发给地面运控系统、测控系统和星间链路运行管理系统，用以星地联合定轨和钟差解算。

10.4.2.3   境外卫星测量数据传输

境外卫星所有星间链路测量数据通过星间 Ka 链路传输至境内节点卫星，节点卫星测控 S 下行遥测链路将境外卫星星间测量数据传输到地面测控站，再经测控站分发给地面运控系统、测控系统和星间链路运行管理系统。

10.4.3   自主定轨和星历生成

卫星在自主运行模式下，利用建链控制信息，完成建链目标选择及数据路由，利用星间测距数据，确定卫星轨道、钟差，同时，按照星历拟合周期生成导航星历，并进行下行播发，全面实现不依赖于地面上注导航电文的自主导航。

10.4.3.1   自主定轨和时间同步

卫星与地面站和星座中的卫星之间具备双向测距及数据交换能力，卫星具备同时利用星间和星地测量信息更新导航星历的能力。在卫星自主运行开始之前，地面上注自主导航参数。卫星进入自主运行后，利用已经上注自主导航参数和星间链路测量信息完成自主定轨和时间同步，并生成星历。自主定轨和时间同步策略如下所示：

(1) 地面运控系统利用地面监测站多天观测数据进行精密定轨，作为自主定轨的初始轨道；

(2) 地面发送指令或卫星自主启动自主导航算法，卫星开始进行自主定轨；

(3) 卫星的星间链路载荷定期进行双向星间测距，获取星座内卫星之间的伪距观测数据；

(4) 利用钟差信息修正伪距时标、伪距系统误差等，并对双向伪距资料进行历元归化，然后利用双向伪距形成定轨观测量及时间同步观测量；

(5) 采用两个卡尔曼滤波器对定轨观测量及时间同步观测量分别进行自主定轨及时间同步处理，得到改进后的卫星状态参数及协方差阵；

(6) 利用自主更新后的轨道和钟差信息进行广播星历参数拟合,将该星历发送到导航任务处理单元,导航任务处理单元按照控制指令将其转换为下行导航信号。

卫星自主定轨与时间同步的总体方案如图 10.7 所示。

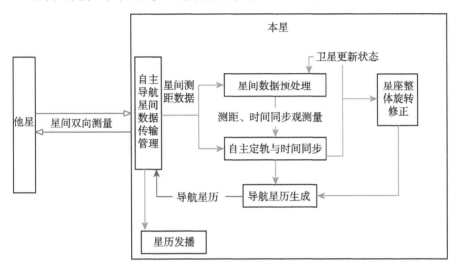

图 10.7　分布式自主定轨与时间同步的总体方案设计图

自主定轨与时间同步在一个自主导航周期内要完成:星地/星间双向伪距测量、数据准备 (包括钟差预报和轨道预报)、数据交换、观测数据预处理 (包括粗差剔除、时间归化等)、自主定轨与自主时间同步处理、星座整体旋转修正、广播星历生成等工作。其中,星地/星间双向伪距测量、数据交换由星间链路单元完成;数据准备、观测数据预处理、自主定轨与自主时间同步处理、星座整体旋转修正、广播星历生成由自主导航处理单元完成。

自主定轨算法须考虑星间链路建链异常或错误的影响,采取措施如下。

(1) 当某条链路瞬时错误,无测距值时:

偶尔一次测距或通信错误,不会对定轨结果产生重大偏差,自主定轨算法具备消除该情况的能力。

(2) 当某条链路永久错误,无测距值时:

当某条链路永久失效,只要能够建链的有效链路数量满足最低定轨需求 (4 条),定轨结果就能够满足精度要求。

在正常模式下,卫星导航系统常规运行,卫星导航任务处理机正常发播地面运控上注星历。星座自主导航保持后台运行,生成自主导航星历但不通过 L 信号发播。当满足自主运行条件时,卫星进入了自主导航模式。卫星正常模式与自主运行模式的区别参见表 10.6。

表 10.6   导航卫星正常与自主运行模式的区别

功能项	正常模式	自主运行模式
导航电文	地面运控系统生成导航电文并每小时更新	卫星仅利用星间链路测量数据定时更新到导航任务处理机
时间基准	CS-BDT	SS-BDT
星座整体漂移	无	存在星座整体漂移, 但能够满足自主导航要求
时间基准漂移	无	时间基准存在整体漂移
星地钟差维持	由地面运控系统通过调频或调相保证	依靠星载原子钟 A0 和 A1 项性能参数保证
系统时间偏差、电离层、EOP 参数	地面运控系统注入	自主
历书参数	地面运控系统注入	自主

10.4.3.2   自主星历生成及播发

卫星自主导航软件实时计算导航电文参数, 并通过自主运行单元发送给导航任务处理机, 导航任务处理机可以依需选择播发地面上注的导航电文参数或自主导航电文参数。

10.5   卫星自主故障诊断和恢复

自主诊断和恢复不仅限于自主运行模式, 更多地应用于卫星正常模式下。卫星在完全没有地面干预的情况下, 自主对自身健康状况的监测、修复或者隔离, 并更新完好性标志, 相当于由卫星实现地面运控、测控功能。自主故障诊断和恢复是保证卫星自主运行功能的关键。

在单机或软件异常情况下, 卫星自主诊断和恢复的原则如下:

(1) 每个故障诊断和重构策略可以使能和禁止。

(2) 故障诊断阈值可以注入修改。

(3) 对于热备工作的单机, 保证异常后能立即用正常的单机接替异常的单机。

(4) 对于冷备单机, 单机切换保证不会影响卫星载荷任务的正常进行, 对卫星没有安全性影响, 并且可以很快恢复系统正常工作; 对于切换后无法进入正常状态和数据设置的, 具有隔离手段。

(5) 自主运行模式下, 宁可误切换正常单机, 保证卫星可靠运行, 也不能出现单机异常后没有切换备份而导致卫星无法正常工作或卫星失效的严重故障。

(6) 当卫星切换备份后, 系统仍无法恢复, 故障现象很严重时, 卫星进入安全模式。

依据以上原则, 对卫星故障诊断和重构策略进行了设计。通过以上分析, 考虑

同一时间仅一台单机故障 (一重故障) 的情况, 故障单机及处置可分为三种类型:

(1) 切机处置故障后不能马上正常工作的单机, 包括基频处理机、频率合成器;

(2) 切机处置故障后能恢复正常工作, 但期间会影响信号连续性的单机, 包括导航信号生成器、行放、固放等;

(3) 故障处置需要计算机自主切换到备份单机后能正常工作的单机, 包括平台单机、自主运行、星间链路、原子钟和导航任务处理机。

10.6　小　　结

相对于其他任务卫星, 导航卫星对相关的可用性、连续性指标有更高的要求, 而且要求导航卫星具备自主运行的能力。从将地面支持任务更改为星上自主, 实现了故障的快速自主处置, 解决了卫星可监测区域外故障后长时间不可用的问题, 提高了卫星的可用性。对自主运行期间故障诊断和恢复能力进行了设计以保障卫星自主运行的能力。通过以上设计, 导航卫星应能具备较好的自主运行能力, 在自主运行期间能正常工作, 满足导航精度要求。

第 11 章 整星总装、测试与试验

11.1 概　　述

总装、测试与试验 (AIT) 是卫星研制过程中重要的验证环节。通过 AIT, 可以尽早发现问题, 保证产品质量, 确保飞行任务成功。随着北斗三号工程的全面展开, 导航卫星的研制任务异常繁重, 需要同时开展不同批次、不同进度的卫星 AIT 工作。此时, 需要在确保卫星质量的同时提高工作效率, 即将卫星的批量生产、批量测试问题提上日程。为此, 作者团队进一步改进了传统的 AIT 过程, 使之适应导航卫星批量生产要求, 具体的工程管理内容详见第 13 章。本章重点论述导航卫星 AIT 各阶段的工作内容。

11.2 卫 星 总 装

卫星总装包括机、电、热等方面, 机械安装包括卫星主框架安装、仪器设备安装、精度测试等, 电装主要包括电缆网安装, 热装包括热控多层包覆、热敏电阻粘贴、加热片粘贴、热管安装等。

卫星总装首先进行主框架安装, 满足主框架安装要求后, 整体拆卸载荷舱, 按照总装工艺规程分别完成平台舱和载荷舱单机的安装, 然后根据电缆网的布局图完成电缆网敷设, 最后将载荷舱吊装至平台舱上方, 完成舱段对接和卫星封舱。

11.2.1 总装流程

根据整星研制技术要求, 卫星总装贯穿整个研制过程, 按照实施流程, 总装需要完成如下内容。

(1) 星体结构部装: 按照星体结构安装图纸和装配工艺流程完成星体结构部装, 建立卫星安装基准, 通过修整安装面或增加垫片的方式, 确保星体结构的安装精度和控制结构连接之间的装配应力。

(2) 星上单机安装: 按照单机安装图纸和工艺流程完成星上单机安装, 确保单机安装方位和安装顺序的正确。通过修整结构部件的单机安装面和设计定位基准面, 保证单机安装精度。安装特殊或困难的单机, 通过专用工装完成安装。

(3) 精度测量: 根据总装技术要求, 建立卫星测量基准, 采用经纬仪和激光跟踪仪完成对卫星结构、精度安装单机的安装精度测量, 以及力学试验前后精度安装单机的安装精度复测。

(4) 电缆网安装：整星电缆网主要包括总体电路低频电缆网、测控高频电缆网和载荷电缆网；完成接地线连接及接地电阻检测。整星电缆装配完成后经历 B 状态测试 (参见本章 11.3.2 节)、C 状态测试 (参见本章 11.3.2 节)、真空热试验测试、力学测试、EMC 测试和老练测试等考核。

(5) 推进组件安装：由承研单位完成组件在整星结构底板的装配、管路焊接等，卫星总体负责完成推进组件的热控实施。

(6) 热控实施：结构部件安装前，根据热控设计要求，按照喷漆图纸进行表面涂层处理。热控多层按照设计图纸完成制作，按照多层安装图纸和安装工艺，完成整星 AIT 阶段多层组件安装。热控加热器和热敏电阻按照布点图和贴装工艺完成装星。

卫星装配流程如图 11.1 所示，图中虚线框内为总装工作。

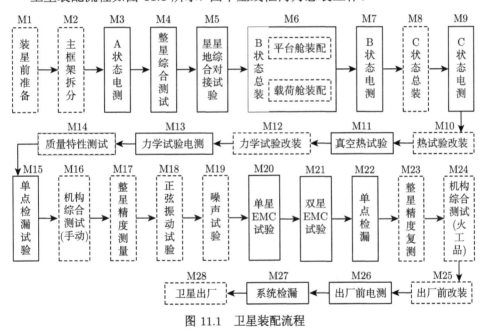

图 11.1 卫星装配流程

11.2.2 总装检测

11.2.2.1 精度测量

卫星总装设计安装 1 个星体立方镜在底板表面作为整星精度的测量基准。有精度要求的单机在单机本体上安装有立方镜，包括：2 个陀螺立方镜，5 个反作用轮立方镜，3 个星敏感器立方镜，1 个数字太阳敏感器立方镜，1 个红外地球敏感器立方镜。

卫星精度测量流程如图 11.2 所示。

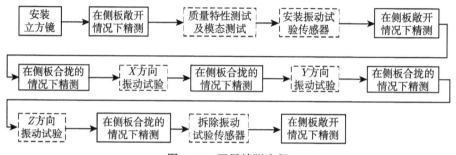

图 11.2　卫星精测流程

星上单机安装精度要求如表 11.1 所示。

表 11.1　有安装精度要求的单机安装方位和精度

设备名称	安装方位和精度要求
星敏感器 A	星敏感器 A 光轴位于星体 YZ 面内,其光轴与星体 XZ 面夹角为 30°。 安装精度:0.5°;测量精度:36″
星敏感器 B	星敏感器 B 光轴与星体 XZ 面夹角为 30°,与星体 YZ 面夹角为 45°。 安装精度:0.5°;测量精度:36″
星敏感器 C	星敏感器 C 光轴与星体 XZ 面夹角为 30°,与星体 YZ 面夹角为 45°。 安装精度:0.5°;测量精度:36″
模拟太阳敏感器	模拟太阳敏感器 A、B 安装在舱外,分别安装于星体的体对角线附近,保证 6 个敏感面覆盖全天球。其中,模拟太阳敏感器 A 安装于卫星的 $-Z$ 面,保证视场不受遮挡。 安装精度:0.5°
红外地球敏感器	红外地球敏感器位于舱外,安装于卫星的 $+Z$ 面,敏感器坐标系与卫星本体坐标系重合,方向相同,保证视场不受遮挡。 安装精度:0.5°;测量精度:36″
数字太阳敏感器	数字太阳敏感器安装于舱外,位于卫星的 $+X$ 面,视轴 (本体 $+Y$ 轴) 与卫星 X 轴平行,指向卫星本体 $+X_{\mathrm{b}}$ 轴方向,保证视场不受遮挡。 安装精度:0.5°;测量精度:36″
陀螺 A	陀螺 A 位于平台舱底板,3 个敏感轴与星体坐标轴 X、Y、Z 平行,陀螺 A 的 $+x$ 轴和 $+y$ 轴分别指向星体的 $-X$ 轴和 $-Y$ 轴方向,陀螺 A 的 $+z$ 轴与星体的 $+Z$ 轴方向相同。 安装精度:0.5°;测量精度:36″
陀螺 B	陀螺 B 安装在平台 $-Y$ 板内,敏感轴方向为以星体坐标轴 X、Y、Z 为基准,绕卫星本体坐标系 $(1, -1, -1)$ 轴旋转 60° 得到。 安装精度:0.5°;测量精度:36″
磁力矩器 X	与星体 X 轴平行,方向相同,安装精度优于 60′
磁力矩器 Y	与星体 Y 轴平行,方向相同,安装精度优于 60′

续表

设备名称	安装方位和精度要求
磁力矩器 Z1	与星体 Z 轴平行, 方向相同, 安装精度优于 $60'$
磁力矩器 Z2	与星体 Z 轴平行, 方向相同, 安装精度优于 $60'$
反作用轮 X	与星体 X 轴平行, 方向相反, 安装精度为 $0.5°$
反作用轮 Y	与星体 Y 轴平行, 方向相同, 安装精度为 $0.5°$
反作用轮 Z	与星体 Z 轴平行, 方向相同, 安装精度为 $0.5°$
反作用轮 S1	安装法线在卫星本体坐标系下的矢量 $[-0.577, 0.577, -0.577]$, 安装精度为 $0.5°$
反作用轮 S2	安装法线在卫星本体坐标系下的矢量 $[0.348, 0.697, 0.625]$, 安装精度为 $0.5°$
太阳帆板	单个压紧底座安装面的平面度为 0.02mm, 同侧压紧底座安装面的整体平面度为 0.2mm; 同侧 4 个压紧点相对 XZ 平面对称布置, 距离为 (800 ± 0.05)mm; 同侧上方 2 个压紧点与 SADM 转动轴轴线的纵向距离为 (100 ± 0.1)mm; 同侧上下 2 个压紧点的纵向距离为 (600 ± 0.05)mm; 同侧压紧底座安装面与 SADM 对接法兰面的距离为 (130 ± 0.1)mm
帆板驱动机构	安装平面的平面度为 0.05mm, 与卫星水平基准的垂直度为 0.1mm, 与卫星垂直基准的平行度为 0.1mm
5N 推力器	安装在卫星 $+X$ 面, 4 个一组, 对称斜装, 推力器轴线在 XZ 面内, 与 $+X$ 方向夹角 $25°$。安装精度优于 $0.5°$ $(1$mm$)$

导航卫星采用新型的框架面板式结构, 对结构的精度有一定的要求, 结构安装精度要求如表 11.2 所示。

表 11.2 结构安装精度要求

相互位置关系	要求值/mm
顶板相对主基准面的平行度	2
$+Y$ 板相对主基准面的垂直度	2
$-Y$ 板相对主基准面的垂直度	2
$+Z$ 板相对主基准面的垂直度	2
$-Z$ 板相对主基准面的垂直度	2

为保证结构精度, 在卫星的结构设计中充分运用公差分析软件, 分解结构精度指标, 合理分配各个装配点的公差, 使其既能满足加工装配要求, 又能满足结构精度要求。

卫星主框架为一个装配后的整体框架, 卫星的结构精度主要由主框架来保证。在卫星装配前, 先预装主框架, 主框架装配完成后进行精度测量, 并进行相应的装配调整、修挫、整体加工等工序使主框架精度满足设计要求。主结构精度调整完成后, 配打销钉。

对于有精度要求的单机, 在这些单机机壳或者支架上粘贴立方镜以便于精度测量。同时, 在构型布局设计中将这些有精度要求的单机都布置在卫星的下舱, 这是由于卫星的下舱精度优于上舱。在有精度要求的单机安装面处粘贴 2mm 厚的铝板，在单机安装前，对铝板进行铲刮以保证精度要求。

11.2.2.2　单点检漏

检漏试验主要针对推进系统进行单点检漏试验，在整星热真空、振动试验前后均需进行检漏试验，漏率指标 $\leqslant 10^{-4} \mathrm{Pa} \cdot \mathrm{m}^3 \cdot \mathrm{s}^{-1}$（正常工作压力下），同时考虑上述试验前后漏率的变化，判断试验能否引起漏率的增大。

11.2.3　机械支持设备

机械支持设备主要包括卫星和部件在总装、贮存、运输、吊装等过程中所需的设备，如表 11.3 所示。

表 11.3　导航卫星机械支持设备配套情况表

项目	设备及工装名称	数量	用途
总装与测试平台	经纬仪	3	用于卫星高精度姿控单机的精度测量
	激光跟踪仪	1	用于卫星主结构安装精度测量和振动前后精度的比对测量
	侧板安装车	16	用于侧板单机的安装和侧板与星体主结构的对接
	整星安装平台（含精测工装）	2	用于整星基准的建立和单机的装配、卫星在厂房内的停放
	上舱停放工装	2	用于上舱单机的安装和停放
	钻模板	1	用于总装工装基准的配打
总装辅助地面设备	自走式高空作业平台	2	用于上舱顶的总装操作和卫星在总装和试验中的吊装
	包装箱	2	用于卫星的长距离转运
	整星吊具	2	用于卫星总装和试验过程中的起吊
	二轴转台	1	用于帆板展开和试验过程中的翻身
	侧板安装工艺板	16	用于卫星侧板拆卸后，整星精度的保证
	振动工装	1	整星正弦振动试验水平、垂直向工装
	红外灯阵热试验工装	2	整星真空热试验卫星支撑工装及外热流模拟红外灯阵支架
	太阳翼展开试验桁架	1	卫星太阳翼安装及展开工装
	卫星升降翻转平台	4	整星下舱和上舱对接安装后，上舱侧板单机装配开舱工装
	充氮存储罐	1	用于热控柔性薄膜材料移动存储

11.3　卫星电性能综合测试

卫星电性能综合测试简称综合测试，其主要目的是通过对整星供电、状态控制以及参数的综合检测，检验卫星在各个阶段、各种环境下的控制功能、电接口匹配性能、电磁兼容性、软件控制及管理、动作协调性等各项电性能指标是否符合设计要求，及时而准确地暴露问题、解决问题，实现各个阶段的总体设计目标，将一切可能存在的隐患消除在各个研制阶段和卫星上天之前。卫星整星综合试验的所有试验结果，都要形成正式的试验报告。

11.3.1 测试目的

通过卫星电性能综合测试,验证关键单机的功能、软硬件接口。测试的主要目的包括:

(1) 检验整星电气装配的正确性、合理性、匹配性,接地系统的正确性、抗干扰措施的有效性;

(2) 检验星上各设备间接口关系的匹配性,包括机电、光电、热电接口在内的正确性;

(3) 检测星地接口的兼容性,包括指令数据传递的可靠性、准确性和精确性程度以及数据通道传递的可靠性、准确性和精确性程度;

(4) 检验星上各设备在整星系统级条件下的功能、电气性能和参数指标是否符合总体要求;

(5) 模拟卫星在空间的飞行程序,检验起飞状态的合理性、飞行程序的可行性和正确性;

(6) 通过各阶段不同状态下的测试数据的比对,检查数据的一致性和稳定性,为在轨运行提供数据支持;

(7) 通过测试发现产品发射前存在的缺陷,加以改进,保证卫星产品质量。

11.3.2 测试技术状态

卫星由平台舱和载荷舱两部分组成,在整星综合测试阶段,根据总装状态,卫星可分为桌面 A 状态,装星 B 状态和 C 状态以及整星老练等 4 个状态。下面对卫星的总装技术状态定义进行详细说明。

11.3.2.1 桌面 A 状态

A 状态是在非集成的桌面状态下进行的,适用于卫星桌面电接口检测,确定单机是否具备入网条件。

试验桌面用金属铝板,作为统一的 "卫星地"。被测卫星上设备或电缆的接地部位 (点、线、面) 按要求接于板上,然后接至测试间卫星接地桩。桌面联试电缆采用星上电缆。

电测内容:整星条件下的设备间单机电接口匹配性测试和测控接口检查。

11.3.2.2 装星集成测试状态

1) B 状态

如图 11.3 所示,B 状态属于装星集成测试的总装状态。此时平台舱、载荷舱分别通过工装车分立平行停放。载荷舱通过星上穿舱电缆与平台舱相连 (需连接一段约 1.5m 的穿舱电缆)。

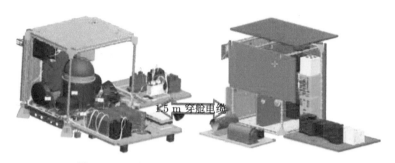

图 11.3   卫星 B 状态图 (平台舱左，载荷舱右)

电测内容：有线条件下，进行装星电测、各功能单元设备功能电测、卫星信息流测试、闭环模飞等装星集成测试。

2) C 状态

如图 11.4 和图 11.5 所示，C 状态是平台舱、载荷舱的叠舱合体形成的一个完整的卫星装星状态。

图 11.4   整星 C1 状态总装示意图

图 11.5   整星 C2 状态总装示意图

(1) C1 状态：适用于装星自检的总装状态。平台舱、载荷舱叠舱但舱板部分闭合，星上电缆整理完毕。其中载荷舱 $-Z$ 板为平行打开 15cm 状态，顶板向 $-X$ 向平行打开 15cm 左右；平台舱 $+Y$ 板为平躺状态，其他舱板为合舱状态。电测内容：在有线条件下，热控、载荷等装星设备自检。

(2) C2 状态：整星合舱状态，所有舱板封闭，帆板不安装，星表接保护插头。电测内容为：在无线条件下 (屏蔽暗室内)，进行整星电磁自兼容性测试。其中地测脱落电缆使用实际塔架测试电缆。

11.3.2.3 整星老练状态

在整星大型环模试验的基础上,进行飞行星的热控改装 (热控多层除外),太阳翼、火工品、载荷直发天线阵不安装,星表插头处于保护状态。电测内容为老练模飞。

11.3.3 测试内容

11.3.3.1 单机电接口检测

单机电接口检测时,以电源系统的电源控制器、蓄电池组 A 和 B、均衡器以及总体电路的主配电器作为卫星供配电的主体,星载计算机、遥测终端、遥控终端、扩频应答机 A、固放 A 和微波网络作为接口匹配测试的主体,上述 11 台单机构成被测卫星上单机测试的配置最小系统。单机电接口检测主要是验证卫星设备之间的供电、接口、时序的匹配性,因此测试项可分为:星上电缆检查、单机启动测试、单机电接口测试,内容如表 11.4 所示。

表 11.4 电测–电接口测试内容

测试项			测试内容
电缆检查	星上电缆检查	外观	表面、插针插座、标识
		接点	连接正确性、接点检查
		电气	接点间绝缘性能、接点导通电阻、与接地桩导通电阻
	星地电缆检查	外观	表面、插针插座、标识
		接点	连接正确性、接点检查
		电气	接点间绝缘性能、接点导通电阻、与接地桩导通电阻
单机启动测试		浪涌	最大启动电流、持续时间、电流变化率
		功耗	稳态功耗、峰值功耗
		单机自检	工作状态
单机电接口测试	电气接口	电连接器检查	连接器型号、连接器空点检查
		导通绝缘测试	搭接电阻、一二次地隔离电阻
		供电测试	一次电源、指令电源检查
	信号接口	数据通信接口信号线测试	阻抗、电平、波形、时序以及软件协议检查(包括同步/异步串口、1553B 总线等)
		模拟量接口信号线测试	阻抗、电平、波形检查
		数字量接口信号线测试	阻抗、电平、波形检查
		功率量接口信号线测试	电平、波形检查
		温度量接口信号线测试	阻抗、电平、波形检查
		射频接口信号线测试	阻抗、电平、频谱特性检查
		指令安全性	指令误动作检查
	遥测遥控接口	地测有线指令测试	地测间接、注数指令执行正确性
		地测有线参数测试	地测参数显示正确性
		测控有线指令测试	测控直接、间接、注数指令执行正确性
		测控有线遥测信号测试	测控参数显示正确性

11.3.3.2　装星集成测试

装星集成测试是在单机交付后，对卫星在总装厂房内装星的全过程进行功能和性能指标的综合测试，以获得一套完整的卫星电性能基本数据，作为本阶段评价卫星满足设计要求的依据，如表 11.5 所示。

表 11.5　装星电测内容

序号	测试项	测试内容	备注
1	单机加电测试	卫星测试最小配置系统加电测试	
		电源及总体电路单机加电测试	
		测控单机加电测试	
		姿轨控单机加电测试	
		结构与机构单机加电测试	
		数据处理终端加电测试	
		热控通道测试	
		载荷加电测试(包括装星过程中直发天线阵各通道相位一致性检查)	
		自主运行单机加电测试	
		技术试验专项单机加电测试	
2	接地测试	整星结构板、接地桩、支架的接地，单机接地	
		地弹 (地噪声)	
3	系统验证测试	系统基本功能 (在轨正常模式) 测试	

装星集成测试按卫星在测试过程中的总装状态，又可分为装星电测 (B、C1、C2 状态)、各功能单元功能性能测试 (B 状态)、信息流测试 (B 状态)、模飞测试 (B 状态)、安全模式及故障预案模拟测试 (B 状态) > 以及无线综合电测 (C2 状态) 6 项内容。

1) 各功能单元的功能测试

测试内容包括：

(1) 电源及总体电路设备装星集成测试；

(2) 测控设备装星集成测试；

(3) 星务设备装星集成测试；

(4) 姿轨控设备装星集成测试；

(5) 热控产品装星集成测试；

(6) 载荷设备装星集成测试；

(7) 自主运行设备装星集成测试；

(8) 技术试验专项设备装星集成测试。

2) 卫星信息流测试

测试内容包括：

(1) 测控常规任务信息流，包括上行指令和下行遥测等；

(2) 其他通道测控任务信息流，包括数传通道、遥控遥测等；

(3) 运控常规任务信息流，包括上注导航电文、下行导航电文等；

(4) 数据备份，包括卫星平台关键数据备份与恢复、导航电文备份与恢复，自主运行单元数据备份与恢复；

(5) 对地链路备份，包括 S 和 L 上行的互为备份、星间链路备份各通路等；

(6) 本星作为节点或目的星的信息转发与接收。

3) 卫星模拟飞行测试

按卫星飞行程序，整星模飞流程如图 11.6 所示。

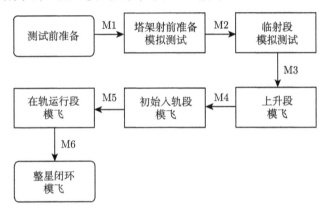

图 11.6　卫星模飞流程

模飞场景 1：塔架射前准备模拟测试。模拟塔架测试流程，检查卫星经转运至塔架后的完好性。

模飞场景 2：临射段模拟测试。模拟卫星发射前的 12 小时内，塔架测试的工作流程，检验卫星状态设置，使卫星具备发射条件。

模飞场景 3：上升段模飞。模拟火箭点火到卫星与上面级分离的发射全过程，检验卫星与上面级组合体飞行时的工作状态。

模飞场景 4：初始入轨段模飞。模拟卫星与上面级分离后，卫星从太阳捕获到相位捕获的入轨过程，检验卫星在此过程中的执行动作的正确性。

模飞场景 5：在轨运行段模飞。模拟卫星初始在轨测试内容，检验卫星在偏航机动下的不同工作模式。

模飞场景 6：整星闭环模飞。按飞行程序及模飞工作流程，完整进行卫星发射到在轨工作期间的状态模拟。

4) 卫星安全模式及故障预案模拟测试

根据卫星的飞行程序，针对卫星飞行时序进行各阶段的故障模拟，并验证故障应对策略，主要包括：

(1) 临射段主要故障模式与对策模拟；

(2) 上升段主要故障模式与对策模拟；

(3) 初始入轨段主要故障模式与对策模拟；

(4) 在轨测试段故障与对策模拟；

(5) 在轨试验段故障与对策模拟；

(6) 安全模式入口及工作过程模拟。

5) 卫星无线综合电测

(1) 健康检查。对装星单机进行开关机遍历。

(2) 电磁自兼容测试。考核整星在无线条件、不同工作模式下，星上各设备对星上电磁环境的自兼容性。

11.3.3.3　出厂测试

出厂测试内容完整涵盖卫星在发射场测试的所有测试项目，包括老练模飞、出厂状态设置等。

常温条件下的老练测试包括卫星电、活动部件老练，累计老练时间大于 300h。老练方法可以是连续地或间断地累计达到规定的工作时间，每次老练加电起算时间大于 24h。试验中若出现故障，排除故障后进行累计试验。

卫星老练阶段整星测试主要是整星的老练模飞，依据卫星飞行程序进行模拟，从而实现模拟卫星发射到推离轨位全过程的长时间加电考核，内容主要分为三个阶段。

(1) 临射段：包括发射前 12h 准备和发射前 2h 准备。

(2) 上升段和姿态轨道建立段：上升段包括卫星随基础级飞行、卫星随上面级飞行。姿态轨道建立段包括初始入轨段 (太阳捕获)、相位捕获段。

(3) 稳态运行段和推离轨位：包括进入偏航机动、在轨工作以及推离轨位。

出厂状态设置是在整星老练结束后，在满足出厂条件的情况下，对卫星出厂前的最后一次加电测试，对卫星状态进行确认，以及状态进行设置，满足长时间运输和发射场测试的需求。

11.3.3.4　导航卫星专项测试和试验

1) 姿轨控单机极性测试

测试内容包括：

(1) 星敏感器 A、B、C 安装、控制、电极性；

(2) 模拟太阳敏感器 A、B 安装、控制、电极性；

(3) 陀螺 A、B 安装、控制、电极性；

(4) 红外地球敏感器安装、控制、电极性；

(5) 数字太阳敏感器安装、控制、电极性；

(6) 磁力矩器 X/Y/Z1/Z2 安装、控制、电极性；

(7) 反作用轮 X/Y/Z/S1/S2 安装、控制、电极性；

(8) 推进组件安装、控制、电极性；

(9) 机构 SADA 安装、控制、电极性。

2) Ka 相控阵天线指向无线测试

测试内容包括：

(1) 单节点无线测试；

(2) 平面内三节点无线测试；

(3) 空间三节点无线测试。

3) 帆板展开与光照试验

测试内容包括：

(1) 力学试验前手动展开及光照试验。包括 $+Y$ 太阳电池阵模拟墙展开光照、$+Y$ 太阳电池阵手动展开光照、机构 SADA 功能测试、$-Y$ 太阳电池阵模拟墙展开光照、$-Y$ 太阳电池阵手动展开光照。

(2) 力学试验后火工品展开及光照试验。包括 $+Y$ 太阳电池阵火工品解锁、$+Y$ 太阳电池阵光照、$-Y$ 太阳电池阵火工品解锁、$-Y$ 太阳电池阵光照、机构 SADA 功能测试。

(3) 环模试验后火工品限流阻值检测。

4) 载荷时频切换测试

测试内容包括：

(1) 整星状态下，检测不同原子钟 (铷原子钟 A、B 和氢原子钟 A、B) 组合切换时的短期稳定度和相噪等关键指标；

(2) 整星热真空试验后，在常温常压不同主备状态下，复检时频短期稳定度和相噪等关键指标。

5) 载荷强壮性测试

测试内容包括：

(1) 载荷信息层面的主备份交叉测试；

(2) 载荷各类信息和业务指令的边界条件测试；

(3) 载荷业务指令的健壮性测试；

(4) 载荷长时间运行的信号及信息稳定性测试；

(5) 载荷信号连续性、可用性、完好性测试；

(6) 自主运行能力测试。

6) 自主诊断恢复测试

测试内容包括：

(1) 自主诊断恢复功能实现的正确性和完整性；

(2) 星载计算机、导航任务处理机、自主运行单元等故障监测、处理的匹配性；

(3) 自主监测周期的正确性；

(4) 自主恢复处理响应的正确性和精确性；

(5) 评估各单机故障恢复后的正常工作时间。

7) 载荷大功率专项试验

测试内容为：RNSS 天线阵、三工馈电网络及大功率电缆组件装星连接状态下，在不同功率和温度条件下开展真空耐功率及微放电试验，如图 11.7 所示。

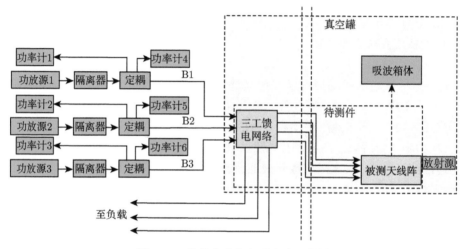

图 11.7　载荷大功率专项试验示意图

11.4　卫星大型试验

11.4.1　力学环境试验

整星力学环境试验的主要目的是验证卫星结构设计的合理性及装配质量。力学试验主要包括质量特性测试、正弦振动试验以及噪声试验。

11.4.1.1　质量特性测试

测量整星的质量和质心，测量整星的三个方向转动惯量。卫星整星与质量试验的所有试验结果，都要形成正式的试验报告。

1) 测试内容

卫星测试状态为帆板收拢状态，质量特性参数测试包括：

(1) 整星的质量测试；

(2) 整星的 X、Y、Z 向质心测试;

(3) 整星的 6 个惯量数据测试。

2) 测试方法

采用三点测力法进行质量和质心测试。卫星借助垂直工装放置在测量台面上，圆形测量台面由三台力传感器支撑，三个支撑点分布在同一个圆周上并均匀分布。

台面精确配平后，在三个力传感器读数一致之后，将垂直工装放上，并使垂直工装与台面同轴以消除偏心误差，然后将卫星放置在垂直工装上进行测量。利用重力和支点反作用力平衡原理，测得质量和质心。

采用扭摆台进行转动惯量测试，将卫星与 L 形工装或卫星与垂直工装一起放在扭摆转动惯量测试台上，并在扭摆稳定后进行时间采样，由计算机求出某一状态下的转动惯量值，并记下工装和卫星的重量、工装的转动惯量值以及工装质心与卫星质心分别到其合成质心的距离，测试完成后，停稳，卫星转入下一测试状态，反复进行测试，直到完毕。

11.4.1.2 正弦振动试验

1) 试验目的

(1) 获取卫星有关部位振动响应特性，验证卫星结构设计合理性;

(2) 考核单机承受在整星验收级振动环境中的能力。

2) 试验条件

在试验过程中卫星要刚性连接在试验台上。星箭分离面处于三个轴方向的验收试验量级 (0-峰值)，见表 11.6。

表 11.6 整星正弦振动试验条件

	频率范围/Hz	验收级
纵向	5~8	3.11mm
	8~100	0.8g
横向	5~8	2.33mm
	8~100	0.6g
扫描率/(oct·min^{-1})		4

注: ① 允许频率偏差 $\pm 2\%$;

② 允许幅值偏差 $0\% \sim +10\%$;

③ 在卫星主结构频率 $f = \pm 3$Hz 范围内可进行输入条件下凹，根据运载方星箭耦合分析结果确定，详细试验条件和控制方式可根据扫频情况现场确定 (相关责任人在场)。

3) 试验顺序

进行各方向的正弦振动试验:

正弦振动试验顺序: X 向 $\rightarrow$ Y 向 $\rightarrow$ Z 向;

正弦振动试验的量级顺序：预振 → 验收级 → 复振。

11.4.1.3　噪声试验

1) 试验目的

噪声试验的目的主要有以下几个方面：

(1) 考核框架面板式结构的力学性能；

(2) 获取整星在高频力学条件下的响应。

2) 试验条件

卫星噪声试验鉴定、验收试验总的声压水平、频谱及各自的偏差见表 11.7。

表 11.7　噪声试验条件

中心倍频/Hz	验收声压水平/dB	偏差/dB
31.5	124	
63	129	
125	134	
250	138	$-2\sim+4$
500	133	
1000	129	
2000	128	
4000	127	$-5\sim+4$
8000	122	$-5\sim+5$
总声压水平	141.5	$-1\sim+3$

注：0dB 对应 2×10^{-5}Pa；

　　验收试验时间，1.0min；

　　鉴定试验时间，2.0min。

11.4.2　热真空试验

为检验卫星在空间热真空环境中运行时对温度环境的适应能力，对卫星进行热真空试验的考核。导航卫星每批次同时研制、发射两颗卫星，所以两颗卫星同时进入同一真空热模拟室，进行双星热真空试验。其中，高、低温保持工况进行性能测试，其他试验工况监视主要性能参数。

11.4.2.1　热真空试验的主要目的

(1) 检验星上设备在热真空试验条件下承受高、低温环境的能力；

(2) 暴露星上材料、元器件和加工工艺缺陷；

(3) 对试验前、中、后卫星功能性能进行全面检验，以获取在不同试验条件下整星的电性能测试数据，并进行数据对比。

11.4.2.2 热真空对试验设备的要求

(1) 真空度: 优于 1.3×10^{-3} Pa;

(2) 热沉温度: 不大于 100K;

(3) 热沉红外辐射率 (ε): 大于 0.9。

11.4.2.3 试验工况

高温保持星内每个温度控制区至少有一个单机温度达到:

(1) 导航卫星热仿真分析高温工况温度结果增加 $10 \sim 15℃$;

(2) 低于组件验收级最高试验温度。

低温保持星内每个温度控制区内至少有一个单机温度达到:

(1) 导航卫星热仿真分析低温工况温度结果减少 $5 \sim 15℃$;

(2) 高于组件验收级最低试验温度。

11.4.2.4 循环次数及试验时间

(1) 试验循环次数为 4 个循环;

(2) 每个循环在高温和低温各停留 8h;

(3) 温度变化速率: 不小于 $3℃ \cdot h^{-1}$。

热真空试验第 1、2 循环,载荷主份发射机加电工作;第 3、4 循环,载荷备份发射机加电工作。

热真空试验双星在真空罐内的状态如图 11.8 所示。

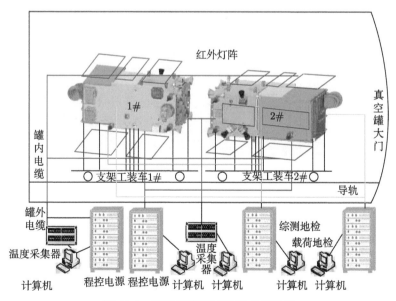

图 11.8　双星热真空试验状态示意图

采用"双星同时进罐,单星热平衡,双星热真空"试验方式,两星进出一次空间环境模拟设备即可实现热平衡试验和热真空试验的双重目的。

为保证热平衡卫星试验结果的有效性,在试验实施过程中采取以下措施:

(1) 采用非对称布置方式,充分保证热平衡卫星占据足够的试验空间,满足热平衡试验要求,使热平衡卫星各散热面面对的真空罐热沉区域被另一颗卫星及辅助工装遮挡最小,并采用两星受照面相对布置形式;

(2) 采用仿真分析方式对两星各面角系数进行分析,尤其是热真空卫星对热平衡卫星遮挡的影响,在热平衡试验过程中对施加的外热流进行修正,减小两星遮挡对热平衡试验结果的影响;

(3) 在热平衡试验期间,热真空卫星保持与热平衡卫星相同的加电状态,但不进行外热流模拟,即不开启非接触式外热流模拟装置;

(4) 真空热试验采用接触式与非接触两种外热流模式方式,对热平衡卫星支撑工装、连接电缆及吊杆等部位进行温度补偿,减小系统漏热影响。

11.4.3 整星电磁兼容试验

导航卫星的电磁兼容试验侧重于检验单星电磁自兼容情况,以及发射过程中多星对运载的电磁影响。试验在 3m 法暗室中进行,内容包括整星辐射发射和整星电磁自兼容,如图 11.9 所示。

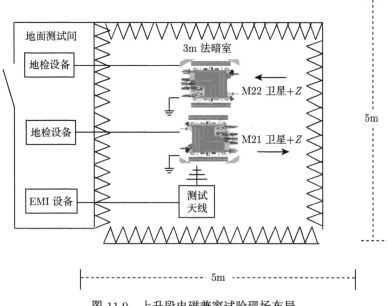

图 11.9 上升段电磁兼容试验现场布局

试验目的：① 检验上升段卫星与火箭/上面级、卫星与卫星之间的电磁兼容特性；② 检验卫星在轨飞行各阶段的电磁自兼容特性，包括卫星与上面级分离后初始入轨相位捕获段、在轨测试及稳定运行段。

合格判据：整星工作正常，各功能单元关键遥测参数正常。

11.4.3.1　上升段测试

上升段电磁兼容测试考核卫星辐射发射对上面级、同时发射的卫星的影响，即 RE102。此阶段卫星工作于最小系统模式，平台仅能源、星务、姿轨控敏感器、热控等卫星上升段开机的星上设备工作。具体测试内容有：

(1) 卫星辐射发射场强；

(2) 测控系统电性能，包括扩频 A/B 捕获门限等。

11.4.3.2　相位捕获段自兼容测试

考核卫星与上面级分离后至完成相位捕获期间，星上姿轨控单机和技术试验专项单机陆续开机的过程中，整星的电磁自兼容能力。测试现场布局如图 11.10 所示。

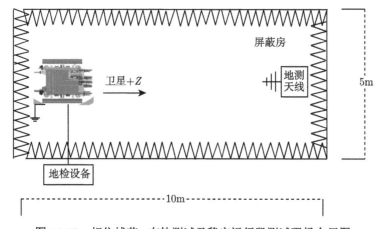

图 11.10　相位捕获、在轨测试及稳定运行段测试现场布局图

相位捕获段，根据姿轨控工作流程，分为速率阻尼、阻尼后对日定向、无控、对日定向、对日保持、反作用轮起旋、反作用轮对日保持、对地定向、稳态对地、轨控前调姿、轨控、轨控后调姿等，各阶段按实际情况控制星上设备的工作状态。

相位捕获段电磁自兼容测试内容有：各功能单元关键遥测参数，测控的关键参数有：固放 A/B 功率、扩频 A/B 的捕获门限、扩频 A/B 遥控位锁、扩频 A/B_AGC 等。电源的关键参数有：PCU 输出母线电流、A/B 蓄电池组电压等。姿轨控的关键参数有：反作用轮 X/Y/Z/S1/S2 电机电流、磁力矩器 X/Y/Z1/Z2 输出遥测等。

11.4.3.3　在轨测试及稳态运行段自兼容测试

考核整星在轨测试及稳态运行期间的电磁自兼容能力，包括各功能单元关键遥测参数及整星工作情况。同时，在该阶段对无线状态下的部分卫星电性能进行考察，包括上行接收灵敏度、上行抗干扰能力及 EIRP。

根据卫星主备份、工作模式设置星上设备的工作状态。

在轨测试及稳态运行段主要考核整星电磁自兼容能力，要求卫星工作正常、各功能单元关键遥测参数正常。

在该阶段，对电磁敏感单机部分电性能进行考察，并与综合测试结果进行一致性比对，参见表 11.8 和表 11.9。

表 11.8　在轨测试及稳态运行段部分电性能考察内容一

	敏感单机	电性能考察方式	关键遥测量
L 频段	上注接收处理机	考察上注接收处理机接收灵敏度、抗干扰能力	上行载噪比 C/N0、通道注入信息校验结果
S 频段	扩频应答机 A/B	考察扩频应答机 A/B 在载荷全阵发射及星间链路正常模式下的上行捕获门限	扩频 A_AGC、扩频 B_AGC、扩频 A 遥控位锁、扩频 B 遥控位锁
	数传机	考察数传机在载荷全阵发射及星间链路正常模式下的上行捕获门限	数传机位同步锁定指示、非相干扩频遥控位锁定指示
Ka 频段	星间链路终端 A	考察星间链路终端 A 接收灵敏度	测距接收载噪比、位/帧同步指示
	星间链路终端 B	考察星间链路终端 B 接收灵敏度	测距接收载噪比、位/帧同步指示

表 11.9　在轨测试及稳态运行段部分电性能考察内容二

	考核单机	电性能考察方式	关键遥测量
L 频段	B1/B2/B3 行放 B1/B2/B3 固放	考察 B1/B2/B3 行放、B1/B2/B3 固放工作时的 EIRP	B1/B2/B3 行放螺流、B1/B2/B3 行放温度、B1/B2/B3 固放功率、B1/B2/B3 固放温度
Ka 频段	星间链路终端 A/B	考察星间链路终端 A/B 的 EIRP	星间链路 A 热交换面-热敏、星间链路 B 热交换面-热敏

11.5　小　结

本章针对导航卫星的特点以及双星同时集成测试、批量生产等要求，介绍了整星集成、测试与试验的技术状态、流程以及测试内容。这里应当强调，AIT 过程取消了以往卫星 AIT 中的落焊环节，即要求交付卫星总体的单机已经是最终发射状态，这样更有利于保证整星发射状态的单机产品经历了 AIT 的试验过程，避免二次装配出现的没有验证的质量问题，对其他卫星的 AIT 也有借鉴作用。

第 12 章 卫星在轨运行管理

12.1 飞 行 控 制

为满足迅速发射入轨的要求,导航卫星使用运载火箭上面级 (第四级) 直接送入近圆轨道,全过程只需数小时,卫星仅需配置较简单的推进系统用于正常工作期间的相位保持和寿命终止时的推离轨位,整星干重和起飞重量也大大降低。

导航卫星与运载上面级的组合体共同经历运载火箭前三级的力学、大气、空间环境,称为主动段,这与其他卫星的发射没有区别;组合体与火箭第三级分离后,由运载上面级将导航卫星送入远地点高度为 22194km、近地点高度为 21528km 的椭圆轨道,这个过程称为上升段 (在没有特殊标注时,包括主动段合称为上升段)。卫星入轨后直至寿命结束,将经历初始入轨、在轨测试和长期运营、推离轨位等几个阶段。

从卫星随火箭起飞开始确定 5 个关键时刻点,分别为:T_0——火箭起飞时刻;T_1——卫星与上面级分离时刻;T_2——卫星开始在轨测试时刻;T_3——卫星进入在轨运营时刻以及 T_4——卫星寿命末期。5 个时间点将卫星的飞行程序划分为 6 个阶段,分别是:塔架临射段、上升段、姿态轨道建立段、在轨测试段、在轨长期运营段和轨位推离段,卫星飞行过程如图 12.1 所示。

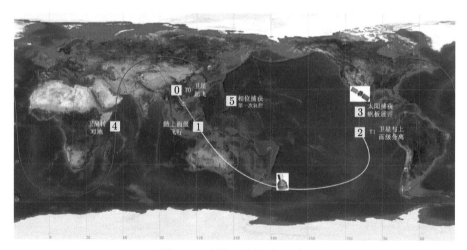

图 12.1 导航卫星飞行程序

相应地,以上关键时间点和卫星飞行阶段的测控覆盖情况、执行的关键指令、工作流程以及星上姿轨控、能源、测控状态如图 12.2 所示。

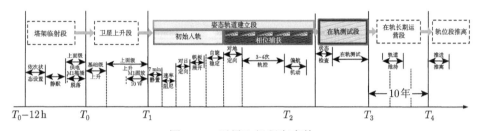

图 12.2 卫星飞行程序事件

为保障导航卫星飞行控制、在轨测试等工作的顺利进行,除 "飞行程序" 等主要任务文件外,还制定了飞行事件保障链、在轨故障预案等保障性文件,作为地面操作人员的工作指导和接口依据。主要文件有以下几个。

《卫星在轨故障预案》主要针对卫星发射后随上面级飞行期间、入轨期间可能由各种原因导致系统和单机出现的故障,制定在轨飞行控制过程中故障预案与对策。文件规定了故障处理原则及流程、故障处理组织机构及职责、故障预想与对策、上升段故障预案、入轨段故障预案等内容,可以确保卫星在发生局部故障的情况下不会对卫星系统的安全性造成较大影响,使卫星有效地、可靠地完成飞行任务。

《卫星飞行事件保障链》以飞行程序为纽带,对产品状态复查和确认,将发射场关键环节控制与状态确认、故障预想与对策、责任落实等有机结合,可以实现对技术风险的有效控制,为确保飞行任务成功奠定基础。文件按飞行试验全程任务剖面划分为若干典型飞行事件组成事件链,从产品研制可靠性、测试覆盖性、发射场状态确认、飞控保障和故障预案等角度,以可操作的方法进行全部保障条件的深入复核,将卫星的成功落实到每一个可操作的小事、每一个可确认的细节和每一位负责任的人员,确保卫星在轨飞行任务的圆满成功。

《卫星在轨测试大纲、细则》通过对测试目的、测试项目、测试内容及方法、评定准则、计划安排、组织分工等进行详细规定,确保对在轨卫星测试评估的测试覆盖性、有效性。

《卫星使用手册》以用户研制要求为核心,详细阐述了卫星总体设计、平台及载荷分设计、性能测试、环境试验、大系统接口验证、在轨测试、长期运行与管理、故障处置等内容,作为卫星交付用户使用的依据文件。

12.2　在轨运行管理

导航卫星在轨稳定运行后,需要卫星系统为地面测控、运控、星间链路管控等大系统提供技术支持，对每颗在轨卫星的健康状态进行联合保障，以保证应用服务的可用性和连续性。卫星总体分别从技术和管理两个层面进行控制，有力保障多颗导航卫星发射后在轨稳定运行。

12.2.1　设计层面——在轨自主运行技术

导航卫星具备较强的在轨自主运行能力，即在尽量减少地面支持的情况下，卫星可自主运行并执行导航任务，导航信号播发满足指标要求，具备如下在轨自主运行技术。

(1) 自主导航：在没有地面运控系统的支持时，卫星可以利用星间测距值和地面辅助信息，进行卫星自主定轨及时间同步，并利用正常模式下地面注入的辅助数据，完成导航星历参数的更新，更新的自主星历发送到卫星导航任务处理机，转化为下行导航信号并播发，确保用户能够收到正常、连续的导航信号。

(2) 自主运行：在没有地面测控系统支持的情况下，平台的自主运行是卫星自主导航实现的基础。卫星自主运行包括轨道外推能力以及保持轨道的连续性；姿态自主控制为载荷提供正常的姿态指向；电源自主完成分流调节、充放电调节、全日照区和地影区的蓄电池状态管理等，保持母线电压的稳定，保证对载荷的能源供应；SADA 的自主控制管理保证太阳电池阵最大限度地指向太阳，以及最大的光电转换效率，从而为载荷乃至整星提供充足的能源；热控自主控制，实现载荷单机，尤其是原子钟的稳定工作热环境；载荷时频系统实现自主无缝切换等。

(3) 自主诊断恢复：卫星自主运行期间可以实现单机或模块故障的迅速隔离和恢复，提高导航卫星的可用性、连续性。卫星在脱离地面控制的情况下，完成对自身健康状况的监测、修复或者隔离，并更新完好性标志，相当于将地面运控、测控功能由卫星在轨实现。

卫星在正常工作模式下，星上单机的故障识别由地面完成，根据卫星遥测，判断卫星各单机工作状态，当某个单机发生异常时，通过遥控指令对单机进行故障隔离和故障恢复；在故障自主诊断恢复模式下，卫星平台和载荷单机的故障监测和故障隔离由卫星自主完成。对已有常见的故障建立卫星知识库，采取相关处理措施并恢复正常状态，使卫星具备提供正常服务的能力；对于未知故障，能够采取关机、开机或复位进行恢复，对于无法解决的故障，将卫星置为不可用状态，并与星座其他卫星隔离。

导航卫星自主运行技术相关内容详见本书第 10 章。

12.2.2　管理层面：在轨管理机制

12.2.2.1　组织管理机制

卫星在轨自主运行设计可以完成卫星正常运行的大部分工作，但仍需要地面的支持和保障工作，尤其是运控系统的工作。为此，卫星研制方成立了卫星运管中心和专门的导航长管队伍。

为有效保障导航卫星长期运行管理任务，确保卫星在轨安全、可靠、稳定运行，充分发挥卫星定位、测速、授时效能，运控 (甲方)、测控系统 (乙方)、卫星研制方 (丙方) 本着通力协作、密切配合、精心管理、确保安全的原则，经过协商达成了多方联保机制，如图 12.3 所示。

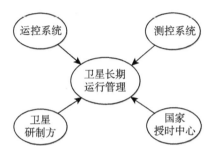

图 12.3 多方联保机制参与单位

甲方负责协调各方进行卫星长期运行管理；负责卫星业务管理；负责监视卫星有效载荷设备状态。乙方负责卫星工程测控；实施甲方业务测控计划；负责监视卫星平台设备状态；按异常预案或应急实施方案对卫星进行处置。丙方负责卫星长期运行管理技术支持；提供甲方、乙方所需相关技术文件；监视卫星工作状态；负责提出异常预案和应急实施方案。

卫星研制方具体职责如下：

(1) 成立运管中心，制定卫星长期运行管理规范及技术文件；

(2) 判读卫星遥测参数、监测卫星下行服务信号质量；

(3) 拟定指令单，审核并确认指令发送的正确性；

(4) 成立在轨异常处置应急小组，制定应急对策，对异常情况处置承担技术职责，并向各方提供有关技术报告。

卫星在轨运行管理期间，卫星研制方内部分工如图 12.4 所示。

型号两总职责为：全面负责本型号卫星在轨运行阶段的工作，监督和指导在轨卫星运行技术支持工作。

型号办职责为：

(1) 在轨测试完成后，负责组织向运管中心提供在轨数据处理需要的相关技术文件；

(2) 负责对运管中心工作进行管理，为运管中心日常工作提供资源保障；

(3) 负责与用户和上级机关沟通，及时通报在轨测试进展、质量问题、归零处理情况、故障处理策略和下一步工作计划等；

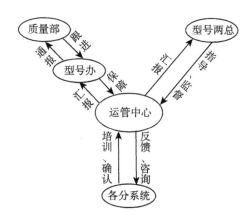

图 12.4   卫星研制方内部职责分工

(4) 负责组织编制在轨卫星运行情况评估报告；

(5) 负责组织型号内在轨质量问题的归零实施，一般状态变化的评审；

(6) 指定项目办负责人，负责在轨长管期间的沟通与协调。

质量部是在轨卫星运行管理期间质量问题的归口管理部门，主要职责如下：

(1) 负责组织建立在轨卫星质量信息管理系统，及时收集、传递在轨卫星故障质量信息；

(2) 负责组织成立在轨卫星重大故障调查委员会及归零的审查和评审工作。

各设计师职责为：

(1) 提供各功能单元在轨监测的关键参数及特性，并对运管人员进行工作原理培训；

(2) 确认运管人员每天提供的卫星在轨监测数据是否完好，并签字确认；

(3) 核对所需发送指令的正确性，确保指令无误；

(4) 在轨测试及试验期间实行组长负责制，运管中心配合在轨测试组进行数据监测；

(5) 负责在轨异常现象的排查及归零工作。

运管中心是卫星监测和异常处置的职能机构，是在轨卫星技术支持的常设机构，负责并统一管理在轨卫星运行监测工作的具体实施和异常处置。运管中心主要职责如下：

(1) 负责在轨卫星运管中心软、硬件的配套和落实，能够进行实时的数据显示，以及对在轨运行过程中的数据存储、查询、解析进行技术支持；

(2) 负责在轨卫星运管工作的具体实施和异常处置统一管理；

(3) 负责在轨卫星日常监测和数据判读；

(4) 负责卫星在轨运行相关数据的收集、分发、存储、传递和归档；

(5) 负责组织成立在轨异常处置应急小组，制定异常处置程序；

(6) 负责在轨卫星异常信息的收集、管理和上报，对在轨卫星质量问题及异常现象处理的经验教训进行收集整理，并建立在轨故障数据库；

(7) 负责编制每月在轨卫星运行监测简报及在轨卫星运行工作年中和年终总结报告。

为落实三方联保机制，快速响应用户方的技术支持需求，研制方配备了值班人员 24h 进行日常卫星监视工作。同时，研制方各设计师系统均有一名指定的技术支持人员随时待命。

12.2.2.2 日常管理预案

针对导航卫星在轨日常管理，卫星研制方配合测控系统制定了"卫星长管期间故障预想和对策"，可对常规问题实时处置。

在设计上，导航卫星具备在轨自主健康管理功能，载荷、自主运行、姿轨控、电源、热控等关键单机若出现异常，卫星能够实现自主诊断并处理。星上若发生重大故障，也可自主进入安全模式，确保整星安全。

卫星在轨异常处置程序涉及的部门有型号两总、型号办、质量部、运管中心、各级设计师、测控系统、运控系统和国家授时中心，各自的职责如图 12.5 所示。

图 12.5　卫星在轨异常处置程序

(1) 运管人员、测控系统、运控系统、授时中心发现异常现象后 15min 内通报运管中心负责人；

(2) 运管中心负责人对异常现象进行技术分析，同时通知负责联络的设计师，判断异常现象的严重等级，同时上报型号两总，异常应急小组对采取的措施进行决策；

(3) 明确异常现象后，运管中心根据决策措施准备指令单，与相关设计师核对无误后由测控中心发送；

(4) 运管中心将异常现象记录描述，整理相关数据资料，填写问题记录表，并通报型号办；

(5) 型号办拟制异常现象简报，通报质量部；

(6) 质量部依质量管理条例对过程进行全程跟踪与记录,同时组织归零工作。

12.2.2.3　机构设备

卫星研制方下属的运管中心是卫星总体专门负责交付用户使用后的卫星在轨长期运行阶段日常工作的机构。运管中心配备了近 20 台监视显示前端机,数据库能够满足数十颗以上卫星全生命周期内的所有数据存储及比对。

与此同时,卫星运管中心配备的 "空间环境态势监视显示软件" 可以实现对特定卫星运行轨道包括太阳 X 射线流量、高能质子通量、地磁 Kp 指数、高能电子通量和行星际太阳风等参数的预报,能够提前对可能造成卫星异常的空间环境进行告警,便于卫星运管人员密切监视卫星工作状态,保障卫星连续、可用、完好地运行。

如图 12.6 所示,配备的 "卫星遥测数据关联门限报警系统" 是一套基于关联条件的参数多级阈值检测及报警平台,具备多星统一检测工作模式。该系统适用于卫星在轨工作状态的快速检测及异常发现,通过对卫星遥测数据的实时监测,及时发现参数异常变化并进行报警提示,从而为卫星运行安全和应用业务开展提供支持。

图 12.6　卫星遥测数据关联门限报警软件

此外,为进一步监视卫星导航信号,导航卫星运管团队还配备有一台 "多系统多通道高精度监测接收机",能够同时实现对 18 颗北斗导航卫星信号的监测,获取精密伪距、载波相位、载噪比等观测数据,有效保障卫星在轨长期运行工作,如图 12.7 和图 12.8 所示。

图 12.7　GNSS 接收天线

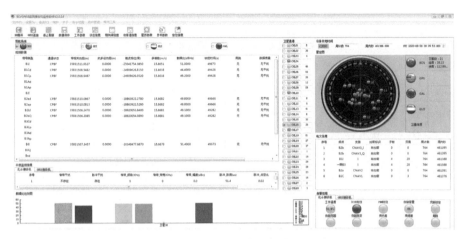

图 12.8　北斗及 GPS 信号接收监测情况

第13章 卫星系统工程管理

13.1 基于功能链和目标驱动的系统工程管理方法

13.1.1 概述

系统工程属于系统科学范畴，产生于 20 世纪 60 年代。系统工程的研究对象可以是任何一种系统，其方法是通过运用各种组织管理技术，使系统的整体与局部相互协同、相互匹配，实现系统的最优化，从而更好地实现并达到系统的目的。1978年，钱学森院士等专家联名发表名为《组织管理的技术 —— 系统工程》的文章，提出要大力发展组织管理的科学方法，成为中国系统工程发展的重要里程碑。

钱学森院士明确了系统工程的定义：系统工程是组织管理"系统"的规划、研究、设计、制造、试验和使用的科学方法，是一种对所有"系统"都具有普遍意义的科学方法。同时强调"系统工程是一门组织管理的技术"。之后，系统工程方法在"两弹一星"等国家重大科学工程研制中取得了成功的实践应用，并具有显著成效。

作为北斗系统的重要组成部分，卫星系统的主要任务是承担空间段，即卫星研制任务，包括卫星各领域关键技术攻关、设计开发、产品研制、测试试验等各类活动。在研制工作的不同阶段，卫星系统需要与相关各大系统开展技术对接、接口协调及试验验证，以确保北斗系统总体目标的实现。同时，根据卫星系统内部组织管理体系，卫星系统下设结构热、电子学、控制、载荷四个功能链，不同功能链下设子系统、单机，单机又由部件、组件等组成，通常参与卫星系统研制的单机级单位有数十家之多，因此，卫星系统本身也具有多层级架构、跨单位协同等特点。

卫星系统工作管理，顾名思义，就是采用系统工程的方法，有效利用各类资源，对卫星系统工程进行的各项策划、决策、计划、组织、指挥、协调与控制活动。如何把卫星系统总体任务目标和研制总要求转化为功能链、子系统、单机研制要求，从而作为下级产品开展工作的依据？如何处理关键技术攻关与卫星工程研制并行开展的矛盾？通过开展哪些工作，可以确保系统内部、单机之间高效、协同工作？如何围绕系统总体目标，开展主线、辅线工作的协同管理？在短时间多任务并发情况下如何构建更优化的管理模式？在计划进度、技术状态、质量管理等多要素约束下，如何寻找推进系统工作的最优途径？这些问题，都属于卫星系统工程管理的范畴，也都是卫星系统工程管理工作中需要解决的实际问题。

卫星系统工程管理内容包括范围、计划进度、质量、风险、经费、物资、人力资源等各方面，结合卫星系统自身特点，本章节将重点阐述结合功能链设计理念和目标驱动的管理模式以及提高目标执行率和激发人的效能的集中方法。应用这些方法我们在工程实践中也取得了不错的效果，实现了百余人的总体团队一年高质量地完成了 8 颗北斗组网卫星的研制及发射任务。

13.1.2 基于功能链的复合矩阵管理模式

如前所述，卫星总体分为结构热、电子学、控制和载荷四个功能链，在卫星系统组批研制过程中，建立了与之相适应的矩阵式组批研制管理办法。卫星系统责任矩阵如表 13.1 所示，该架构在北斗三号高密集组网建设中发挥了重要作用，在研制周期、人力资源等约束下，做到了管理无死角、无遗漏，工作有协同、有支撑，最大限度地提升了组批研制效率，并有效确保了多组卫星之间技术状态的继承性。

卫星系统级责任矩阵有以下要点：

一是根据北斗卫星一箭双星发射的特点，以两颗卫星为一组，每一组卫星均设置主管的副总师，对该组卫星全阶段研制工作负责，同步设置专职的项目办主任、总体主任设计师支撑主管副总师开展工程管理。

二是在产品研制过程中，设置分管各功能链的副总设计师，根据其技术专长对该功能链的全部技术活动负责，包括状态确定、产品研制生产、测试试验等，为该组卫星主管副总师提供技术支撑。

三是在整星 AIT 过程中，进一步根据总装集成、综合测试、大型试验等环节，由相关专业的两总分管具体工作，各个环节合理衔接，工作张弛有度。

四是卫星系统总设计师对全系列卫星工程研制技术工作负全责，指挥线综合各方情况，为项目的顺利实施提供人、财、物等各项资源的协调保障。

13.1.3 围绕提高目标执行率和人的效能梳理的质量体系

质量是航天产品的生命线，国内外航天部门都花费了极大精力来建立质量体系。但现实中我们发现，随着体系不断改进完善，产品的成功率并没有线性增长，而一线的技术人员却不断抱怨流程日渐复杂，工作效率不断降低，管理成本不断加大，但执行效果却并不显著。

"决定工程成败的不是工程体系和工具，而是依照体系、使用工具的工程师"；"每一个高水平的工程任务，都应该是由工程师的智慧和心血汇聚而成的艺术品，而不应该是一堆繁琐工作的简单堆积"。质量体系的各个环节，必须能够最大限度地激发一线员工的积极性和主动性，与此相违背的制度和要求都应该改进。

表 13.1　北斗三号 MEO 卫星责任矩阵

型号	总师	主管两总	项目办	总体	产品研制过程				AIT 过程		大型试验	
					结构热	控制	电子学	载荷	总装集成	综合测试	力热	EMC
01组	XXX	副总师 A	项目办副主任 A	总体副主任 A								
02组		副总师 B	项目办副主任 B	总体副主任 B								
03组		副总师 C	项目办副主任 C	总体副主任 C	副总师 D	副总师 E	副总师 F	副总师 G	副总师 A	副总师 E	副总师 A	副总师 F
04组		副总师 A	项目办副主任 A	总体副主任 A					副总师 D	副总师 G	副总师 D	副总师 G
05组		副总师 B	项目办副主任 B	总体副主任 B								
06组		副总师 C	项目办副主任 C	总体副主任 C								

指挥站　　　总指挥、副总指挥、项目办主任

总质量师

(1) 人的专注投入是系统工程的核心,如果制度抑制了人的主动性和积极性,必须调整;

(2) 通过制度设计或者流程设计,让关键操作能够充分走心。

从近几年出现的航天器在轨故障来看,很多问题都不是设计问题或认知问题,而是由于操作或测试不充分没有验证到的低级问题。按理讲,随着卫星研制过程表格化和流程化越来越规范,越来越完善,不应该出现类似问题,但还是出现了,归结原因:

(1) 表格化、流程化让更多的设计师成为流程的操作者,而非设计者,更多地关注界面清楚,责任明确而没有关注项目本身前后的关系和影响,没有对关键过程和结果走心,没有站在总体层面前后考虑,没有发挥设计师能动性;

(2) 流程化管理复杂,过程多,不可避免地会出现漏洞。

总之,围绕人的效能来梳理质量体系才能对人、机、料、法、环等各个环节进行很好的控制,提高产品成功率和研制效率。

13.1.4 基于目标驱动的工作包管理

在卫星系统工程管理实践中,形成了目标导向的思维方式和管理模式,一切工作的推动都以寻求优化方案、高效实现系统目标为基本准则。举例来讲,在卫星研制工作中,各级产品齐套后,卫星总体的目标就是以完成系统级各项工作、具备出厂条件为导向,因此可通过工作包管理的方式强化主线过程管控。

导航卫星出厂前主线工作包主要有 24 项,如图 13.1 所示,对于内容较明确的工作项目,以工作包方式开展过程管控的优点是直观,且完成情况量化程度高,可操作性强。同时,通过在每一个工作包开始前提前检查其准备状态,可确保辅线工作与主线的适应性。

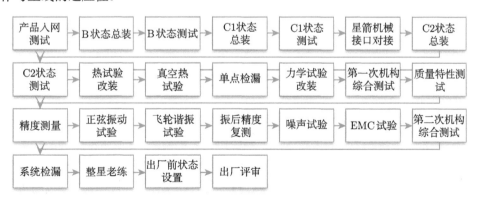

图 13.1 导航卫星出厂前主线工作包

13.1.5   高度协同的设计师跟产管理

单机设备是卫星系统的重要组成部分，其质量可靠性决定了卫星系统总体的质量可靠性。在高密度组批生产中，单机产品通过一次状态确认、分批滚动投产的方式研制生产。单机投入生产前卫星总体进行投入生产前技术状态确认审查，建立产品状态基线。

卫星系统级建立了涵盖软件、元器件、工艺、可靠性、试验等各个领域的质量管理团队，同时创新建立了设计师跟产责任人制度，单机设置固定的跟产责任人，跟产责任人在质量团队的支撑下，实施单机产品的过程跟踪。跟产涵盖单机物质齐套检查；单机关键项目、关键过程、关键参数测试和检验；封盖前检查，特别是封盖后不可测试项目检查以及极性检查，极性检查包括印制板中二极管极性、芯片极性、电容极性等，极性检查的目的是在发生问题前消除隐患；单机级质量问题处理等。在产品研制过程中，单机跟产责任人定期将技术状态信息汇总于总体主任设计师和分管卫星技术状态的副总师。

跟产责任体系如图 13.2 所示，该创新方法加大了技术管理与产品保证的协同力度，取得了组批产品状态管控和产品保证工作的一举双效。

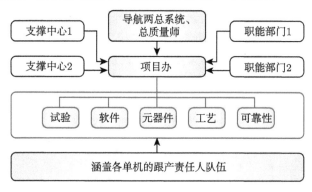

图 13.2   跟产责任人制度

13.2   卫星工程任务的组织结构、技术流程和管理

13.2.1   工程任务组织架构

如前所述，系统工程的主要方法是统筹协调各类资源，在可支配资源的约束条件下，组织实施卫星系统工程研制工作。因此，构建科学合理的卫星系统工程组织管理体系，并明确其组织管理模式，使之与工程研制工作相匹配就显得尤为重要。

对应卫星系统技术架构，卫星系统工程组织架构可分为卫星总体、功能链、单机等三级，如图 13.3 所示。

(1) 卫星系统的第一级组织是卫星总体，是卫星系统工程任务的牵头单位，负责卫星总体设计、总装集成、整星大型试验等系统级研制工作。

(2) 卫星系统的第二级组织为各功能链，功能链的工作有总体性质，和总体密切配合实现整星系统级最优，而不是各个功能链内部实现局部优化；同时负责功能链的方案、各功能单机的配置以及负责提出个各单机的研制需求和研制任务书。

(3) 卫星系统的第三级组织为各单机级产品，具体负责星上单机产品的设计和研制、测试试验等工作，单机研制单位向功能链总体负责，并通过高度协同的设计师跟产管理办法强化外协和单机管理。

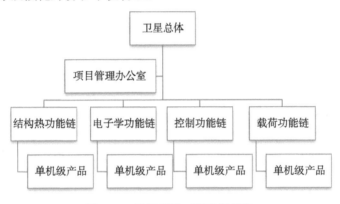

图 13.3 卫星系统工程组织架构

13.2.2 工程组织管理体系

通常，卫星系统工程研制工作根据具体性质，可以分为管理活动和技术活动两大范畴。因此，在卫星系统工程研制过程中建立两条指挥线，即行政指挥线和技术指挥线，实行在两条指挥线统一领导下的分级、分工管理制，如图 13.4 所示。

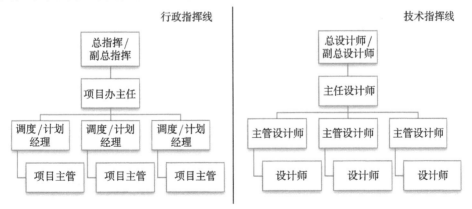

图 13.4 两条指挥线

行政指挥线主要由总指挥、副总指挥、项目办主任、下一级指挥/计划经理/调度、项目主管等组成，通常由各级产品承研单位的行政负责人担任，主要负责各类资源调配、研制工作的组织实施和指挥协同等工作。技术指挥线主要由总设计师、副总设计师、主任设计师、主管设计师、设计师等组成，作为各级产品的技术负责人，对相关产品的技术工作负总责。

围绕统一的工程目标，两条指挥线分工开展工作。总指挥是型号项目的直接责任人，代表单位在项目研制中行使指挥权，采用系统工程办法，组织开展卫星系统各项研制管理工作，对项目研制的技术、质量、进度、经费负责任。总指挥主要职责有：

(1) 对项目研制工作负直接责任，制定本型号管理规章制度，对与项目有关的人、财、物实行有效的组织管理；

(2) 签订项目主承包合同，签订项目分承包合同；

(3) 会同总设计师系统，组织审定研制技术方案、技术流程；

(4) 制定本型号管理计划，如工作分解结构、计划流程等；

(5) 负责项目产品和配套设备的确定及审批工作；

(6) 负责项目年度计划的审批，组织指挥研制计划的实施和调度，督促检查研制计划实施情况，组织、协调和落实研制队伍、经费、技术措施、物资保证和外协配套保障条件；

(7) 组织编制项目年度经费计划及项目拨款计划；

(8) 提出技术改造措施的申请，由单位有关职能部门组织落实；

(9) 负责制定本项目引进方案；

(10) 负责审批质量保证大纲、审定、落实各项质量管理、安全管理规定和要求，组织项目研制的工艺攻关和重大质量问题的处理，对产品质量和安全工作负责；

(11) 会同单位人事部门组织好本项目研制队伍建设，组织检查项目研制队伍的工作，对项目管理办公室人员提出考核意见；

(12) 参加工程大系统协调，组织完成确定的工作任务；

(13) 负责各项规章制度在本项目中的贯彻和执行；

(14) 负责对项目办工作进行年度和阶段综合总结 (其中包括：工作进展状况、管理经验与教训、存在问题及改进措施等)，并将总结报单位综合管理部门；

(15) 型号副总指挥协助型号总指挥工作，负责对上述有关工作进行组织和落实。

总设计师是型号项目的技术负责人，具体负责卫星系统工程研制的技术管理工作。在总指挥的领导下，对型号项目研究、设计、生产、试验等技术工作负全责，其主要职责如下：

(1) 协助总指挥对本项目研制生产技术有关的人、财、物进行有效的协调管理；

(2) 审查型号技术指标，组织总体技术方案论证，对项目的总体方案和技术方案负责；

(3) 在项目研制中，进行费效比的全面分析，合理选择技术途径，确定各阶段技术状态，组织集体评审并优选总体技术方案，参与研制、技术措施、引进和攻关计划的编制等；

(4) 组织编制、审查项目技术流程，确定各系统研制任务书，组织设计，负责总体和下一级系统方案设计的审查；

(5) 签署项目研制中大系统接口及重要技术文件、系统内部主要技术接口文件和下一级系统设计任务书；

(6) 制定设计准则，落实可靠性、安全性指标，进行可靠性和安全性设计，负责技术状态管理和产品设计质量；

(7) 负责项目研制中的技术攻关，解决项目研制中的重大技术问题和设计、工艺、生产、试验方面的质量问题；

(8) 协调解决本项目总体技术问题、各大系统与卫星系统、卫星系统内部技术协调问题；

(9) 项目的大型试验技术方案论证，组织制定试验大纲及发射场的要求，并负责处理试验中的技术问题；

(10) 项目的技术状态控制；

(11) 参与对设计师系统有关人员的考核，并给出奖惩、升降、调整的建议；

(12) 会同总指挥和有关部门做好研制队伍建设工作；

(13) 副总师在分管职责范围内，协助总师工作，提供决策支撑，落实总师系统决定，负责项目办公室日常技术工作的协调与处理。

总指挥、总设计师及副总指挥、副总设计师合称两总系统。卫星系统设立项目管理办公室 (简称项目办)，项目办是两总系统的执行机构，在两总系统的领导下，会同技术线具体组织开展研制工作，项目办可根据需要，分设计划进度、质量、可靠性等各条管理线，建立综合管理体系，覆盖卫星系统工程管理活动的各个领域。

在卫星系统三级架构中，卫星总体设型号总指挥/副总指挥、总设计师/副总设计师、总体主任设计师及项目办，项目办具体负责卫星系统工程管理工作的实施；载荷功能链设副总指挥、副总设计师及主任设计师，平台功能链设主任设计师；单机承研单位设指挥、技术负责人/主管设计师、调度/计划主管、质量师、物资主管等。完备的组织架构、清晰的职责划分、良好的协同机制，将有助于卫星系统工程管理工作的组织实施。

13.2.3　卫星系统工程研制流程的确定

围绕系统工程总体目标，规划型号项目研制流程，明确各阶段研制工作的范围、输入输出条件及其主要过程是开展卫星系统工程管理的重要环节。按照层级，系统级、功能链级、单机产品级均需要制定相应流程，特定工作可以制定专项流程。本节以系统级为例进行阐述，其余层级可参照执行。

根据系统级任务特点，其研制流程也有所不同。对于具有科研性质的卫星型号项目，根据卫星研制程序，其研制阶段通常划分为方案、初样和正样阶段，对于技术状态较为确定、进入小批量研制的型号项目，可直接进入正样研制阶段。

方案阶段工作的要点是抓短线、攻关键和创造研制条件，最终目标是拿出正确靠谱的总体方案。主线一般有：方案论证及评审，方案设计 (各级产品)，方案设计评审，软件系统设计，安全性可靠性分析设计，关键技术攻关，模样 (或部分模样) 设计、研制和试验、方案研制总结评审等工作项目。辅线一般有：上一级总体下达的技术要求，技术指标论证，新工艺和关键工艺攻关，系统间、系统内部技术协调，新品器件研制，地面单机检测设备方案，元器件、原材料和特殊零部件的选用调研和落实，外协或合作单位的调研、协调、落实等工作项目。

初样阶段工作的要点是验证方案的正确性，要做到试验的充分性、有效性和全覆盖性，主线一般有：初样设计 (各级产品，机械、电子、热控、EMC 设计、可靠性设计、飞行程序设计等)，初样设计评审，软件需求分析和评审，设计、实现、测试及评审，各级产品初样研制和验收，系统级总装、功能性能集成测试、EMC 测试、环境试验、可靠性试验、专项试验等；参加系统间对接试验，初样研制总结评审等。辅线一般有：工程总体/卫星总体/任务总体下达的初样研制任务书、系统间/系统内部技术协调，元器件选用评审、元器件验收、二次筛选等，关键件和重要件过程管控，工装设计、制造、工艺评审、工艺规程设计和评审，地面测试设备研制，质量问题归零，测试、试验系统准备等。

正样阶段工作的要点是把经过初样验证的正确方案，按照总体任务、规范等工程化要求，不折不扣地实施并生产出发射状态的产品。主线一般有：技术状态审查，正样设计 (或审核)，软件需求分析、评审和设计、实现、测试及评审，软件第三方评测，各级产品正样研制和验收，老练试验，部装、系统级总装、功能性能集成测试、环境试验、专项试验，系统间对接试验，正样研制总结及出厂评审、产品质量评审等工作项目。辅线一般有：工程总体/卫星总体/任务总体下达的正样研制任务书、系统间/系统内部技术协调，元器件验收、二次筛选，关键件和重要件过程管控，工艺复审，复核复算，质量问题归零，包装运输准备等。

以上各阶段工作可视情况裁剪，主要工作确定后，需制定详细的研制技术流程，并明确各项工作的主要内容、输入条件、保障条件、参加单位、时间需求、完成标志等。研制技术流程通常由该级产品技术负责人批准后执行,项目办据此制定研制计划流程,技术、计划两个流程是开展系统工程管理的重要抓手,研制流程如发生变更,需按要求实施更改控制。

13.3 适应高密度批量生产卫星的技术流程及管理办法

13.3.1 组批研制型号项目流程的策划

完成科研阶段工作后,为加快北斗三号工程的组网部署进程,北斗三号组网卫星均直接进入正样研制阶段,以一次状态确认、多颗卫星同时投产、双星并行研制的方式快速开展研制工作。一次状态确认是指以研制技术要求为依据,开展整星正样技术状态确认,同时,组织完成各功能链和单机的正样产品投入生产前状态确认及元器件选用评审,作为开展多组星单机研制的依据;多颗卫星同时投产的目的是可以通过交叉替代,避免个别单机出现质量问题影响整星的研制进度;双星并行研制一方面是一箭双星发射的要求,另一方面是便于在相同环境下的数据比对,及时发现质量缺陷,确保成功。

卫星正样研制过程又可分解为设计、产品生产、总装集成及测试和整星大型试验四个主要阶段,如图 13.5 所示。

图 13.5 卫星正样研制阶段划分

各阶段主要工作如下:

(1) 设计阶段的主要工作有在前期确定的技术状态基线基础上开展技术状态管理,对于技术状态变化部分以专项评审形式完成各级产品正样状态的确认,确定各级产品正样投入生产状态。

(2) 产品生产阶段的主要工作有完成单机级产品生产、研制、试验和测试验收,包括硬件产品和软件产品,产品交付前软件产品需完成落焊,完成功能链级联试后交付卫星总体。

(3) 总装集成及测试阶段的主要工作有星上产品交付后,完成卫星系统级总装、集成和测试,验证整星状态下系统接口、功能和性能。

(4) 整星大型试验阶段的主要工作有在卫星集成测试后,进行整星大型试验和大系统间对接试验,充分暴露装星产品及 AIT 过程可能存在的缺陷,通过卫星对环境适应能力的进一步考核以及整星老练, 实现卫星的可靠性增长, 并完成卫星系统级研制总结, 具备出厂条件。

考虑各项资源约束, 批量生产卫星多星任务的总体工作采取多批次、批次内卫星并行的研制方式进行。以产品齐套作为 T_0, 每个批次分为双星总装集成及测试、双星环境试验、双星发射场工作共 3 个阶段的内容。每批次的研制任务顺序开展, 不同批次间以并行安排、阶梯式推进的方式实现。根据每批次发射时间的不同, 合理安排各批次总体批量生产工作的开始时间, 在上一批次集成及测试完成后选择恰当的切入点开始下一批次的研制工作, 如图 13.6 所示。不同批次的研制工作通过合理安排人员队伍、优化调配资源实现多星并行研制工作。

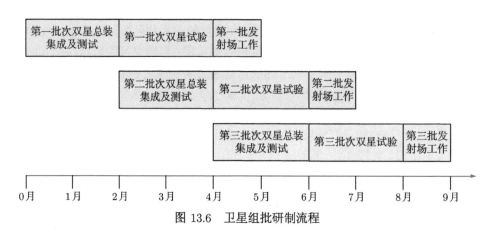

图 13.6　卫星组批研制流程

针对 MEO 导航卫星具有多组、多星并行集成及测试、整星试验以及发射场、飞控工作等同步开展的特点, 项目组优化设计方案, 挖掘设备、人员潜力, 构建了 "小核心, 大外围" 的中科院导航卫星任务体系。强化两师三线责任矩阵划分, 按一次确认状态, 6 星同时投产, 3 组并行, 2 星同时研制的要求开展工作。此外, 单机优选国内优势单位, 各单位 "平时" 各自开展研制工作, "战时" 协同进行卫星集成、测试、发射和在轨飞行保障。形成了 "上要到顶, 下要到底, 左右到边" 的跨系统混编研制队伍。产品齐套后 5 个月内完成 AIT, 具备出厂条件。

13.3.2　双星并行研制的技术流程

导航卫星双星并行研制的技术流程如图 13.7 所示, 此处以导航组网卫星 M15/M16 双星并行研制为例, 与以往卫星研制流程的主要区别如下。

(1) 软件交付前落焊: 基于软件已经基本固化, 节省了单机二次返厂时间, 推进了型号研制进度。

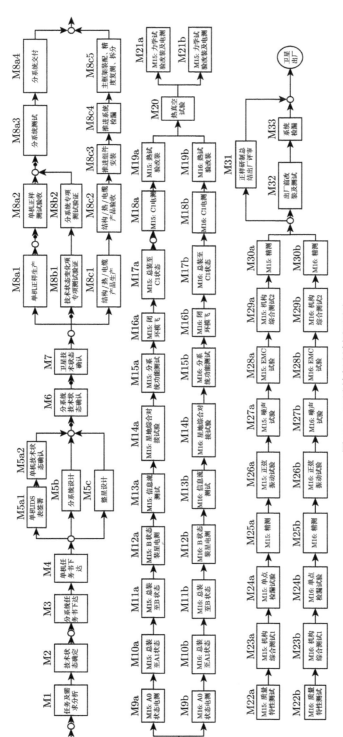

图13.7 双星并行研制流程图

(2) 真空热环境下老练试验：缩短了批量生产阶段测试时间，同时充分考核卫星环境适应性。

(3) 在轨真实状态全任务剖面闭环测试：实现了卫星整星集成后所有任务剖面下软件、硬件近真实运行状态的闭环测试，提高了批量测试的充分性和有效性。

(4) 建立了批测试和故障隔离机制：对单机强化产品可测性设计，力争有故障时快速诊断故障，无故障时预测寿命；开展了前后一致性数据包比对，以及双星数据一致性比对。

通过测试数据一致性、符合性比对，建立"成功包络线"，为单机在整星 AIT 过程前落焊提供依据，优化了流程，提高了批产效率。

13.4　软件工程及管理

基于功能链的导航卫星，软件工作，特别是应用软件，是由总体或功能链的专业软件人员负责的，而不是由装载软件的单机研制方负责，其软件管理也应与之相适应。

软件管理工作的基本任务是按照软件工程化的管理要求，对软件的论证、研制、测评、定型、使用和运行维护过程实施质量控制，确保软件满足规定的使用要求。遵循"归口管理、标准统一、分级分类"的原则。软件管理以配置项为单位，按照安全关键程度分 A、B、C、D 四个等级，实施分级管理。

常规的软件管理已经有成熟的经验，本节重点针对导航卫星的特点以及功能链的理念，介绍软件研制的组织、卫星总体软件管理与控制以及软件重构的管理。

13.4.1　软件研制组织与阶段管理

软件管理组织是软件工程的重要内容之一，在软件研制初期就确定相关职责。包括软件交办方、承研方和评测机构应按照型号研制的项目管理体制，明确计划、设计、质量管理人员及岗位职责。

软件交办方主要职责包括：提出软件任务书及管理要求，明确软件安全关键等级，提出软件功能及性能、测试要求等；组织软件需求、设计、验收等正式评审；组织软件验收，确认软件最终状态。

软件承研方的主要职责包括：编制软件开发计划、测试计划，建立软件开发和测试环境，组织实施软件开发、测试及产品保证工作；编制软件相关文档；实施软件配置管理；配合系统测试、验收和维护。

软件的评测机构须获得相关管理部门的授权和认证，软件评测机构的选定须交办方和承研方共同确认，软件评测机构受软件交办方的委托组织并实施软件独立确认测试，提交测试分析报告；保护软件承研方被测软件的知识产权及技术秘密。

软件研制的组织管理工作主要包括：顶层设计策划、系统需求分析与设计、软件需求分析、概要设计和详细设计、组装测试和确认测试以及系统测试几个阶段。

13.4.2 卫星总体软件管理与控制

依据卫星系统研制技术流程，卫星总体制定了软件系统研制管理流程，如图13.8所示，卫星总体主要完成软件系统顶层规划和设计、组织交付后的软件在整星环境下进行测试与试验。从软件配置项研制任务书下发开始，软件配置项的研制流程按照软件工程化标准执行，卫星总体参加关键节点的评审和关键过程的控制，以保证软件的技术状态可控，软件产品的功能性能满足总体任务需求。关键节点评审包括软件任务书下发、软件需求规格说明评审、软件概要及详细设计、软件验收测试、软件研制总结等。关键过程控制包括软件产品保证计划控制、软件产品测试及状态监督、软件落焊及固化控制等。软件承研方与卫星总体在软件研制各阶段的任务分工如图 13.8 所示。

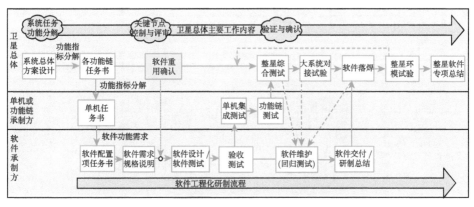

图 13.8 卫星总体软件研制管理流程

关键节点控制主要采取评审的形式开展，按照软件各阶段要求组织进行，通过评审划定基线来保证软件开发和维护过程的有序性。依据组织方不同，评审分为正式评审和内部评审。对于关键等级为 A、B 级的 CPU 软件，卫星总体要求在功能基线、分配基线和产品基线确定时均需要正式评审，同时要有卫星总体或载荷总体参加，软件研制过程验证确认及评审内容如图 13.9 所示。

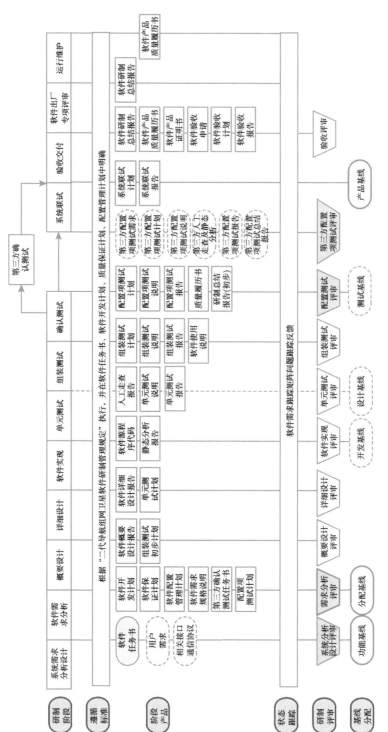

图13.9　软件研制过程验证确认及评审

13.4.3 重构软件配置管理

软件可重构是软件配置项需要具备的一项功能，因此软件配置管理仍按软件工程化实施要求开展。对于重构功能需贯穿整个软件研制的生命周期，即在软件研制的各个阶段对可重构软件按功能进行设计规划与验证测试，基本要求如下：

(1) 软件需求分析阶段。根据软件研制任务书，细化软件维护相关的需求分析和计划，落实在软件需求规格说明等文档中。

(2) 软件设计和软件实现阶段。完成软件维护相关的概要设计和详细设计，并完成编码实现。

(3) 软件测试阶段。设计测试用例应覆盖所有可维护的参数和代码，确认可维护功能有效、正常运行。

(4) 运行维护阶段。要根据维护类型和需求，确定在轨维护实施过程，完成维护申请与审批，完成必要的软件研制过程，经过评审和风险控制后才能实施在轨软件重构。

可在轨维护软件除以上各研制阶段的要求外，应重点关注如下内容：

(1) 可在轨维护软件的研制工作应从系统分析与设计阶段开始，贯穿于系统研制与运行的整个生命周期。

(2) 除软件在轨修复需求外，还应重点关注软件功能升级、调整、完善等需求。因此在软件需求分析阶段，应考虑硬件资源分配以及模块化等设计。

(3) 在轨软件维护实施过程应严格按照配置管理规定，做好重构文件的管理工作，保持维护工作的一致性和可追溯性。

(4) 要严格控制软件技术状态变化。当软件需进行改正性维护或改善性维护时，要进行安全性分析和影响域分析，更改后的软件需在与在轨运行环境相同的条件下进行回归测试，回归测试通过后经各方评审确认及卫星总体批准，才能进行软件在轨维护。

13.5 卫星质量和元器件管理

中科院导航卫星按功能链设计理念，以建设世界一流卫星导航系统为目标，要满足长寿命高可靠服务全球的业务卫星以及批量生产、批量测试的要求。针对导航卫星研制进度紧、产品批次一致性要求高等质量管理特点。在单位原有质量体系的基础上，组建了专职的导航卫星产品保证团队，按提高目标执行率的思路重新梳理和修订了导航卫星专用规范体系，涵盖元器件、软件、可靠性管理、风险管理、质量管控等各个方面。

从建章立制、固化流程、强化质量归零、加强物资配套、开展专题质量活动等各方面，有效推进了型号批量生产全过程精细化质量控制。

13.5.1　质量管控的重点

针对导航卫星工程研制特点，从管控重点识别、单机产品质量管控、总装质量管控和 AIT 试验管控以及发射场质量控制等几个方面进行了梳理。

遵循 "系统策划、识别全面、分析准确、措施有效、风险受控" 的原则，按照策划、识别与评价、应对、监控的步骤，首先对导航卫星开展了风险分析与控制工作。在试验卫星工程和组网卫星阶段，针对导航卫星型号 "技术新、创新性强" 的特点，利用 "十新" 理论和 "五交集" 原则 (单点无备份、上天有动作、质量有前科、测试不覆盖、状态有变化) 开展了风险分析与控制，将 "三交集" 以上产品和新研制产品列为重点单机，从单机设计研制控制、生产质量控制到测试充分性控制实施加严控制，形成风险分析与控制保障链，做到风险可控、上下传递，分级管控，可操作，可检查。

对关键节点组织专家评审，发挥专家优势；对关键过程进行监控和把关，掌控产品关键特性；对质量问题处理不过分追究责任，让承研单位向总体透明；对 AIT、发射场强化数据判读以及横向、纵向比对。通过状态转移矩阵等方法提高质量管理效率和效果。

13.5.2　适于批产的元器件管理

元器件是航天型号研制的基础，其重要性不言而喻。为进一步促进新品元器件应用和加强批量生产质量控制，结合导航卫星研制特点和要求，组网批量生产阶段元器件管理模式为 "统一选用、专项应用验证和统一评估、关键物资统一组织采购、统一质保要求和定点质保、统一开具装机合格证、统一失效分析、统一信息管理"，并在此基础上形成了元器件管理体系标准。在导航任务中，重点强化了下列工作。

13.5.2.1　强化了元器件选用控制

通过编制《卫星用元器件选用目录》，压缩元器件品种、规格和供货单位，利于工程进度和可替换性；组织元器件选用评审，明确元器件选用清单，重点审查了首次使用、目录外和低等级元器件的论证和验证情况、大功率器件和辐射敏感可靠性设计情况，确保元器件的使用风险可控，确保审核通过，开具合格证后使用；新研制元器件和关键元器件需要通过可靠性评估验证和极限试验。

此外，通过专家评审把关明确元器件的使用范围，避免高等级元器件由于使用不当出现质量问题。

13.5.2.2　强化了元器件质量控制

编制了《卫星用元器件补充筛选条件》，统一质保要求，定点质保，对用量大、起关键作用的关键物资统一集中采购和滚动备货，便于卫星总体对合同的进度实时掌控和元器件一致性管理，并通过对元器件供应商的认定，避免了假冒伪劣产品在导航项目中出现。统一失效分析，严格控制装机元器件失效管理，统一元器件质量信息管理。有效避免了元器件质量不统一、进度紧等问题，确保批量生产元器件质量和卫星研制进度。

13.5.2.3 新品元器件管理

加强了 CPU、FPGA、DC/DC、微波器件等核心元器件的国产化力度。特别是采用龙芯 CPU+Flash 架构设计，解决了国产高性能 CPU 的空白以及 PROM 禁运的难题。

龙芯中科技术有限公司长期从事独立自主的"中国芯"研制工作，卫星总体择优与其合作开展抗辐射加固技术攻关，产品较早地通过了元器件应用验证和设计定型，在试验卫星上进行了验证，并用于组网卫星多个产品，在这些方面发挥了不可替代的作用，其优异的处理能力和强大的功能也提升了中科院导航卫星的技术水平。

13.6 适应一箭双星发射的发射场技术流程及管理

13.6.1 卫星一箭双星发射的发射场技术流程

导航卫星每两颗卫星为一组，采用 CZ-3B/YZ-1 火箭在西昌卫星发射中心发射入轨。卫星双星在上海场区总装、测试、试验，通过出厂评审后，经空运运至发射场。两颗卫星在发射场并行开展工作，依次完成转运、设备/产品展开、总装、测试、加注、转场、星箭联合操作、转塔、塔架测试操作以及发射等工作，如图 13.10～图 13.12 所示。以 M15/M16 卫星发射为例，双星在发射场的技术流程如图 13.13。

图 13.10 卫星空运进场　　图 13.11 整流罩合罩　　图 13.12 卫星塔架测试

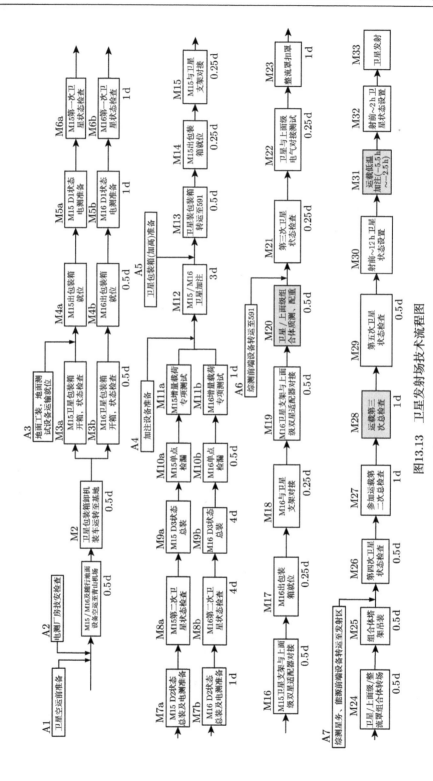

图13.13　卫星发射场技术流程图

13.6.2 基于技术状态转移矩阵的发射场流程管理办法

卫星系统工程正样阶段总体研制目标是完成规定的全部动作，使得从卫星状态达到发射状态。从产品设计状态确定到卫星出厂，实现了从 0 到 0.9 的过程，发射场工作则是实现从 0.9 到 1 的过程。卫星系统独创性地提出了技术状态管理新方法，进入发射场后，以发射状态作为状态"1"，梳理卫星出厂技术状态到发射状态的每一个状态变化量，建立各级产品状态转移矩阵，明确待开展的工作项目明细及最终状态固化节点。

在发射场工作实施过程中，结合卫星发射场技术流程，针对每一阶段测试及总装操作项目，详细记录每一项卫星操作相对于卫星发射状态的技术状态转移情况。每一项工作的终极目标清晰，并通过表格化管理，既降低了技术状态管理的繁琐程度，又确保了在每一项操作中，卫星状态转移过程可控，清晰可见，有据可查，不会有漏项。

13.6.3 飞行事件保障链管理

飞行事件保障链由飞行事件链和事件责任链组成，其目的是将发射场保障工作扩展并贯穿到整个卫星的设计、生产、试验、发射场以及在轨运行的飞控工作中，如图 13.14 所示。

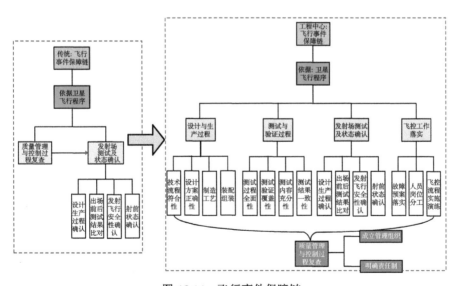

图 13.14 飞行事件保障链

13.7　小　　结

卫星系统工程管理过程是卫星系统工程项目从方案论证到系统研制,再到投入运行的全流程的组织管理过程。主要任务是组织协调卫星系统内部各组成部分、各级产品、各项资源的活动,使它们为实现系统整体目标最优做出应有的贡献。卫星系统工程总体目标是在一定的周期内高质量高水平地组织完成卫星研制工作,可以通过建立科学合理的工程组织架构、形成有效管理模式、采用创新管理方法来取得成功实践。本章从适应功能链理念和目标驱动管理角度,从 "最大限度发挥人的效能" 和提高目标执行率出发,重新梳理了卫星管理方法和质量管理体系,以一个相对年轻的团队高质量地完成了数颗导航卫星的研制、发射、在轨维护等任务。

参 考 文 献

[1] https://cn.bing.com/images/search?view=detailV2&ccid=27ng%2Bs2l&id=7DBC7
EEA91148BDC4A198290FB0A1AF4B51B3CD2&thid

[2] 中国科学院空间科学与应用研究中心. 宇航空间环境手册. 北京: 中国科学技术出版
社, 2000

[3] Tribble A C. The space environment and its impact on spacecraft design. 31st
Aerospace Sciences Meeting, 1993

[4] Enge P, Parkinson B W, Spilker J Jr, et al. Global Positioning System: Theory and
Applications, Volume II. Washington, D C: AIAA, Inc., 1996

[5] Bhatta B. Global Navigation Satellite Systems: Insights into GPS, GLONASS,
Galileo, Compass and Others. FL, United States: CRC Press, 2011

[6] Maine K, Anderson P, Bayuk F. Communication architecture for GPS III. Aerospace
Conference IEEE, 2004

[7] https://space.skyrocket.de/doc_sdat/navstar.htm

[8] https://www.lockheedmartin.com/content/dam/lockheed-martin/space/photo/gps/
2019%20GPS%20Heritage%20Infographic_WEB.jpg

[9] https://space.skyrocket.de/doc_sdat/navstar-2f.htm

[10] https://glonass-iac.ru/guide/index.php

[11] Chiarini J C, Smith D, Perren M, et al. The Galileo Satellite. 21st International
Communications Satellite Systems Conference and Exhibit, 2003

[12] Benedicto J, Gatti G, Garutti A, et al. The triumph of GIOVE-A-the first Galileo
satellite. Esa Bulletin. Bulletin ASE. European Space Agency, 2006, 127(127): 62-69

[13] The Galileo spacecraft system design. https://www.researchgate.net/publication/
23922431_The_Galileo_spacecraft_,system_design

[14] https://glonass-iac.ru/guide/gnss/galileo.php#web

[15] 孙家栋, 杨长风. 北斗二号卫星工程系统工程管理. 北京: 国防工业出版社, 2017

[16] 杨元喜. 北斗卫星导航系统的进展、贡献与挑战. 测绘学报, 2010, 39(1): 1-6

[17] 谭述森. 北斗卫星导航系统的发展与思考. 宇航学报, 2008, 29(2): 391-396

[18] 北斗卫星导航系统发展报告 (4.0 版). http://www.beidou.gov.cn/xt/gfxz/201912/
P020191227337020425733.pdf

[19] 北斗卫星导航系统应用服务体系 (1.0 版). http://www.beidou.gov.cn/xt/gfxz/201912/
P020191227332811335890.pdf

[20] 郭树人, 蔡洪亮, 孟轶男, 等. 北斗三号导航定位技术体制与服务性能. 测绘学报, 2019, 48(7): 810-821

[21] 杨元喜, 李金龙, 徐君毅, 等. 中国北斗卫星导航系统对全球 PNT 用户的贡献. 科学通报, 2011, 56(21): 1734-1740

[22] 范本尧, 曹志先. 东方红三号通信广播卫星. 中国航天, 1997, (7): 5-9

[23] 沈苑, 熊淑杰, 蒋桂忠, 等. 珍惜机遇 不惧挑战 年轻团队再攀 "北斗" 高峰 —— 中国科学院成功研制发射首颗 "北斗" 系统全球组网星. 中国科学院院刊, 2015, 30(3): 386-392

[24] Lin B J, Xiong S J, Li X Y, et al. Satellite system engineeering methods and practices based on the subject chain method. Journal of Deep Space Exploration, 2019, 6(1): 46-51

[25] 陆明泉, 姚铮, 张嘉怡, 等. 北斗卫星导航系统信号设计的进展及发展趋势. 卫星应用, 2015, (12): 27-31

[26] 范玲玲, 林宝军. 基于龙芯处理板的星间链路管理实现. 电子设计工程, 2016, 24(23): 32-34, 38

[27] 谢晓光, 杨林. 对地观测敏捷小卫星星载一体化结构设计. 红外与激光工程, 2014, 43(Z1): 53-58

[28] 庞之浩. 中国的东方红 4 号通信卫星平台. 卫星应用, 2012, (5): 15-18

[29] 朱毅麟. PROTEUS 小卫星公用平台. 国际太空, 1999, (2): 16-21

[30] Dechezelles J J, Huttin G. Proteus: a mutlimission platform for low earth orbits. Air & Space Europe, 2000, 2(1): 77-81

[31] 安洋, 陈振兴, 毋冬梅. 一种新型构型卫星模态分析及试验研究. 科技创新导报, 2014, 11(34): 35, 36

[32] 任维佳, 刘兵山, 乔志宏, 等. 一种框架面板式空间结构的建模、分析与试验研究. 系统仿真学报, 2009, 21(7): 1801-1804

[33] 林士峰, 李锴, 蒋桂忠, 等. 导航卫星原子钟舱温度控制方法及其验证. 空间科学学报, 2019, 039(003): 381-387

[34] 张惟, 林宝军. 非线性预测滤波在星敏感器姿态确定中的应用. 计算机仿真, 2011, 28(05): 66-69, 202

[35] 李笑月, 熊淑杰, 林宝军. 采用多敏感器相互校正的卫星入轨姿态计算方法. 国防科技大学学报, 2017, 039(001): 24-29

[36] 张惟, 林宝军, 张泽明, 等. 矢量观测确定卫星姿态的预测粒子滤波算法. 宇航学报, 2011, 032(005): 1077-1085

[37] 李笑月, 熊淑杰, 林宝军. 推力器姿轨同时控制下的姿态控制算法. 吉林大学学报 (理学版), 2016, 054(003): 603-608

[38] 刘林. 人造地球卫星轨道力学. 北京: 高等教育出版社, 1992

[39] 屠善澄. 卫星姿态动力学与控制. 北京: 宇航出版社, 2001

[40] 章仁为. 卫星轨道姿态动力学与控制. 北京: 北京航空航天大学出版社, 1998

[41] 李志刚, 伍保峰, 冯永. 环境减灾-1A、1B 卫星星务分系统技术. 航天器工程, 2009, 018(006): 76-80

[42] Liddle D, Davies P, Jason S. A low-cost geostationary minisatellite platform. Acta Astronautica, 2014, 55(3-9): 271-284

[43] 陈勇, 林宝军, 张善从. 不同拓扑结构 FC-AE-1553B 网络性能研究. 计算机工程, 2011, 037(022): 79-81

[44] 胡玥, 林宝军, 张善从. 1553B 总线控制器软件设计. 电子测量技术, 2006, 29(01): 83, 84

[45] 孔陈杰, 习成献, 袁明, 等. 高轨卫星接地设计. 光学仪器, 2016, 38(6): 512-516

[46] Frosch R A. A new look at systems engineering. IEEE Spectrum, 1969, 6(9): 24-28

[47] 袁家军. 航天产品工程. 北京: 中国宇航出版社, 2011

[48] 徐福祥. 卫星工程管理方法的探索与实践. 航天工业管理, 2001, (1): 6-9

[49] 王礼恒. 中国航天系统工程. 航天工业管理, 2006, (10): 60-64

[50] 马兴瑞. 中国航天的系统工程管理与实践. 中国航天, 2008, (1): 7-15

[51] 徐福祥. 卫星工程概论. 北京: 中国宇航出版社, 2003

[52] 郭宝柱. 系统科学的理论与方法在航天项目管理中的应用研究. 宇航学报, 2008, 029(001): 29-33

[53] Tatnall A R L, Farrow J B, Bandecchi M, et al. Spacecraft Systems Engineering// Fortescue P, Swinerd G, Stark J. Spacecraft Systems Engineering. Chichester, UK: John Wiley & Sons, Ltd, 2011

[54] 李磊霞, 王宇, 林宝军, 等. 基于宏定义动态链接的模块化星载软件升级方法研究. 空间科学学报, 2010, 030(002): 180-184

[55] 王文思, 林宝军. 长寿命星载 NAND Flash 自适应坏块管理策略. 计算机科学, 2016, 043(010): 193-195, 205

[56] 黄超, 陈勇, 林宝军. 基于抗辐照龙芯的星载计算机容错启动研究. 计算机科学, 2016, 043(11A): 532-535

[57] 曹丹丹, 陈勇, 林宝军. 基于 FTL 层的高可靠星载数据编码保护设计. 计算机应用与软件, 2017, 034(010): 149-151, 191

[58] 范玲玲, 林宝军, 陈勇. 星间实时关键数据一次容错调度算法. 计算机工程与应用, 2017, (14): 61-64

[59] 陈勇, 林宝军, 张善从. 非抢占式实时容错调度. 仪器仪表学报, 2011, 032(011): 2616-2622

[60] 王超, 邓平科, 林宝军. 一种基于 Flash 型 FPGA 的高可靠系统设计. 微计算机信息, 2009, 025(023): 119, 134, 135

[61] Norris K, Landzberg A. Reliability of controlled collapse interconnections. IBM Journal of Research and Development, 1969, 13(3): 266-271

[62] Pan N, Henshall G, Billaut F, et al. An acceleration model for Sn-Ag-Cu solder joint reliability under various thermal cycle conditions. Proceedings of SMTA, 2006:

876-883

[63] Vasudevan V, Fan X. An acceleration model for Pb-free(SAC) soder joint reliability under thermal cycling. Electron Component and Technology Conference, 2008: 139-145

[64] Dauksher W. A second level SAC solder-joint fatigue life prediction methodology. IEEE Transactions on Device and Materials Reliability, 2008, 8(1): 168-173

[65] 武国强, 林宝军, 刘云龙. 小卫星执行机构故障鲁棒容错姿态跟踪控制. 深圳大学学报(理工版) 2012, 29(4): 316-321

[66] 林夏, 林宝军, 刘迎春, 等. 星敏感器与地平仪联合自主定轨改进算法. 中国惯性技术学报, 2018, 26(04): 540-545

[67] 陈婷婷, 林宝军, 龚文斌, 等. 基于星间链路的星上时间自主完好性监测方法. 应用科学学报, 2019, 37(6): 825-834

索　引